natürlich oekom!

Mit diesem Buch halten Sie ein echtes Stück Nachhaltigkeit in den Händen. Durch Ihren Kauf unterstützen Sie eine Produktion mit hohen ökologischen Ansprüchen:

- mineralölfreie Druckfarben
- Verzicht auf Plastikfolie
- Kompensation aller CO_2-Emissionen
- kurze Transportwege – in Deutschland gedruckt

Weitere Informationen unter www.natürlich-oekom.de und #natürlichoekom

 Wir danken Nature & More für die Förderung dieser Publikation.

Bibliografische Information der Deutschen Nationalbibliothek:
Die Deutsche Nationalbibliothek verzeichnet diese Publikation
in der Deutschen Nationalbibliografie; detaillierte bibliografische
Daten sind im Internet über www.dnb.de abrufbar.

2022, 5. Auflage
© oekom verlag München 2017
oekom – Gesellschaft für ökologische Kommunikation mbH
Waltherstraße 29, 80337 München

Lektorat: Christoph Hirsch, oekom verlag
Korrektur: Maike Specht
Innenlayout, Satz: Ines Swoboda, oekom verlag

Druck: Friedrich Pustet GmbH & Co. KG, Regensburg

Alle Rechte vorbehalten
ISBN 978-3-86581-838-6

UTE SCHEUB, STEFAN SCHWARZER

DIE HUMUSREVOLUTION

Wie wir den Boden heilen,
das Klima retten und
die Ernährungswende schaffen

INHALT

Vorwort 9

Einleitung 11

Manifest
Regeneration ist möglich *

Kapitel 1
Die Geschichte von David und Goliath – neu erzählt 21

Wie Goliath so groß werden konnte 22
Warum Goliath so zerstörerisch ist 27
Von Giften und Genen 28
Die grüne Waschmaschine: Wie Agrokonzerne Begriffe kapern 31
Die planetarischen Grenzen 32
Klimakrise verstärkt Bodenkrise verstärkt Klimakrise 42
Eine bodenlose Katastrophe für die Hälfte der Menschheit 44
Klimakrise ist Bodenkrise ist Wasserkrise 48
Klima der Ungerechtigkeit 51
Die Ineffizienz der Großen 53
Fleischerzeugung als Haupttäter der Zerstörung 55
Jährlicher Billionenschaden 57

Kapitel 2
Warum es so wichtig ist, dass David gewinnt 61

Regeneration in Costa Rica 61
Der Schlüssel zur Regeneration: Dauerhumus 64
Die Humusaufbauinitiative 4p1000 67
Im Boden wurzeln die Lösungen – Biovision contra Gates Foundation 71

* siehe vordere und hintere Umschlagklappe

PRAXISTIPP: »Schädlinge« fernhalten 78
Entwicklung ist nur mit Frauen möglich 80
Bio-Welternährung ist möglich 82
Was taugt der CO_2-Handel für den Humusaufbau? 83
Lokaler CO_2-Handel in der Ökoregion Kaindorf 85

Kapitel 3
Warum David in Gärten und auf Äckern so nützlich ist 89

Permakultur 89
Biointensiver Anbau und Marktgärten 93
PRAXISTIPP: Marktgartenbeet 94
Bec Hellouin: Am Fluss voller Überfluss 97
Gesundschrumpfen der Agroindustrie 103
Konservierende Agrikultur und Direktsaat 104
Vielfalt statt Einfalt 106
Der Terra-Preta-Pionier im Schweizer Wallis und in Nepal 108
PRAXISTIPP: Pflanzenkohle mit Kon-Tiki 110
Ökologische Intensivierung mit SRI 112
Keyline und das neue Wasserparadigma 114
Schloss Tempelhof vereint viele regenerative Ansätze 117
PRAXISTIPP: Mehrjähriges Gemüse für den Garten 120

Kapitel 4
Wie David den Boden pflegt 125

Die Modenschau der Bodenlebewesen 125
Der Boden als Lebensgemeinschaft 131
Die Pilze und das Wood Wide Web 134
Lob der Pflanzenintelligenz 137
Wer bin ich und wieso so viele? 139
Guter Boden riecht gut 141
PRAXISTIPP: Terra-Preta-Substrat selbst gemacht 144
Was machen mit all dem Wissen – FAQs zu regenerativer Agrikultur 147

Kapitel 5
Wie David in Wäldern, Weiden und Wüsten agiert 153

Sepp Braun – der Philosoph auf dem Waldacker 153
PRAXISTIPP: Effektive Mikroorganismen 156
Bäume auf dem Acker: Agroforstsysteme 160
PRAXISTIPP: Agroforstsysteme in klein und groß 162
Waldgärten 167
Holistisches Weidemanagement 170
Joel Salatin – der Hohepriester der Weiden 172
Gras ist ein Klimaretter 175
Soil Carbon Cowboys in den USA und Australien 177
Symbiotische Landwirtschaft in Herrmannsdorf 178
Vom Sahel bis nach China – Regeneration in der (Halb)Wüste 183

Kapitel 6
Wie David Stadt und Land vernetzt 189

Neue Bündnisse 191
Zinsen in Almkäs: Der Hof Englhorn ist stolz auf seinen »Rück-Schritt« 193
Bioboden wird Allmende 195
Gemeingüter wiederherstellen 197
Ernährungsräte 199
Essbare Städte 200
Gartenbauringe 203
PRAXISTIPP: Mobile Hochbeete mit Komposttee-Ablauf 204
Urbanisierung ergrünen lassen 206

Kapitel 7
Wie es im Jahr 2050 aussieht – wenn David den Kampf gewonnen hat 209

Service 215

Anmerkungen 225

Über die Autoren und Dank 233

VORWORT

»Während Sie das lesen, werden 8.879 Quadratmeter Ackerboden durch die industrielle Landwirtschaft vernichtet.« Mit diesem Satz haben wir von Nature & More 2015 im Rahmen unserer Kampagne »Save Our Soils – Rettet unsere Böden« Verbraucherinnen und Verbraucher auf den zunehmenden Bodenabbau aufmerksam gemacht. Denn die Uhr tickt: Jede Sekunde geht wertvoller, fruchtbarer Boden verloren – pro Minute sind es laut UN rund 30 Fußballfelder.

Einer der Hauptverursacher ist die agroindustrielle Produktion: Um immer mehr und immer billiger zu produzieren, hat sie die Zerstörung unserer natürlichen Ressourcen billigend in Kauf genommen. Wobei »in Kauf genommen« hier wahrscheinlich die falsche Bezeichnung ist. Denn tatsächlich kommen die großen Agrokonzerne kaum für die ökosozialen Schäden auf, die sie verursachen. Im Gegenteil: Die Kosten, die durch Bodenerosion, Verschmutzung der Gewässer oder Verlust an Artenvielfalt entstehen, werden einfach privatisiert, in die Zukunft oder in arme Länder verschoben. Sie schlagen sich nicht im Lebensmittelpreis nieder, so bleibt das agroindustrielle Produkt schön billig. Eine Verbrauchertäuschung und Verzerrung des Wettbewerbes, die endlich ein Ende haben muss!

Landwirte, die regenerativ und nachhaltig wirtschaften, tragen zum Gemeinwohl bei und sorgen dafür, dass wir auch in Zukunft gesunde Böden haben. Dafür sollten sie auch entsprechend anerkannt und honoriert werden. Das vorliegende Buch leistet hierzu einen wichtigen Beitrag, indem es die Bedeutung der regenerativen Agrikultur nicht nur für unsere Ernährung, sondern auch für unser Klima hervorhebt. Dabei liefert es konkrete Empfehlungen, wie sich das regenerative Wirtschaften in verschiedenen Gesellschaftsebenen integrieren lässt. Lassen wir die Revolution »von unten« beginnen!

Ihr Volkert Engelsman

EINLEITUNG

Es geht um unser aller Überleben.
Es geht um Billiarden, Trillionen, vielleicht sogar Quintillionen von Lebewesen. Hey, ihr Buchschreiberlinge, könnt ihr es nicht eine Nummer kleiner machen? Nein. Können wir nicht. Wollen wir nicht.

Alle Menschen müssen essen und trinken. Doch wenn die planetarischen Ökosysteme an den Rand des Kollaps geraten, dann sind die weltweiten Ernten und Wasserkreisläufe gefährdet. Um ein altes Sprichwort der Creek abzuwandeln: Erst wenn wir die letzte Ackerkrume zerstört, das letzte Grundwasser verbraucht und die letzten Bienen ausgerottet haben, werden wir merken, dass unsere Computer, Smartphones und die ganze chromglitzernde Industrie 4.0 nicht essbar sind.

Endlose Monokulturen beherrschen heute die Weltäcker – zum Schaden von Boden, Klima, Luft, Wasser, Menschen, Tieren, Pflanzen und Pilzen. Und von Quintillionen mikroskopisch kleinen Lebewesen im Boden mit einem geschätzten Gesamtgewicht von 600 Milliarden Tonnen.[1] In einer Handvoll gesunder Erde gibt es mehr Lebewesen als Menschen auf dem Planeten, in einer Handvoll agroindustriell behandeltem Boden hingegen nur noch einen Bruchteil davon. Trilliarden Lebewesen sind umgekommen. Je mehr sich die agroindustrielle Produktion global ausweitet, desto gefährdeter sind Bodenleben und Bodenfruchtbarkeit und damit unsere Ernährungssicherheit. Falls in den kommenden Klimakrisen die Ernährungssysteme zusammenbrechen und in der Folge blutige Kriege um letzte Ressourcen geführt und weitere Flüchtlingswellen ausgelöst werden, wird es hochdramatisch. Das ist die schlechte Nachricht.

Die gute Nachricht ist …

Der Klimawandel ist umkehrbar, die Ökosysteme sind heilbar – durch regenerative, aufbauende Methoden der Landbewirtschaftung in Stadt und Land, in Beeten und Äckern. Die Agroindustrie verursacht auf direkte und indirekte Weise ungefähr die Hälfte der Treibhausgase, ist also ein Großteil des Megaproblems Klimakrise. Alte und neue agrarökologische Praktiken in Stadt und Land sind aber auch ein Großteil der Lösung – und die lautet: den Kohlenstoff aus der CO_2-überlasteten Atmosphäre zurück in den Boden bringen. Denn dieser Grundstoff allen Lebens fehlt im Erdreich immer dramatischer – aufgrund von Entwaldung, Humusabbau und weltweiter Bodenerosion. Kohlenstoff ist der Hauptbestandteil von Humus. Und von Humus hängt der gesamte Lebenszyklus der Landpflanzen, -tiere und Menschen ab.

Seit Erfindung der Landwirtschaft und beschleunigt seit Einführung der Agroindustrie haben Böden einen Großteil ihres Kohlenstoffs verloren; als CO_2 ist er jetzt dort zu finden, wo wir ihn in der derzeitigen Menge nicht brauchen können, nämlich in der Atmosphäre. Doch regeneratives Ackern, Pflanzen und Gärtnern kann ihn dorthin zurückholen, wo er dringend gebraucht wird. Vorausgesetzt, es werden nicht ständig neue Quellen fossiler Energien erschlossen und verbrannt, könnte solch eine globale Regenerativkultur womöglich schon bis 2050 die Klimakatastrophe zur Geschichte machen, das atmosphärische CO_2-Niveau auf vorindustrielles Niveau drücken, der Menschheit gesunde Nahrung und Wasser liefern und das Artensterben aufhalten.

Regenerative Agrikultur ist eine ganzheitliche, viele Methoden umfassende Praxis, die Boden aufbaut und aktiv die Regenerationskräfte der Natur unterstützt. Ihr zugrunde liegt ein ökosystemischer Ansatz, der stets verschiedene Faktoren gleichzeitig einbezieht und verbessert: Boden, Luft, Wasser, Artenvielfalt, Ernährung, Gesundheit, aber auch soziale Aspekte wie Gerechtigkeit und vieles mehr. Er fördert die Krisenfestigkeit und das Wohlergehen aller Lebewesen.

Die größten Potenziale einer »Regenerativen Agrikultur« liegen im Bereich der Landwirtschaft mit ihren hohen Flächenanteilen. Aber sie funktioniert auch im Kleinen: in individuellen und gemeinschaftlichen Gärten, in der Stadt und auf dem Land. Agrikultur ist auch »Hortikultur«, Gartenkultur. In vielen Winkeln der Welt erinnert Landwirtschaft in ihrer kleinteiligen Liebe zur Natur noch heute mehr an Gärtnern als an Agroindustrie.

Rekarbonisierung statt Dekarbonisierung

Mit diesem Buch versuchen wir das Potenzial dieser regenerativen Agrikultur aufzuzeigen und zu fragen, wie sie zu etablieren wäre und welche Hindernisse dem entgegenstehen. In der breiten Öffentlichkeit ist sie bisher kaum zur Kenntnis genommen worden. Im Pariser Klimaabkommen wird sie nicht erwähnt; auch Umweltorganisationen kennen sie noch kaum, dennoch verbreitet sie sich in tausend kleinen Blüten weltweit.

Bei der Klimakrise steht stets der Ersatz der Fossilenergien wie Kohle, Öl und Gas im Vordergrund. Zu Recht, denn mindestens 80 Prozent der bekannten fossilen Energievorräte müssen im Gestein bleiben, soll die Erderwärmung allerhöchstens zwei Grad betragen. Aber regenerative Energien können nur dafür sorgen, dass nicht noch mehr CO_2 in die Atmosphäre gelangt. Regenerative Agrikultur kann mehr: nämlich den Kohlenstoff aus der Luft zurückholen. Die weltweite Energiewende wäre nur die Hälfte der Lösung – die andere wäre die weltweite Agrarwende.

Eine »Dekarbonisierung der Weltwirtschaft«, wie die Regierungschefs sie auf dem letzten G20-Gipfel angekündigt haben, ist demnach der falsche Begriff. Es geht um die Dekarbonisierung der Atmosphäre mittels Rekarbonisierung des Bodens, um massive Förderung aller gärtnerischen und landwirtschaftlichen Praktiken, die den Kohlenstoff dorthin zurückbringen, wo er ursprünglich herkam und wo er unverzichtbar ist.

Der US-Agrarwissenschaftler Timothy LaSalle, Ex-Direktor des renommierten Rodale Institute in Pennsylvania und Vordenker der regenerativen Agrikultur, formuliert es so: Um die Erde zu retten, brauche man keine teuren und gefährlichen Methoden des Geo-Engineerings. Planetarisches Bio-Engineering sei billig und überall anwendbar – sein Name: Photosynthese. Pflanzen holen Kohlendioxid aus der Luft sowie Wasser und Nährstoffe aus dem Boden, mittels Sonnenenergie produzieren sie daraus lange Kohlenhydratketten: Zucker, Stärke, Zellulose. Einen Teil des Kohlenstoffs verfrachten sie über ihre Wurzeln unter die Erde. Die australische Bodenwissenschaftlerin Christine Jones nennt das den »flüssigen Kohlenstoff-Pfad«[2]. Sterben die Pflanzen, gelangt im Rahmen des globalen Kohlenstoffkreislaufs ein Anteil wieder als CO_2 in die Atmosphäre, ein anderer verbleibt im Boden und wird unter günstigen Bedingungen zu stabilem Humus.

Darum sind Pflanzen und Bäume unsere wichtigsten Verbündeten bei der Heilung der Ökosysteme. Und unsere wichtigsten Hoffnungsträger, die uns helfen, den Kollaps der Ökosysteme, Hunger, Gewalt und Hoffnungslosigkeit zu vermeiden. Kohlenstoff spielt für den Erhalt der Bodenfruchtbarkeit und eines gesunden Bodenlebens eine zentrale Rolle. Mit Humusaufbau kann man nicht nur das Klima positiv beeinflussen, sondern auch bessere Ernten erzielen, Hunger und Mangelernährung bekämpfen, unzählige sinnvolle Jobs schaffen. Man kann damit für gesunde Pflanzen, Tiere und Menschen sorgen, die Artenvielfalt mehren, die Wasserhaltefähigkeit der Böden und die Grundwasservorräte erhöhen sowie ganze Landschaften regenerieren.

Eine Win-win-win-win-win-Situation.

Aber ist das wirklich so? Sind diese Hoffnungen berechtigt? Und wenn ja, welche agrarökologisch-gärtnerischen Praktiken fallen unter den Oberbegriff »regenerative Agrikultur«? Wir möchten die Lesenden zu einer großen Reise einladen, die zu verschiedenen Gesprächspartnern, neuen Erkenntnissen und beispielhaften Projekten im In- und Ausland führt. Zu diesen Projekten und Methoden zählen Permakultur, Waldgärten, Biointensivkulturen, pfluglose Bodenbearbeitung, Untersaaten, Mischkulturen, Agroforstsysteme, Holistisches Weidemanagement, Wassersammelsysteme bis zu Wüstenbegrünung. Wir: Das sind Ute Scheub, die über die Entdeckung von Terra Preta auf dieses inspirierende Thema stieß.[3] Und der Geograph und Permakultur-Designer Stefan Schwarzer, der im Ökodorf Schloss Tempelhof zusammen mit Landwirten und Gärtnerinnen eine aufbauende Landwirtschaft entwickelt (siehe Seite 117 ff.).

Den Anstoß für dieses Buch gab ein Kongress Mitte 2015 in Costa Rica. Unter dem Namen »Regeneration International« gründete sich dort ein neues globales Bündnis zivilgesellschaftlicher Bauern- und Umweltorganisationen sowie renommierter Einzelpersonen. Eine seiner ersten Aktivitäten war die Unterstützung der globalen Humusinitiative »4 Promille« auf dem Pariser Klimagipfel. Der Name soll verdeutlichen, dass ein jährlicher Humusaufbau auf den Äckern der Welt von gerade einmal vier Promille genügen würde, um alle weiteren CO_2-Emissionen zu kompensieren. Eine globale Steigerung des Humusgehalts wäre ein Gewinn für alle – außer für die Agrokonzerne. Und hierin liegt das größte Problem für die Realisierung des Win-win-win der regenerativen Agrikultur: Angesichts der globalen Macht der Agromultis ist sie wie ein kleiner David, der gegen einen gigantischen Goliath kämpft.

David gegen Goliath

Goliath: Das ist die weltweit verflochtene Agroindustrie, die milliardenschweren Pestizid-, Düngemittel-, Saatgut- und Gentechnikkonzerne wie Monsanto & Co., dazu die Massentierhalter, Fleischfabrikanten, Großgrundbesitzer und Landmaschinenhersteller. Doch trotz ihrer gigantischen Größe erzeugen sie nur etwa 30 Prozent der globalen Lebensmittel. Es ist der kleine David, der mit rund 70 Prozent den Hauptteil der Welternährung stemmt: bäuerliche Familienbetriebe, Kleinbauern und Gärtnerinnen in Stadt und Land. Viele wirtschaften ökologisch, aus Überzeugung oder auch aus Geldnot, weil sie teuren Kunstdün-

Goliath gegen David: Agroindustrie mit Monokultur, Pestiziden und Gentechnik versus regenerative Agrikultur mit Vielfalt, Schönheit und Lebendigkeit.
Foto oben: Shutterstock, unten: Luis Franke

EINLEITUNG

ger nicht kaufen können. Sie beackern kleine und kleinste Subsistenzflächen, ständig bedroht von Wetterextremen, Landraub, korrupten Regierungsbehörden und Agrogiften ihrer Nachbarn.

Goliath: Das sind auch die Bündnisse mächtiger Agrokonzerne mit westlichen Regierungen, die heute genau den falschen Weg einschlagen: noch mehr Rationalisierungstechnik und Hightech. Internationale Allianzen wollen die Welt mit GPS-gesteuerten Monokulturen, Gentechnik und Ackergiften überziehen. Angeblich um die steigende Weltbevölkerung zu ernähren, aber wohl eher, um Landwirte abhängig zu machen, um die Profitquellen weitersprudeln zu lassen. Noch mehr rücksichtslose Technokratie wird jedoch nur das Bauernsterben, das mit dem Artensterben einhergeht, und die »Entlebung« des Planeten vorantreiben.

David: Das ist die kleinbäuerliche Agrikultur, die weltweit 85 Prozent aller Bauernhöfe als Lebensgrundlage für 2,6 Milliarden Menschen umfasst.[4] In Afrika und Asien sind diese im Schnitt nur 1,6 Hektar klein, und Lateinamerika weist nur wegen extrem ungleicher Verteilung zwischen Großgrundbesitzern und Habenichtsen einen höheren Durchschnittswert auf.[5] In Deutschland und der EU sind die Höfe erheblich größer, aber das macht sie nicht krisenfester. Unter dem Motto »Wachse oder weiche« sind seit den 1990er Jahren unglaubliche 80 Prozent der Bauernbetriebe in Deutschland bankrottgegangen, Zehntausende verloren ihre Arbeit.[6]

Allerdings: Allein die Feldgröße ist kein Kriterium für die Unterscheidung zwischen »bäuerlicher Agrikultur« und »Agroindustrie«. Das Wichtigste, darauf weist der Agrarwissenschaftler Felix zu Löwenstein hin, ist der Umgang mit dem Lebendigen.

Wird der Boden als lebloses Substrat behandelt, handelt es sich um agroindustrielle Produktion; wird er als lebendiger Organismus angesehen, um bäuerliche. Werden Nutztiere wie tote Werkstücke und Pflanzen wie reines Material angesehen, ist das industriell; werden sie als Mitgeschöpfe behandelt, ist es bäuerlich. Bleiben die Produzenten der Lebensmittel unsichtbar, ist es industriell; übernehmen sie Verantwortung, ist das bäuerlich. Wird die Landschaft wie Rohstoff ausgebeutet, handelt es sich um Agroindustrie; wird sie bewahrt und gepflegt, handelt es sich um bäuerliche Landwirtschaft. Geht es um schnelles Geld, ist es Industrie; geht es um eine generationenübergreifende Bewahrung und kulturelle Einbettung in eine lokale Gemeinschaft, ist es bäuerliche Agrikultur.[7]

Die Mehrheit der »Davids« ist übrigens weiblich. Frauen sind in vielen Ländern die Hauptverantwortlichen für Ernährung und Kochen, Haus- und

Waldgärten, für Gärtnern, Säen, Hacken, Ernten und Samenbewahren. Aber es gibt kein weibliches Pendant für den männlichen Vornamen, deshalb haben wir ihn behalten.

David gegen Goliath: Für Goliath zählt Natur nur in klingender Münze. Für die »Regenerativen« aber geht es um ihren Erhalt und ihre Heilung, da sie sich nicht getrennt von ihr sehen. Für sie gehört letztlich alles zusammen: Boden, Mikroorganismen, Pilze, Pflanzen, Tiere und Menschen. Sie setzen nicht auf größtmögliche PS-Zahlen ihres Maschinenparks, sondern verwenden angepasste Technik gemäß E. F. Schumachers Slogan »Small is beautiful«. Beispiele für solches »Gesundschrumpfen« finden Sie in mehreren Kapiteln.

Für sie zählt die Vermehrung des Lebendigen, nicht nur in den Böden, sondern in allen Ökosystemen. Ihr Motto könnte das von Albert Schweitzer sein, der »Ehrfurcht vor dem Leben« empfand und für sich selbst definierte: »Ich bin Leben, das leben will, inmitten von Leben, das leben will.« Oder der Satz, mit dem der inzwischen verstorbene Alternative Nobelpreisträger Hans-Peter Dürr »Nachhaltigkeit« definierte: »Das Lebende lebendiger werden lassen«.[8]

Das Dickicht der Begriffe

Der Begriff »regenerative Agrikultur« – in Anlehnung an die Abkürzung SoLaWi für Solidarische Landwirtschaft könnte man auch von ReLaWi sprechen – stammt ursprünglich von Robert Rodale, Sohn des Begründers des erwähnten Rodale Institute. Genauer gesagt sprach er von »regenerativer *organischer* Agrikultur«, denn eine Landwirtschaft, die mit der Chemiekeule Lebewesen tötet, kann nicht regenerativ sein.

Manche reden auch von *regenerativer Landwirtschaft*. Für unseren Geschmack kommt hier die Betonung des Menschengemachten, der Kultur etwas zu kurz. Landwirtschaft bezieht sich zudem nur auf rurale Räume, Agrikultur hingegen auch auf städtische. Im Wortstamm der Agrikultur steckt das lateinische Wort für Acker, *ager*, und *colare*, bestellen, pflegen. »Cultura« meinte ursprünglich nur die Pflege des Feldes, erst später umfasste »Kultur« noch viel mehr, etwa Kunst. Regenerative Agrikultur fördert im umfassenden Sinne die Genesung der Erde, der Böden und der Natur.

Manche sprechen auch von »*restaurativer*« oder »*nachhaltiger*« Landwirtschaft. Ersteres klingt im Deutschen seltsam »reaktionär«, letzteres erfuhr schon so viele Waschgänge des Greenwashing, dass es jede Farbe verloren hat. Für das Adjektiv *aufbauend* nehmen viele in Anspruch, dass es mehr bedeutet als nur eine Wiederherstellung, nämlich ein Übertreffen der Qualität des Anfangszustands. Denn Menschen sind fähig, die Regenerationsfähigkeit von Ökosystemen zu beschleunigen.

Es gibt, um die Verwirrung komplett zu machen, noch weitere Begriffe. »Agrarökologie« umfasst alle Biomethoden in wissenschaftlicher Theorie und Anbaupraxis. Der vor allem in Amerika und Afrika gebräuchliche Begriff beinhaltet im Gegensatz zur zertifizierten Biolandwirtschaft Europas auch den Anbau ohne regelmäßige Kontrollen und Zertifikate. Bill Mollison und David Holmgren prägten Mitte der 1970er Jahre das Wort *Permakultur* und meinten damit dauerhafte Agrosysteme in Einklang mit Umweltbedingungen und Bedürfnissen der Nutzenden (siehe Seite 89 ff.). Der Ökopionier Karl Ludwig Schweisfurth nennt seinen Ansatz *symbiotische Landwirtschaft*, weil sich in seinen »Herrmannsdorfer Landwerkstätten« Mensch, Tiere und Pflanzenanbau symbiotisch ergänzen (siehe Seite 189 ff.). Der US-Autor Eric Toensmeier hat in seinem gleichnamigen Buch den Begriff *Carbon Farming* geprägt, der Terra-Preta-Pionier Hans-Peter Schmidt spricht von *Klimafarming* (siehe Seite 108 ff.), wieder andere von *klima-freundlicher Landwirtschaft,* was keineswegs identisch ist mit der eher industriellahen *klimasmarten Agrikultur.*

All diese Begriffe sind natürlich nicht identisch. Die einen betonen mehr den Klimaaspekt, die anderen die Symbiose der Lebewesen, die Dritten das ganzheitliche Herangehen. Aber die Richtung ist letztlich dieselbe. Es geht immer um Kreislaufwirtschaft, das Arbeiten *mit* der Natur und nicht gegen sie. Um die Förderung des Lebendigen, um Humusbildung, Bodenfruchtbarkeit und die Verfrachtung des Kohlenstoff zurück in den Boden. Wer sein Land »regenerativ« bewirtschaftet, sieht den Boden nicht isoliert, auch nicht als pure Kohlenstoffsenke und erst recht nicht als bloße Profitquelle des CO_2-Handels. Sondern als lebendiges und schützenswertes Ökosystem, das einen Wert an sich hat.

Und »Regenerative« wollen nicht nur das atmosphärische CO_2 reduzieren, sondern alle natürlichen Kreisläufe gesunden lassen, Biodiversität fördern, Dörfer wiederbeleben, Landschaften regenerieren und neue Arbeit schaffen. Es geht schlicht ums Ganze. Um die Heilung der Natur durch eine weitere Verlebendigung aller lebendigen Prozesse, statt sie zunehmend in tote Rohstoffe und totes Kapital zu verwandeln.

Breite Mehrheit für die Agrarwende

Angesichts der Macht der Agrokonzerne erscheint dieses Ziel verwegen. Aber es ist nicht unmöglich, es zu erreichen. In Deutschland gibt es schon jetzt eine erstaunlich große Mehrheit für eine derartige Agrarwende. 93 Prozent der Befragten sind für mehr Tierwohl – laut einer Mitte 2016 veröffentlichten repräsentativen Umfrage im Auftrag des Bundesumweltministeriums. 85 Prozent befürworten regionale Kreisläufe, 84 den Ausbau der Biolandwirtschaft. 91 Prozent der Interviewten glauben, dass Pestizide schaden, 86 lehnen den Anbau von genmanipulierten Pflanzen ab, 79 die Fütterung von Nutztieren mit solchen Pflanzen, und 74 Prozent möchten, dass auf den Einsatz von Kunstdünger verzichtet wird. Und trotz aller PR-Kampagnen der Gegenseite unterstützen weiterhin 90 Prozent den Ausbau der Erneuerbaren Energien.[9]

Zugegeben: Viele Menschen sind in Worten progressiver als im Handeln – abzulesen etwa am weiterhin hohen Fleischkonsum aus Massentierhaltung. Das gilt es von den Umfrageergebnissen abzuziehen. Dennoch: Eine Mehrheit der Menschen weiß intuitiv, wohin es gehen muss, und unterstützt einen solchen Weg. Das kann man auch an den Empfehlungen der per Losverfahren zusammengesetzten »Bürgerräte« sehen, die das Bundesumweltministerium im Rahmen eines »Bürgerdialogs« zu den UN-Nachhaltigkeitszielen berieten und sich massiv für Tierwohl und Naturerhalt einsetzten.[10] Nur die Politik, erpressbar durch Konzerne, hinkt hinterher.

Apropos Fleisch: Wir sind beide »Teilzeitveganer«, essen bevorzugt Gemüse und Obst sowie gelegentlich Biofleisch. Wir begrüßen die vegetarische und vegane Bewegung, weil Tierquälerei gestoppt und der globale Fleischkonsum verringert werden muss. Wir glauben aber, dass das keine Lösung für alle ist. Tierdung hält Böden fruchtbar, und unzählige Nomaden und Hirtinnen leben in Grasländern und sind auf ihre Tiere angewiesen. Der größte moralische Skandal liegt unseres Erachtens nicht darin, dass Menschen Tiere essen. In der Natur verspeist jeder jeden, und auch wir werden zuletzt in der Erde von Bodentierchen gefressen. Sondern darin, dass die Agroindustrie die Tiere unsäglichen Qualen aussetzt.

Wir Stadtmenschen begegnen Tieren heute meist nur noch als abgepacktes Steak in der Tiefkühltruhe. Kaum jemand erlebt noch, wie Äpfel, Weizen und Tomaten wachsen. Zwischen Naturgeschehen und unserem Körper hat sich ein Apparat von Megaställen, Traktoren, Pestizidspritzen, Mähdreschern, Verladesystemen, Lastwagentransporten, Kühlhäusern und Supermärkten geschoben, eine hocheffiziente, kalte Supermaschinerie. Das zwischenmenschliche Maß ging dabei genauso verloren wie das menschlich-tierische und das menschlich-pflanzliche. Der Soziologe Hartmut Rosa spricht hier von »Weltbeziehungsstörung«. Zerschnitten ist das Band zwischen Menschen zur Natur, zur Welt der Tiere und Pflanzen, die wir verzehren, von denen wir leben. Mit denen zusammen wir ein gutes Leben führen könnten, es aber nicht tun.

Und doch geht es in diesem Buch *nicht* darum, konventionelle Landwirte zu bösen Buben zu stempeln. Die wahren Verantwortlichen sitzen in den Chefetagen der Konzerne, während ihre Kunden eher Opfer als Täter sind. Auch wenn wir klar aufseiten des Biolandbaus stehen: Wir führen hier keinen Kampf »Bio gegen Konventionell«, das wäre zu einfach. Auch Ökohöfe können nichtregenerativ wirtschaften, auch konventionelle Betriebe Humus aufbauen. Es geht uns darum zu zeigen, wie Bauern, Gärtnerinnen, Stadtbewohner und Konsumentinnen gemeinsam Ökosysteme gesunden lassen und dabei richtig gut leben können.

Mutter Erde ist Mutterde, wie es so schön im Deutschen heißt. Sie versorgt Mikroorganismen, Pflanzen, Tiere und Menschen mit Nahrung. »Das Leben aber erblüht aus der ›Mutter Erde‹, und wenn es erlischt, so dort zuerst«, schrieb der Bodenforscher Hans-Peter Rusch.[11] Aber Mutterde ist auch Mutter Erde, ein Bild für jene wunderschöne blaue Murmel, die uns alles gratis liefert, was wir zum Leben brauchen – angefangen damit, dass sie uns Halt gibt, damit wir nicht ins Bodenlose stürzen.

Die Erde wird uns retten – indem wir die Erde retten.

Zum Aufbau des Buches

Wie sich die von der Agroindustrie verursachten Krisen der Ökosysteme auswirken und gegenseitig verstärken, schildern wir im ersten Kapitel des Buches – der ganze Rest gehört den Lösungen. Wie regenerative Agrikultur die Naturkreisläufe global wieder in Balance bringen könnte, beschreiben wir im zweiten Kapitel. Das dritte kreist um lebensfördernde Praktiken auf Äckern und in Gärten – mit Beispielen aus Deutschland und anderswo. Im vierten geht es um praktische Bodenpflege. Das fünfte schildert regenerative Agroforst- und Weidesysteme bis hin zur Wüstenbegrünung. Im sechsten schildern wir neue Stadt-Land-Beziehungen. Das siebte zeigt eine Vision aus dem Jahre 2050, in der die Erde tatsächlich gerettet ist. Und im Anhang finden Sie Empfehlungen, wie dieses Ziel zu erreichen wäre und regeneratives Wirtschaften auf allen Ebenen gefördert werden kann. Natürlich ist dieses Buch nicht vollständig: Zugunsten von Bildern und Lesbarkeit mussten wir vieles Wichtige weglassen.

Nun wünschen wir Ihnen und uns, dass Sie bei der Lektüre von Entdeckerfreude ergriffen werden. Lassen Sie sich von weltweiten Initiativen inspirieren, und probieren Sie deren Methoden am besten selbst aus.

KAPITEL 1

Die Geschichte von David und Goliath – neu erzählt

*»Wir sind an den allermeisten Orten dieser Erde nur
knapp 15 Zentimeter von der Ödnis entfernt.
Denn gerade einmal so viel misst die Schicht Humus, von
der das gesamte Leben auf diesem Planeten abhängt.«*

NEIL SAMPSON

Über lange Jahre unserer Geschichte – ungefähr 99 Prozent davon – lebten die Menschen als Sammlerinnen und Jäger. In dieser Reihenfolge. Unsere Ahnin »Lucy«, ein *Australopithecus afarensis*, durchquerte vor gut drei Millionen Jahren bereits im aufrechten Gang die Savannen des ostafrikanischen Rift Valley. Aus Knochen und Gebiss kann man schließen, dass sie sich von Samen, Nüssen, Früchten, Blättern und Wurzeln ernährte – und zum Sammeln zur Not auch noch auf Bäume kletterte. Das Jagen kam wohl erst zwei Millionen Jahre später durch *Homo erectus* in Mode. Sammeln und Jagen erforderte ein hohes Maß an Kooperation, was bei *Homo sapiens*, der sich vor ungefähr 200.000 Jahren entwickelte, ein Gehirn entstehen ließ, das soziale Umgangsformen mit dem Ausschütten von Glückshormonen belohnte. Das machte ihn menschlich – im besten Sinne.

Diese Menschen lebten in kleinen, nomadischen Gruppen zusammen – weitestgehend ohne Rangordnung. Kriege gab es kaum, warum auch, es gab kein Eigentum zu verteidigen. Der Anthropologe Robin Dunbar belegte mit Studien, dass eine Einzelperson zu ungefähr 150 Menschen egalitäre Beziehungen unterhalten kann, ein Mehr überfordert noch heute unser steinzeitgeformtes Gehirn und lässt als Konsequenz Hierarchien entstehen.

Auch heute leben Menschen in versteckten Winkeln der Welt immer noch als Sammlerinnen und Jäger – und zwar erstaunlich gut. Richard Lee hat beobachtet, dass ein afrikanischer Dobe-Buschmensch im Schnitt nur gut zwei Stunden täglich arbeitet. »Eine Frau sammelt an einem Tag genug Nahrung, um ihre Familie drei Tage zu ernähren«, schreibt der Anthropologe. Den Rest der Zeit verbringe sie im Dorf oder besuche andere Dörfer oder unterhalte Besucher aus anderen Dörfern. Ein Mann gehe auch mal eine Woche lang jagen, die nächsten zwei bis drei Wochen verbringe er dann aber mit Besuchen, Klatsch und Tratsch, Sex, Tanz und Gesang. Viele traditionell lebende Menschen gehören zu den gesündesten und besternährten der Welt. Ihr Speiseplan ist abwechslungsreich. Mangelernährung, Angst vor Hunger oder Krebs kennen die wenigsten. Landwirtschaft? Uninteressant! »Warum sollen wir pflanzen, wenn es so viele Mongo-Mongo-Nüsse in der Welt gibt?«, fragt ein Dobe-Buschmann.[1]

Wie Goliath so groß werden konnte

Doch nach der letzten Eiszeit vor etwa 12.000 Jahren begannen Menschen in der neolithischen Revolution mit dem Ackerbau. Sie säten wilde Grassamen; daraus entstanden Urgetreide wie Emmer oder Einkorn. Sie domestizierten Ziegen, später auch Schafe, Schweine und Rinder. Diese Entwicklung verlief zwischen 10.000 und 4.500 Jahren vor unserer Zeitrechnung mehr oder weniger parallel in Nord- und Südamerika, China, Indien, Lateinamerika und dem Vorderen Orient. Das Einlagern der Ernte und ein vom Wasserpegel abhängiges Bewässern erforderten zunehmend Planung und Kontrolle. Also wuchsen an Euphrat, Tigris oder Nil erste hierarchische Stadtstaaten – mit Getreidelagern und Kanälen, verwaltet von ersten Beamten, die eine Schrift benutzten; überwacht von Polizei, Oberhäuptern, Priestern und Göttern. Patriarchat und Erbrecht, Eigentum und Geld entstanden und schnell auch Schuldenknechtschaft und Sklaverei.[2]

Die herrschende Fortschrittserzählung behauptet, Landwirtschaft sei für die Menschheit unentbehrlich gewesen, um mit dem Agrarüberschuss eine »denkende Schicht« zu ernähren, die Kunst und Kultur entwickelte. Mag sein. Aber Skelettuntersuchungen weisen darauf hin, dass es sesshaften Bauern damals schlechter ging als frei umherschweifenden Sammlerinnen. Bauern hatten brüchigere Knochen, öfter Arthritis, Karies, Eisenmangel, epidemische Krankheiten – Letztere vor allem durch das enge Zusammenleben mit Nutztieren. Ihre Körpergröße schrumpfte, sie lebten kürzer als früher, im Schnitt nur noch 28 statt 37 Jahre.[3] Während Sammlerinnen und Jäger wohl ein einfaches, aber entspanntes Leben führten, mussten Bauern sprichwörtlich ackern. Dieses Drama spiegelt sich auch in der Bibel wider: Gott jagte Adam und Eva aus dem Paradiesgarten mit seiner Überfülle: »Verflucht sei der Acker, mit Kummer sollst du dich darauf nähren dein Leben lang.«

Jäger und Sammlerinnen der San in der Kalahariwüste: Sie arbeiten kaum und leben gut.
Foto: Aino Tuominen, Wikimedia

Die Ausbreitung der Landwirtschaft ließ die Bevölkerung schnell ansteigen: Mütter konnten Babys mit Getreidebrei füttern und früher abstillen, was zu mehr Schwangerschaften führte. Mehr Menschen pflanzten dann noch mehr an, rodeten mehr Wald, bauten neue Städte. Peter Farb formulierte daraus das Paradox: »Die Intensivierung der Produktion mit dem Ziel, eine größere Bevölkerung zu ernähren, führt zu einem noch stärkeren Wachstum der Bevölkerung.«[4] Auch deshalb nannte der Biologe Jared Diamond die Landwirtschaft »den größten Irrtum der Menschheitsgeschichte«.[5]

Nun ist für uns eine Rückkehr in die Zeiten der Jägerinnen und Sammler natürlich unmöglich. Aber wir sollten uns dessen bewusst sein, dass der historische »Sinn« von Landwirtschaft weitaus unklarer ist, als es auf den ersten Blick erscheinen mag. Der US-Autor Richard Manning argumentiert sogar, dass es in Agrarsystemen stets weniger um Nahrungs- als vielmehr um Machtproduktion ging.[6] Herrscher der antiken Großreiche ließen den nötigen Nahrungsüberschuss mit Sklaven produzieren. Im Mittelalter wurden Bauern zu Leibeigenen. Im Kolonialismus kehrte die Sklaverei zurück, als weiße Europäer die Völker in Amerika, Afrika und Asien blutig unterwarfen, um Zuckerrohr, Baumwolle und »Kolonialwaren« zu produzieren. Das markierte den Beginn der globalisierten Landwirtschaft.

Unsere westliche Zivilisation – aber nicht nur die – hat eine unselige Tradition entwickelt, Geist und Natur als hierarchische Gegensätze zu sehen und Letztere der Ausbeutung preiszugeben. Mutter Erde und die Natur sind weiblich, weil reproduktiv, und befinden sich »unten«. Geist und Kultur sind männlich und stehen »oben«, in der Sphäre des Himmels, der Götter und Genies. Schon Aristoteles glaubte, »das Weib« sei bloß Stoff, nur ein Gefäß für die männliche Kraft des Samens. Die Weltreligionen – genauer gesagt, ihre fundamentalistischen Auslegungen – trugen zur Misere das Ihre bei. Für traditionelle Christen wohnen Vater, Sohn und Heiliger Geist im Himmel, die Mutter aber kam ihnen schmerzlich abhanden. »Macht euch die Erde untertan!«, befahl dieser Wüstengott angeblich. Judentum und Islam kennen ebenfalls jenen männlichen Herrscher der Wüste, der über allem thront, über der Natur, dem Weiblichen und der regenerativen Fruchtbarkeit, die doch die Welt immer wieder aufs Neue hervorbringt.

Auch der britische Naturforscher Francis Bacon sah die Natur als Frau. Er forderte, sie müsse »auf die Folterbank« gespannt werden, um ihr die weiblichen Geheimnisse abzupressen, sie »zu versklaven« und »zu bezwingen«.[7] Der französische Philosoph René Descartes vertiefte die Kluft zwischen Geist und Körper, Verstand und Emotion, Männlichem und Weiblichem. Er behauptete, nichtmenschliche Lebewesen seien ohne Geist und somit nur »Automaten«. Das war die Rechtfertigung für ihre Versklavung. Die sogenannte menschliche Zivilisation beruht in ungeheurem Ausmaß auf tierischen Knochen und Knochenarbeit. Ohne Zugochsen, Lastesel und Ackergäule, ohne ihre Felle, Häute und Wolle, ohne ihre Sehnen und Knorpel, ohne Milch und Eier, Fleisch und Blut der Nutztiere hätte sich die Menschheit niemals urbanisieren können. Millionen von Pferden wurden in Kriegen niedergemetzelt, Milliarden Schlachttiere werden heute unter schlimmen Umständen gehalten und getötet. Ein Blutstrom und Opfergang ohnegleichen – für den es nirgendwo ein Denkmal gibt.

In Großbritannien bahnte sich im 16. Jahrhundert eine ökonomische Revolution an – der Kapitalismus. Grundherren verlangten von ihren Subsistenzbauern immer höhere Beträge. Wenn sie nicht zahlen konnten, nahmen ihnen »Landlords« die Äcker weg und vergaben sie an andere. Immer mehr Menschen wurden enteignet, der Rest musste miteinander konkurrieren und versuchen, »profitabel« zu wirtschaften. Zudem begann eine rücksichtslose Einhegung der Allmenden kleiner Leute, die zuvor auf solchen Gemeingütern (engl: Commons) frei sammeln, jagen, weiden und fischen konnten. Ihrer Existenzgrundlage beraubt und bitterarm, mussten sie als Lohnarbeiter anheuern – zuerst auf Äckern, später in Webereien, Kohlebergwerken und Fabriken.

Die stoffliche Seite der agroindustriellen Revolution aber geht auf den Gießener Chemiker Justus von Liebig zurück, der den Kunstdünger erfand. Als Jugendlicher hatte er 1816 ein dunkles »Jahr ohne Sommer« erlebt, bedingt durch

Asche- und Schwefelteilchen eines Vulkanausbruchs in Indonesien mit der Folge einer globalen Hungersnot. Eine solche wollte er mit seinen Mineralsalzen für alle Zukunft verhindern helfen. Die Öffentlichkeit war begeistert, ein Patentrezept für die Ernährung der wachsenden Erdbevölkerung schien gefunden. Liebig selbst aber wurde mit zunehmendem Alter immer skeptischer: Er machte sich schwerste Vorwürfe, dass er als »kleiner Erdenwurm« sich angemaßt habe, die Schöpfung zu verbessern. Und entwickelte den »Liebig-Ozean«, ein frühes Öko-Modell der Gemeinschaft von Boden, Wasser, Pflanze und Tier.[8]

Doch das wollte schon niemand mehr hören. Das Zeitalter des technischen Machbarkeitswahns und mechanischen Reduktionismus hatte begonnen: Wissenschaftler sahen Lebewesen nicht mehr als Ganzheiten, sondern als physikalisch-chemische Fabriken, die auf das Funktionieren ihrer Einzelteile, ihrer Zellen und später ihrer Gene zurückgeführt werden konnten. Auch Ärzte interpretierten Krankheiten zunehmend als mechanische Fehlleistungen, die man mechanisch oder chemisch reparieren konnte – bis heute.

Im 19. Jahrhundert entdeckten Forscher, wie man aus Steinkohlenteer synthetische Farbstoffe gewinnen kann. Daraus entstehende Chemiekonzerne wie BASF und galten als Inbegriff des Fortschritts und wurden, eng verwoben mit den Mächtigen in Staat und Politik, um die Jahrhundertwende immer mächtiger. Ihre Produkte beförderten den Krieg und wurden umgekehrt vom Krieg befördert.[9] 1910 meldeten Fritz Haber und Carl Bosch das nach ihnen benannte Haber-Bosch-Verfahren zum Patent an. Es ermöglichte die Gewinnung von Salpeter für die Herstellung von Schwarzpulver aus Luft, Kohle und Wasser; später diente es zur Massenproduktion von Stickstoffdünger. Professor Haber trieb die Produktion der Giftgase Chlor und Phosgen als Chemiewaffen voran. Sie seien »eine technisch höhere Form des Tötens«, deren Einsatz er im Ersten Weltkrieg persönlich an der Westfront bei Ypern überwachte.[10] Seine Ehefrau Clara Immerwahr, erste Doktorin der Chemie an der Breslauer Universität, erschoss sich aus Verzweiflung über ihren Mann und seine »Perversion der Wissenschaft«.

Was heute Monsanto, Bayer oder Syngenta sind, war in den 1920er und 1930er Jahren die IG Farben – ein monopolistischer Superkonzern, das größte deutsche Unternehmen überhaupt. Unter Hitler wechselten seine Vorstandsmitglieder reihenweise zur NSDAP und SS.[11] Die dazugehörende Deutsche Gesellschaft für Schädlingsbekämpfung lieferte das Insektizid Zyklon B nach Auschwitz, wo nicht Insekten, sondern Menschen als »Parasiten« und »Volksschädlinge« vergast wurden.

Die Agrochemie war also immer auch zuerst Kriegswirtschaft. Aus Verfahren zur Sprengstoffherstellung wurde Stickstoffdünger, aus Kampfgasen Pestizide und aus Panzern Traktoren. Wo der Krieg gegen Menschen aufhörte, begann der Krieg gegen die Natur und umgekehrt. Monsanto und andere produzierten in den 1960er und 1970ern das dioxinhaltige Entlaubungsmittel Agent Orange, mit dem das US-Militär die halbe Fläche von Vietnam verseuchte. Noch heute leiden etwa eine Million Vietnamesen an den Spätfolgen.

Nach dem Zweiten Weltkrieg setzte in der Landwirtschaft westlicher Staaten ein exzessiver Gebrauch von Kunstdünger, Pestiziden und immer größeren Maschinen ein. Bauernhöfe gingen entweder bankrott oder entwickelten sich zu Agrarfabriken mit hohem Spezialisierungsgrad, Technikeinsatz, Kapital- und Energiebedarf und standardisierter Massenproduktion. Wo früher ein Dutzend Kühe weideten, standen bald Hunderte im automatisierten Stall. Wo früher 5 Hektar Anbaufläche reichten, mussten es nun 100 oder mehr sein. Einst gaben Bauern und Gärtnerinnen dem Boden in Form von Dung zurück, was sie ihm entnahmen. Nun ersetzte und zersetzte Agrochemie die natürlichen Stoffkreisläufe. Treiber und Profiteure dieser Entwicklung waren Chemiekonzerne im Verein mit Banken, Agrarspekulanten und Großgrundbesitzern. Die Folge war ein bis heute anhaltendes Bauernsterben. Und ein völlig anderes Gesellschaftsmodell.

Um 1800 arbeiteten in den Gebieten des heutigen Deutschland mehr als 60 Prozent der Bevölkerung in der Landwirtschaft. Um 1950 waren es noch 25, seit 2010 sind es nur noch 2 Prozent. Das war nur möglich, weil sich die Mengenproduktion sprunghaft erhöhte: Vor gut hundert Jahren konnten nur 4 Menschen von den Erzeugnissen eines Bauers leben, um 1950 waren es 10, heute sind es über 130 Personen.[12] Die auf dem Land überflüssig Gewordenen wanderten in Städte ab, um im Industrie- und Dienstleistungssektor neue Arbeit zu suchen. Der Bauernstand ist fast völlig verschwunden. Die Verbliebenen werden zu gnadenloser Effizienz gezwungen, um eine ganze Gesellschaft zu ernähren. Ein »Fortschrittsmodell«, das im Zuge der »Grünen Revolution« auch südlichen Ländern oktroyiert wurde – nur dass es dort meist keine Industrie gab und gibt, welche die »Überflüssigen« hätte beschäftigen können. Von ihren Subsistenzäckern vertrieben, vergrößern sie nun die Slums wuchernder Megacitys, wo sie vom Müllsammeln oder Betteln leben müssen.

Die Idee einer »Grünen Revolution« wurde ab den 1940er Jahren in der Rockefeller Foundation ersonnen, um eine »rote Revolution« zu verhindern.[13] Chemiegepäppelte Hochleistungssorten von Weizen oder Mais sollten schnell Rekordernten liefern und die Gefahr von Hungerrevolten beseitigen. Hunger und Unterernährung waren in den Augen dieser Agrotechnokraten ein Resultat der Zurückgebliebenheit südlicher Völker. Die willkommene Nebenwirkung ihrer Rezepte war die strukturelle Abhängigkeit des Südens von den Chemiekonzernen des Nordens.

Doch mit der Zeit waren die gigantischen ökosozialen Kosten dieser dauerhaften »Chemo-Therapie« nicht mehr zu übersehen. Sie erfordert ungeheure Mengen Fossilenergien, zerstört ökologische Kreisläufe und sprengt die planetarischen Grenzen. »Energiesklaven« in Form immer größerer Maschinen ersetzen menschliche Arbeitskräfte auf dem Acker und vertreiben sie in die Städte – was ländliche Gebiete vielfach in öde Agrarsteppen mit biologischen und geistigen Monokulturen verwandelt. Zudem schaffen sie gefährliche Abhängigkeiten: Steigt der Ölpreis, steigen die Essenspreise mit – so ein Report des Institute of Science in Society von 2013.[14] Die Fossilchemie ist eine Art Viagra des Landbaus: Sie erzeugt eine künstliche Potenz, macht aber süchtig, schädigt Herz und Kreislauf der von ihr lebenden Gesellschaft und ruiniert auf Dauer die Bodengesundheit.

Warum Goliath so zerstörerisch ist

Über Jahrzehnte hat die Goliathisierung der Wirtschaft Riesenkonzerne geschaffen, die heute versuchen, die Welternährung zu beherrschen – angefangen vom Saatgut über Kunstdünger, Pestizide, Gentechnik, patentierte Lebewesen, GPS-gesteuerte Landmaschinen bis zur Verarbeitung und Vermarktung. Dabei geht es gar nicht so sehr um Ernährung – die wäre sonst qualitativ besser –, sondern um das Abhängigmachen ihrer Kunden und damit das Sichern dauerhafter Profite. Zu den »Big Seven« der Agrochemie gehören, der Umsatzgröße nach aufgezählt: ChemChina, Monsanto, Syngenta, BayerCropScience, Du Pont Agriculture, BASF Agricultural Solutions und Dow Agricultural Sciences. Hinzu kommen Düngemittelproduzenten wie Yara, Rohstoffhändler wie Cargill, Landmaschinenhersteller wie John Deer, Lebensmittelverarbeiter wie Nestlé, Handelsketten wie Walmart und weitere.

Den schlechtesten Ruf genießt Monsanto, von vielen auch als »Monsatan« geschmäht. Die investigative Journalistin Marie-Monique Robin hat nachgezeichnet, wie der Chemiekonzern mit PCB, Agent Orange, Glyphosat und anderen Giften einen Großteil unseres Planeten verseuchte, Verleumdungskampagnen gegen seine Kritiker in die Welt setzte und Ergebnisse wissenschaftlicher Studien fälschte.[15] Nachdem seine Produkte das Bodenleben zerstört und die Erosion gefördert haben, scheint er nun an der Patentierung von Bodenorganismen zu arbeiten, die Stickstoff und Phosphor leichter für Pflanzen verfügbar machen. Sie seien »die nächste große Plattform der Agrikultur«, jubelt ein

Monsanto-Chef.[16] Man stelle sich vor, ein Handwerker würde erst die Küche demolieren und dann für die Reparatur bezahlt werden wollen – so ähnlich scheint Monsanto zu kalkulieren.

Kaum weniger schlimm und nur wegen seiner berühmten Kopfschmerztabletten besser beleumundet ist der deutsche Konzern Bayer, der nun Monsanto für 59 Milliarden Euro schlucken will. Auch Dupont und Dow wollen fusionieren, und ChemChina will Syngenta übernehmen. So würden aus den Big Seven die Big Four – mit globaler Erpressungsmacht. Monsanto ist für Bayer auch deshalb interessant, weil der US-Konzern der weltgrößte Saatguthersteller ist und unzählige Patente auf angeblich klimaresistente Pflanzen entwickelt. Bayer-Monsanto würde fast 30 Prozent des globalen Saatgutmarktes beherrschen und versuchen, den Zugang zu biologischer Vielfalt in riesigen Samenbanken zu monopolisieren.

Überhaupt kontrollieren nur zehn Giganten etwa drei Viertel des Saatgutmarktes. Oft nötigen sie Bauern und Gärtnerinnen vor allem im globalen Süden zur Benutzung ganzer Pakete von Samen, Kunstdünger und Pestiziden – und machen sie dauerhaft abhängig. Kleinbauern werden so zum »Sandwich« zwischen den Agrogiganten auf der einen Seite und den Preisdiktaten der Handelsgiganten auf der anderen.[17] Konzerne wie Bayer oder Syngenta nutzen auch deutsche »Entwicklungs«hilfe-Projekte wie die Better Rice Initiative Asia oder die Potato Initiative Africa, um Kleinbauern im Rahmen von Schulungen ihre Chemieprodukte aufzudrängen.[18]

Die kartellähnlich organisierte Düngemittelindustrie ist nach Einschätzung der US-Autoren Martha Rosenberg und Ronnie Cummins der »böse Zwilling von Monsanto«. Zu den weltweit größten Kunstdüngerherstellern und -vermarktern gehören die berüchtigten US-Gebrüder Koch – Angehörige der Tea Party und milliardenschwere Unterstützer von Thinktanks, die den menschengemachten Klimawandel leugnen.[19]

Von Giften und Genen

Doch es geht nicht nur um Profit und Kontrolle. Um zu zeigen, was Monsanto & Co. herstellen, reisen wir nach Lateinamerika. Kilometer um Kilometer um Kilometer die gleiche Pflanze: Gensoja. Totenstille. Kein Vogel mehr zu hören. Kein Bienengebrumm. Keine Grille. Kein anderes Kraut mehr zu sehen. Kein Baum. Keine Blume. Nichts. In der Erde kein Regenwurm mehr. Kaum mehr Bodenleben. Alles totgespritzt mit Roundup Ready, Monsantos glyphosathaltigem Verkaufsschlager Nummer eins. Die Einzigen, die die Giftdusche überleben, sind genmanipulierte Sojapflanzen. Die Pampa, einst stolzes Weideland für Millionen argentinischer Rinder, ist seit 1996 zur gigantischen Futterfabrik für europäische Rindviecher verkommen. Aber Genpflanzen sind schwache Pflanzen, die sich oft kaum auf dem Stängel halten können. Sie überleben nur, weil außer ihnen nichts mehr wächst.

Argentinien: Kilometer um Kilometer nur glyphosatbesprühtes Gensoja. Foto: shutterstock

Doch halt, das stimmt nicht ganz: Immer mehr glyphosatresistente Superunkräuter und Superschadinsekten finden sich auf den Feldern. Sie bringen Landwirte zum Wahnsinn, weshalb sie zu noch härteren Ackergiften greifen. Wie die Chemiecocktails in Kombination mit Glyphosat wirken, hat kein Wissenschaftler je getestet. Darf man solch eine Monokultur bis zum Horizont »pflanzlichen Agrofaschismus« nennen, wenn nur Soja überleben darf? Es sei »ein Krieg gegen die Natur«, sagt sogar ein Sojafarmer.[20]

Und ein Krieg gegen Menschen. Ein stummer Krieg. Manche, etwa die Medizinerin María del Carmen Seveso von der Vereinigung »Ärzte besprühter Dörfer«, reden gar von »Genozid«.[21] Die Opfer werden nicht von Bomben getötet oder verstümmelt, sondern von Krebs und Missbildungen, immer öfter schon im Mutterleib. Aus vielen Dörfern des Sojagürtels hört man von Krebskranken, missgebildeten Babys, Kindern mit Leukämie, Lähmungen, Atemproblemen, Stoffwechsel- und Hormonstörungen. Damian Verzeñassi, Medizinprofessor in Rosario, bestätigt: In allen agroindustriellen Bezirken, die sein Team untersuchte, seien die Krebsraten dramatisch in die Höhe geschossen.[22]

Die meisten Menschen schweigen, sei es, weil sie trotz allem besser verdienen als anderswo, sei es, weil sie bedroht und eingeschüchtert werden. Der in Argentinien lebende Schweizer Journalist Romano Paganini berichtet in einem persönlichen Gespräch, dort herrsche ein regelrechtes »Schweigekartell«. Aber es gibt auch Menschen, die sich den Mund nicht verbieten lassen. Sofía Gatica aus Ituzaingó bei Córdoba, deren Tochter drei Tage nach der Geburt an einer Nierenmissbildung starb, gründete 2001 die Vereinigung Madres de Ituzaingó. Die um das Leben ihrer Kinder fürchtenden Mütter dokumentierten Sprühaktionen und zogen vor Gericht, obwohl sie Morddrohungen erhielten. Ihr langer zäher Kampf endete 2012 mit einem juristischen Sieg: Erstmals wurden ein Sojafarmer und der Pilot eines Sprühflugzeuges verurteilt, weil sie die Gesundheit der Anwohner gefährdet hatten. Für ihr Engagement erhielt Sofía Gatica den renommierten Goldman Environmental Prize.

Wenn Glyphosat gesprüht wird, werden missgebildete Kinder geboren. Wenn Gensoja verfüttert wird, werden missgebildete Ferkel geboren. Diese Erfahrung machte unter anderem der dänische Schweinezüchter Ib Pedersen. Ihm fiel auf, dass seine Sauen immer mehr grotesk deformierte, oft lebensunfähige Junge zur Welt brachten. Wenn er auf normales Futtersoja umstieg, gingen die Missbildungen zurück. Monatelang notierte er Futtermengen und Fallzahlen, dokumentierte alles sorgfältig. Das Ergebnis präsentierte er dem für die Glyphosat-Zulassung zuständigen deutschen Bundesamt für Risikobewertung. Das wischte seine Untersuchung vom Tisch: Pedersen sei kein Wissenschaftler, die Studie nicht relevant.[23]

Im niederländischen Den Haag, wo sich auch der Internationale Strafgerichtshof und andere Weltgerichte befinden, fand im Oktober 2016 ein symbolisches Tribunal gegen Monsanto statt, mit echten Anklägern und Richterinnen aus aller Welt. Opfer aus fünf Kontinenten berichteten über erlittene Verseuchungen und Gesundheitsschäden, Wissenschaftler über Verleumdungskampagnen. National wie international ist es fast unmöglich, den mächtigen Konzern zur Rechenschaft zu ziehen. Da es im Völkerrecht den Straftatbestand des »Ökozids« in Friedenszeiten noch nicht gibt, wollte die Jury im Frühjahr 2017 ein juristisches Gutachten vorlegen, wie das zu ändern wäre.[24]

Die grüne Waschmaschine:
Wie Agrokonzerne Begriffe kapern

In der deutschen »Fördergemeinschaft Nachhaltige Landwirtschaft« haben sich Agrarverbände und Unternehmen wie BASF, Monsanto, Dow Agroscience und Südzucker zusammengeschlossen. Das zeigt: Konzerne werben gern mit dem Begriff »Nachhaltigkeit« und sind doch meist nur an nachhaltiger Rendite interessiert. Deshalb hat das Wort fast jede Bedeutung verloren.

Ähnlich bestellt ist es um den Begriff »climate-smart agriculture«, den die UN-Ernährungsorganisation FAO 2009 prägte und auf zwei Folgekonferenzen zum Thema machte. Manche sahen das als Etappensieg des Ökoanbaus, aber der Begriff wurde niemals präzise definiert. Jeder Konzern kann also behaupten, seine Produkte seien »klimasmart«, ohne dass er das beweisen müsste – eine Einladung zum »Greenwashing«. 2014 gründete die US-Regierung die Global Alliance for Climate-Smart Agriculture (GACSA), zu deren Mitgliedern neben 22 Regierungen auch Chemie- und Kunstdüngerkonzerne gehören; Deutschland trat allerdings nicht bei. Der Fokus der Allianz liegt auf einer »Grünen Revolution 2.0« oder gar »3.0«, die mit synthetischer Biologie, Gentechnik und anderen technozentrierten Methoden nun südliche Länder beglücken will.

Monsanto preist sein Roundup als »klimasmart«, weil es das Nichtpflügen (»no-till«) unterstütze. Auf www.glyphosat.de heißt es, Stoppelfelder müssten vor der nächsten Aussaat nicht mehr umgebrochen werden, denn Unkräuter würden durch Besprühung »wirksam entfernt«. Durch verbliebene Pflanzenreste seien sie »gegen Erosion geschützt«. Das spare Diesel ein und verringere die CO_2-Emission. Der Monsanto-Lobbyist Patrick Moore warb sogar damit, Glyphosat sei so ungefährlich, dass es trinkbar sei. Ein angebotenes Glas wollte er aber partout nicht leeren – was das Filmchen zum YouTube-Hit machte.[25]

Monsantos »nachhaltige« und »klimasmarte« Landwirtschaft tötet in unvorstellbarem Umfang Bodenbakterien und Wurzel-Pilz-Symbiosen (Mykorrhiza). Roundup Ready bringt laut einer Studie von Christian Vélot in Environmental Science and Pollution Research Mikroorganismen selbst dann um, wenn es in viel geringeren Konzentrationen als vorgeschrieben ausgebracht wird.[26] Da die Fäden der Mykorrhiza – ein ganzer Kilometer in nur 20 Gramm Erde! – eine entscheidende Rolle für Pflanzenernährung und den Zusammenhalt der Bodenpartikel spielen, *fördert* pflugloser Anbau mit Glyphosat die Bodenerosion – was wiederum CO_2 freisetzt.

Auf dem Pariser Klimagipfel warnte ein Bündnis von mehr als 350 Zivilorganisationen deshalb davor, auf den Begriff »klimasmart« hereinzufallen. Tatsächlich tauchte er im Abschlussdokument nicht auf – genauso wenig wie die Landwirtschaft als relevanter Player. Dennoch muss man davon ausgehen, dass bei Monsanto & Co. wohl schon massenhaft »klimasmarte« Projekte entworfen werden, um Fördergelder aus Klima- und Entwicklungstöpfen zu kassieren.

Die planetarischen Grenzen

Richten wir einen Blick auf die Erde als Großökosystem. Wir erfahren jedes Jahr, dass unser »ökologischer Fußabdruck« die planetarischen Grenzen überschreitet. Und jedes Jahr liegt dieser »Overshoot-Day« genannte Tag früher – 2016 war es der 20. August.[27] Eine »Nature«-Veröffentlichung von 2012 kommt zu dem Schluss, dass bei gleichbleibender Wirtschaftsweise ab 2040 die überlasteten Ökosysteme reihenweise zusammenbrechen könnten.[28] Und unter dem Titel »Ein sicheres Betriebssystem für die Menschheit« hat ein von Johan Rockström geleitetes internationales Wissenschaftsteam eine Studie samt Grafik veröffentlicht, die auf einen Blick deutlich macht, dass das (Land-)Wirtschaftssystem planetarische Grenzen bereits gesprengt hat.[29] Die Farbe grün zeigt, wo die Menschheit sich noch auf sicherem Grund bewegt. Die Signalfarbe Rot zeigt die Überschreitungen. Wie Fontänen schießen drei Bereiche über jedes Maß hinaus und verstärken sich gegenseitig in ihrer Wirkung: Artenschwund, Nitrat- und Phosphorkreislauf und Klimakrise. Für alle drei Problemkreise ist die Agroindustrie entscheidend mitverantwortlich.

Artenschwund, die erste Fontäne, entsteht durch Entwaldung, Landnutzungsänderungen, Monokulturen und Pestizide; wir erleben gerade das menschengemachte »sechste planetarische Massensterben«.[30] Die zweite rote Fontäne, verursacht durch Nitrat und Phosphat aus Kunstdünger, bewirkt gigantische Schäden. Die dritte Fontäne, die Klimakrise, ist am besten bekannt.

Die Fontäne des Artensterbens Das Schwinden der Biodiversität ist noch viel bedrohlicher als die Klimakrise. Doch das hat die Öffentlichkeit bisher kaum zur Kenntnis genommen. Laut Rockström et al. ist das Aussterben von etwa einem Drittel aller Arten in diesem Jahrhundert wahrscheinlicher geworden. Und mit jedem Grad Klimaerwärmung verstärkt sich die Sterbewelle noch zusätzlich.[31] Jeden Tag sterben im Schnitt schon jetzt etwa 140 Arten aus. Jede vierte Säugetier- und fast jede siebte Vogelspezies ist bedroht. Bei den Amphibien sind es sogar zwei Fünftel aller Arten, auch weil Frösche und Lurche wegen ihrer feuchten Haut besonders empfindlich gegen Pestizide und Umweltgifte sind.[32]

Ökologische Belastungsgrenzen

Visuelle Darstellung der »planetary boundaries« nach Johan Rockström et al. 2009
Grafik: Felix Müller, Wikimedia

Ökosysteme sind kaskadenartig aufgebaut: Jede Pflanzenart ernährt eine oder viele Insektenarten und diese wiederum Vögel, Kriech- und Säugetiere. Stirbt eine Pflanze aus, reißt sie von ihr abhängige Tiere mit in den Tod. Das gilt auch umgekehrt. Vögel tragen Samen von Bäumen und Büschen weiter; wenn etwa der Tannenhäher ausstirbt, rückt auch der Tod der Zirbelkiefer näher. Je weniger Arten im Wald, im Acker, im Boden, desto anfälliger das Gesamtsystem. Und umgekehrt: Vielfalt macht ein System krisenfester. Die Biodiversität, so formulierte es ein kluger Landwirt, ist das »Immunsystem der Erde«.[33] Wird die Vielfalt zur Einfalt, wie auf den monokulturellen Feldern der Agroindustrie, erkranken nach und nach die anderen Ökosysteme – einschließlich Mensch. Bei einem Vergleich der Darmflora von Ureinwohnern in Papua-Neuguinea und US-Amerikanern fiel einem kanadischen Wissenschaftsteam das Verschwinden zahlreicher nützlicher Bakterienstämme bei Letzteren auf – eine Teilerklärung für die rapide Zunahme von Zivilisationskrankheiten.[34]

Es geht nicht um ein paar Käferchen oder die Gelbbauchunke, auf die man des Fortschritts wegen doch verzichten könne. Das Massensterben bedroht auch unsere Ernährung: Korallenriffe, die »Kinderstuben« für unzählige Fische und Meerestiere, bleichen aus. Pflanzenbestäubende Insekten sterben. Bienen und Hummeln finden in Monokulturen keine Nahrung mehr und werden durch Pestizide aus den Chemieküchen von Bayer, Syngenta & Co. geschädigt und getötet.

Der dramatische Verlust von Bienenvölkern und Bestäubern sei eine Bedrohung für die Welternährung, gab der Welt-Biodiversitätsrat Anfang 2016 zu bedenken.[35] In den USA ist der Bestand von vier weitverbreiteten Bienenarten in den letzten Jahrzehnten um 96 Prozent zurückgegangen.[36] Auch in Europa sterben jedes Jahr 20, manchmal sogar 80 Prozent der Völker. Die US-Biokette Whole Foods hat in ihren Läden nachgestellt, wie radikal das Essensangebot ohne Bienen reduziert würde: Fast alles Obst würde verschwinden, auch Zwiebeln, Karotten, Gurken und vieles mehr. »Drei Viertel der Pflanzenkulturen, welche die Menschheit ernähren, sind abhängig von Bienen«, warnt der Wissenschaftler Bernard Vaissière vom französischen Agrarforschungsinstitut INRA.[37]

In der chinesischen Provinz Sichuan ist zu bestaunen, wie unsere Zukunft aussehen könnte: Dort müssen Menschen Obstbaumblüten mühsam von Hand befruchten, weil es keine Bienen mehr gibt.[38] 1958 hatte Mao Zedong eine »Massenkampagne« gegen »vier Plagen« angeordnet: Fliegen, Mücken, Ratten und Vögel – vor allem Spatzen. Menschen schlugen mit Gongs und Töpfen so lange Krach, bis die Vögel aus Erschöpfung tot vom Himmel fielen. Millionen starben, weil der »große Steuermann« geglaubt hatte, sie fräßen Getreide, und nicht wusste, dass sie auch Mücken vertilgen. Folge: eine biblische Insektenplage, die wiederum Millionen von Menschen umbrachte. Die Überlebenden gingen mit Unmengen Pestiziden gegen Insekten vor – was wiederum die Bienen umbrachte.

Damit es in Deutschland nicht so weit kommt, empfiehlt der Sachverständigenrat für Umweltfragen – ein Beratungsgremium der Bundesregierung –, eine Pestizidsteuer und Änderungen in der EU-Agrarpolitik zugunsten von Ökolandbau einzuführen. Dass der Bauernverband sich gegen solche Maßnahmen sperre, sei »nicht mehr zeitgemäß«. Zudem müsse Wildnis als letztes Rückzugsgebiet vieler Arten besser geschützt und ausgeweitet werden. Heute besteht nur noch etwa 0,6 Prozent der Landesfläche aus wilder Natur, in der sich Ökosysteme regenerieren können.[39]

In Nordchina müssen Obstbäume von Hand befruchtet werden, weil Bestäuber ausgerottet wurden. Foto: Laura Barker

Die Nitrat- und Phosphor-Fontäne Das Haber-Bosch-Verfahren hat wie erwähnt die industrielle Massenproduktion von Stickstoffdünger für die Landwirtschaft möglich gemacht. Stickstoff, ein natürlicher Bestandteil der Atemluft, gelangt seitdem in anderer chemischer Form auf die Felder und von dort ins Grundwasser und in die Meere. Der natürliche Stickstoffkreislauf wurde zur globalen Nitrat-Fontäne. Die Gesamtmenge an Stickstoff bleibt zwar immer gleich, aber Aufenthaltsort und chemische Zusammensetzung verändern sich: Es entstehen Nitrat, Ammoniak, Ammonium, Lachgas und Stickoxide. Stickstoffprodukte belasten Boden und Bodenleben, Grundwasser, Trinkwasser, Meere, Artenvielfalt, Menschenlungen, Ozonschicht und Klima, in Menschenkörpern entsteht krebserregendes Nitrit.

In Frankreich würde das Herausfiltern von Nitrat und allen Pestizidresten aus dem Trinkwasser laut Agrarministerium 54 Milliarden Euro pro Jahr kosten. Die Gesamtwertschöpfung der französischen Landwirtschaft beträgt aber nur 30 Milliarden. Der Schaden übertrifft den Nutzen um fast das Doppelte.[40] Diese Freisetzung von reaktivem Nitrat sei »vielleicht das größte Einzelexperiment in globalem Geo-Engineering, das Menschen je gemacht haben«, heißt es in der EU-Studie »European Nitrogen Assessment«.[41] Die unerwartete und ungewollte Folge sei eine »Nitrat-Erbschaft«, die nun in die Umwelt sickert und viele Schäden verursacht. Die Gesamtkosten der Ökoschäden, so die Autoren, lägen bei schätzungsweise 70 bis 320 Milliarden Euro jährlich, umgerechnet 150 bis 736 Euro pro EU-Bürger und Jahr.

Der Schaden im nitratüberdüngten Europa übersteigt den Nutzen durch größere Ernten um etwa das Zweifache! Europa sollte umbenannt werden in Nitropa.

Deutschland mit seinen Massentierställen, Agrarfabriken und Stickstoffüberschüssen in der Gülle ist das am meisten überdüngte Land der EU. Es exportiert immer mehr Fleisch, wiewohl hierzulande immer weniger gegessen wird. Auch Gülletransporte quer durch die Republik nehmen ständig zu.[42] Von einem »Teufelskreis« spricht der Ex-Fleischfabrikant Karl Ludwig Schweisfurth: »Viele und immer noch mehr Schweine sorgen für viel und immer noch mehr Gülle. Und immer noch mehr Gülle führt dazu, dass lediglich Mais auf den Feldern den flüssigen Fäkalien standhalten kann.«[43]

Eine der vielen Umweltfolgen zeigt sich in der Ostsee als hässliche Schaumgebilde oder giftige Blaualgenblüten – unbeliebt bei Sommergästen, gefürchtet von Hoteliers. Zugespitzt formuliert: Touristen kommen die Kollateralschäden ihres Billigfleischkonsums in Form von Ab-Schaum entgegen.

Über die Ökosysteme gelangen jährlich etwa 760.000 Tonnen oder 15.000 Güterwagen voll Stickstoff in dieses Binnenmeer. Er düngt dort Algen und Einzeller, die sich explosionsartig vermehren und anderen Lebewesen den Sauerstoff rauben. Das Wasser trübt sich ein, Licht dringt nicht mehr durch zu Tangwäldern und Seegraswiesen als Teil mariner Nahrungsketten. Die Folge: riesige »Todeszonen«. »Die Ostsee ist eines der am stärksten verschmutzten Meere der Welt«, rügte der Europäische Rechnungshof den »mangelnden Ehrgeiz« der Anrainerstaaten, das Problem anzugehen.[44] Mehr als ein Fünftel der Ostsee, rund 60.000 Quadratkilometer, ist biologisch tot.

Annähernd die Fläche Bayerns – totgedüngt.

Und die toten Zonen wachsen rapide, in der Ostsee und weltweit. Nach Schätzung der UN-Umweltbehörde existierten 2012 weltweit 169 Todeszonen in den Ozeanen, 415 weiteren Gebieten drohte der Erstickungstod – vielen vor US-Küsten.[45] In den USA ist inzwischen zwei Drittel des Trinkwassers mit Nitraten und Nitriten belastet. Im US-Maisgürtel verursachen sie offenbar das tödliche »Blue-Baby-Syndrom«: Im Blut von Babys vermindern sie die Fähigkeit des Sauerstofftransportes so stark, dass diese blaue Finger bekommen und sterben.[46]

Stickstoff ist auch ein Problem für das Klima. Die Produktion von Kunstdünger erfordert enorme Mengen endlicher fossiler Energien. Weltweit werden laut Fraunhofer-Institut jährlich etwa 100 Millionen Tonnen Stickstoffdünger hergestellt, was rund 200 Millionen Tonnen Erdöl erfordert und 1.000 Millionen

Tonnen CO_2 produziert. Zudem steigen laut Agrarfachfrau Anita Idel zwei bis fünf Prozent des Stickstoffdüngers auf dem Acker in Form von Lachgas in die Luft. Stickstoff und sein Nebenprodukt Lachgas seien der »Hauptfaktor« des Beitrags der Agroindustrie zur Klimakrise – und weniger die methanrülpsenden Kühe, schreibt die Tierärztin in einem UN-Bericht.[47] Nitratsalze zerstören auch die Mykorrhiza-Fäden, die Phosphat und Nährstoffe aus dem Boden lösen, sie schaden den Mikroorganismen im Erdreich und limitieren die Kapazität der Böden, Säuren zu neutralisieren.[48]

Seit Mitte des 20. Jahrhunderts hat der globale Einsatz von Mineraldünger Jahr für Jahr zugenommen – am meisten in Asien. Während er etwa in Ruanda im Schnitt nur bei knapp 3 Kilogramm pro Hektar und Jahr liegt, werden in China sagenhafte 344 Kilogramm auf den Acker ausgebracht. Schon während der »Grünen Revolution« zwischen 1960 und 1980 subventionierten Regierungen in südlichen Ländern den Chemieeinsatz – und das soll sich auf Wunsch der Agrokonzerne nunmehr in Afrika mit dem Programm Alliance for a Green Revolution in Africa (AGRA) wiederholen. Dabei hat Kunstdünger auf übernutzten Böden im subsaharischen Afrika kaum Wachstumswirkung. Dort und in vielen anderen tropischen Gebieten stagnieren die Erntemengen, aber die Preise für den Dünger steigen, das Kosten-Nutzen-Verhältnis sinkt rapide.[49] Die Folge: noch mehr Armut und Hunger.

Stickstoff und Pestizide landen nur zum kleinen Teil da, wo sie wirken sollen; der Rest entfaltet anderswo seine oft tödliche Wirkung. In Niedersachsen mit seiner Massentierhaltung sind nur noch 40 Prozent aller Grundwasserbrunnen ohne Nitratfilter nutzbar. Und weil so viel »daneben« geht und Deutschland deshalb die schlechteste »Stickstoffeffizienz« aller EU-Länder aufweist, hat die EU-Kommission 2016 ein Vertragsverletzungsverfahren gegen die Bundesregierung eingeleitet. Das Bundesumweltministerium arbeitet darum fieberhaft an einer neuen »Stickstoffstrategie«. Doch ohne echte Landwende dürfte sich nichts Wesentliches ändern.

Phosphor ist ebenfalls Teil von Kunstdünger – und gleichzeitig ein unersetzliches, nicht erneuerbares Lebenselement für Menschen, Tiere und Pflanzen. Bei Letzteren regt er das Wurzelwachstum an, steuert Blühen und Samenentwicklung. Auch sein globaler Kreislauf wurde zur Fontäne. Zu viel Phosphor wird für die Düngerproduktion aus der Erde geholt und nicht recycelt.

Weltweit gibt es nur wenige Phosphatvorkommen, fast ausschließlich in Marokko und China. Phosphat wird beinah genauso schnell knapp wie Erdöl, der Förderhöhepunkt (Peak) wird womöglich 2030 überschritten.[50] Das Umweltbundesamt weist darauf hin, dass die Vorräte immer mehr mit Cadmium und Uran verunreinigt sein werden. Nach Schätzung von Geerd Smidt von der Universität Bremen landen schon jetzt jährlich 114 Tonnen Uran auf deutschen Äckern.[51] Und Phosphor, der über Böden in Wassersysteme sickert, ist ähnlich wie Stickstoff eine Gefahr für Meere und Ökosysteme.

Mit jedem Gang auf die Wassertoilette tragen wir dazu bei, dass dieser wertvolle Stoff aus unseren Lebensmitteln nicht wiedergewonnen, sondern mit Trinkwasser weggespült wird. Mit viel Aufwand wird Abwasser in Kläranlagen gereinigt und über Flüsse in Meere geleitet. Mit dem Klärschlamm könnte im Prinzip auch gedüngt werden, aber oft ist er so stark mit Arzneimitteln und Schwermetallen belastet, dass er ebenfalls mit viel Geld und fossiler Energie beseitigt werden muss. Viel einfacher wäre es, in modernen Trockentoiletten Urin und Kot zu trennen, hygienisch sicher zu kompostieren und wiederzuverwenden – was etwa die Terra-Preta-Technik möglich macht.[52]

Die Treibhausgase der AgroIndustrie

Für die weltweiten Treibhausgas-Emissionen sind Agrokonzerne und effizienzgetrimmte Agrartechniken ungefähr zur Hälfte verantwortlich. Viele Klimastudien, die auf einen geringeren Anteil kommen, zählen nur die CO_2-Emissionen, »vergessen« aber die Treibhausgase Methan und Lachgas sowie den CO_2-Ausstoß durch Transporte, Verarbeitung und Müllproduktion.

Kohlendioxid: Das CO_2, das ungefähr 120 Jahre lang in der Erdatmosphäre verbleibt, stammt aus verschiedenen landwirtschaftlichen Quellen.
(1) *Nackte Böden, tiefes Pflügen, unangepasste Bodenbewirtschaftung* – all das fördert den Abbau organischer Substanz, Kohlenstoff oxidiert zu CO_2.
(2) *Stickstoffhaltiger Kunstdünger* setzt bei seiner Produktion CO_2 frei und nochmals bei seiner Anwendung, weil er den Abbau von Bodenkohlenstoff fördert. Ein 50 Jahre andauernder Langzeitversuch an der Universität Illinois ergab: je höher der Anteil an künstlich appliziertem Stickstoff, desto höher der Kohlenstoffverlust.[53]
(3) *Pestizide* beeinträchtigen und zerstören das Bodenleben. Fungizide schädigen Mykorrhiza-Fäden, die Pflanzen ernähren und den Boden zusammenhalten (siehe Seite 134 ff.). Boden erodiert, CO_2 wird freigesetzt.
(4) *Globale Transportstrecken* und *industrielle Verarbeitung* erfordern hohe Mengen an fossilen Energien, etwa wenn konventionell produzierte Milch einmal um die Erde »fließt«.[54]

Methan hat ein 25-mal höheres Treibhauspotenzial als Kohlendioxid und verbleibt 9 bis 15 Jahre in der Atmosphäre. Es entsteht vor allem in der Nassreisproduktion und agroindustriellen Rinderhaltung – Kühe stoßen es beim Wiederkäuen aus. Artgemäß weidende Wiederkäuer erhöhen jedoch den Humusgehalt von Wiesen durch Dung. Beweidung ist also oft klimafreundlich und führte in Europa im Schnitt zu einer zusätzlichen Tonne Kohlenstoff pro Hektar und Jahr im Boden.[55]

Lachgas: Das Stickstoff-Nebenprodukt ist fast 300-mal so klimaschädlich wie CO_2 und verbleibt im Schnitt 114 Jahre lang in der Atmosphäre. Lachgasemissionen entstehen bei der Produktion von Stickstoffdünger sowie in Monokulturen – durch Überdüngung und aufgrund von Sauerstoffmangel in Böden, die von schweren Maschinen verdichtet wurden. In den USA und Europa sind Mais- und Sojamonokulturen für die Massentierhaltung ein Hotspot von Lachgas.[56]

Weitere Stickoxide: Als Abbauprodukte beim Einsatz von Kunstdünger verschärfen sie den Treibhauseffekt, weil in der Atmosphäre Ozon und Aerosole entstehen.[57] Da die Klimawissenschaft die Wirkung von Aerosolen bisher nicht seriös berechnen kann, werden sie in den Klimamodellen kaum berücksichtigt.

Die Kohlenstoff-Fontäne   Kohlenstoff ist ein Grundbaustein des Lebens: Alle Lebewesen benötigen ihn, um daraus körpereigene organische Stoffe herzustellen. Am Anfang steht dabei die Photosynthese und damit das CO_2.

Die Photosynthese vollbringt das Wunder, aus Sonnenlicht Süßes (Traubenzucker) und Saures (Sauerstoff) herzustellen. Pflanzen nehmen jährlich ungefähr ein Siebtel des atmosphärischen CO_2 auf, um daraus lange Kohlenstoffmoleküle zu produzieren. Werden Pflanzen gefressen, entsteht CO_2, das Tiere und Menschen ausatmen. Sterben sie ab, geben sie einen Anteil des gespeicherten Kohlenstoffs als CO_2 frei. Ein Teil davon kann im Boden zu Humus werden und in langen Zeiträumen unter hohem Druck oder Temperatur zu Kohle, Gas und Erdöl. Da wir diese »unterirdischen Wälder« sukzessive verbrennen, wurde der planetarische Kohlenstoffkreislauf zur dritten Fontäne.

Diese Fontäne entspringt zwei verschiedenen Quellen: den fossilen Energiequellen sowie dem organischen Bodenkohlenstoff, der durch Landwirtschaft und agroindustrielle Praktiken freigesetzt wird. Der renommierte Bodenforscher Rattan Lal schätzt, die Landnutzungsflächen hätten bereits 30 bis 75 Prozent ihres ursprünglichen Kohlenstoffgehalts verloren, das meiste als CO_2.[58]

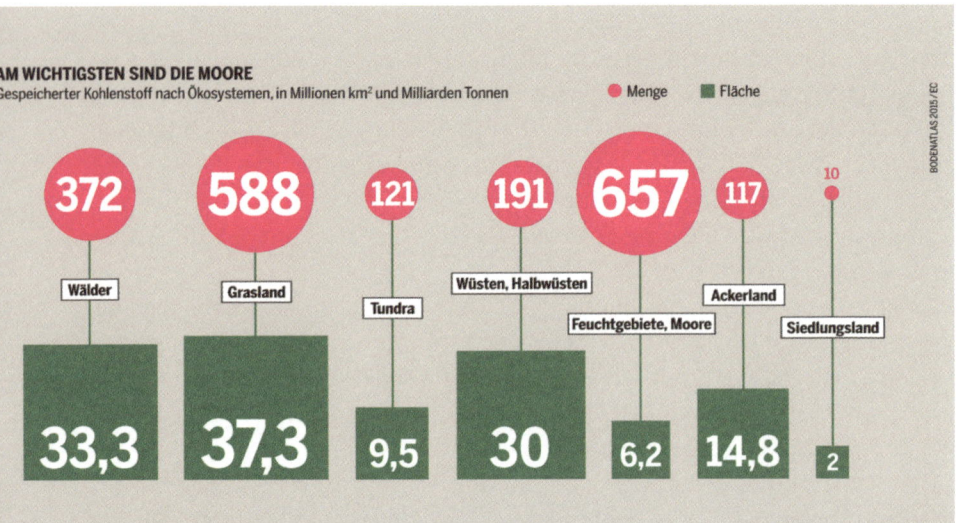

Ökosysteme können unterschiedlich viel Kohlenstoff speichern, wahre Meister darin sind die Moore. *Grafik oben aus: Bodenatlas der Heinrich-Böll-Stiftung. Foto unten: wikimedia*

Zumeist heißt es, etwa ein Drittel aller Treibhausemissionen würden durch die Landwirtschaft verursacht. Das stimmt aber nur, wenn man ihre indirekten Folgen ausblendet. Die Nonprofitorganisation Grain schätzt in einem für die UN-Organisation für Handel und Entwicklung erstellten Bericht, 44 bis 57 Prozent aller Treibhausgase kämen aus agroindustriellen Praktiken.[59] 11 bis 15 Prozent der Emissionen entstammten direkt der Agroindustrie; 15 bis 18 Prozent Landnutzungsänderungen und Entwaldung, wobei Soja-, Zuckerrohr-, Ölpalmen-, Mais- und Rapsplantagen den Hauptanteil ausmachten; 5 bis 6 Prozent Lebensmitteltransporten; 8 bis 10 Prozent Verarbeitung und Verpackung; 2 Prozent Gefrierprozessen; 1 bis 2 Prozent dem Einzelhandel und 3 bis 4 Prozent dem Wegwerfen von Lebensmitteln.

Auf dem Klimagipfel von Paris wurde zwar beschlossen, die Klimaerwärmung »möglichst weit« unter 2 Grad zu halten. Die bisher verabschiedeten Maßnahmen werden dafür allerdings nicht ausreichen. Der Klimaforscher Niklas Höhne kam in einer »Nature«-Studie von 2016 zum Schluss, dass die Regierungszusagen in Paris bis 2100 zu einer globalen Erwärmung von 2,6 bis 3,1 Grad führen würden.[60]

Schon die klein anmutende Differenz zwischen 1,5 und 2 Grad bewirkt einen enormen Unterschied, wie ein Forscherteam um den Niederländer Michiel Schaeffer per Computersimulation zeigte. Im dürregeplagten Mittelmeerraum würde bei »2 Grad mehr« 17 Prozent weniger Regen fallen. Die Tropen würden »die Grenze zu einem neuen, noch nicht erlebten Klima-Regime überschreiten«. Hitzewellen und Dürren würden etwa in Westafrika und Mittelamerika die Erträge bei Mais und Weizen um etwa die Hälfte einbrechen lassen.[61]

Anderen Untersuchungen zufolge geben Pflanzen netto CO_2 ab, wenn es zu heiß wird. Wird es um 2 Grad wärmer, würde dies auf ungefähr 15 Prozent der Vegetationsflächen passieren.[62] Höhere Temperaturen erhöhen die Ozonkonzentration, der Mikronährstoffgehalt von Weizen, Soja, Baumwolle und anderen Kulturpflanzen sinkt, die Wahrscheinlichkeit von Pflanzenkrankheiten steigt.[63] Unser Grundnahrungsmittel Weizen wächst laut einer Studie der Universität Hohenheim zwar mit steigendem CO_2 schneller, aber die Qualität nimmt erheblich ab. Das Getreide enthält dann weniger Calcium, Eisen, Magnesium und Zink.[64]

Der britische Umweltjournalist Mark Lynas hat in einem preisgekrönten Buch das Ergebnis von Zehntausenden wissenschaftlichen Studien zusammengeführt. Nach dieser Synopse werden sich Wetterextreme bis 2030 verdreifachen und 12- bis 45-mal so viele Menschen in armen Ländern töten wie in reicheren. Vor allem betroffen: Frauen und Kinder.[65] Bei 3 Grad mehr wird

Afrika ständige Trockenheit erleben, mit Ausnahme von Zentral- und Ostafrika, über das exzessive Fluten niedergehen werden. »Super-El-Niño-Effekte« werden dem indischen Monsun ein Ende setzen, während die Sahara bis nach Südeuropa reicht.

Ernteverluste von 15 bis 50 Prozent in Afrika, Südasien und Zentralamerika werden Lebensmittel stark verteuern.[66] Das International Food Policy Research Institute schätzt, dass die Preise ab 2050 für Weizen, Reis und Mais um 70 bis 130 Prozent steigen werden.[67] Diese Kulturpflanzen überstehen keine Temperaturen über 40 Grad, bei jedem Grad jenseits von 30 werden die Erträge um zehn Prozent zurückgehen.[68] Viele biologische Lebensgemeinschaften können jenseits der 30-Grad-Linie ebenfalls nicht mehr existieren. Ob Regenwälder oberhalb von 28 Grad Durchschnittstemperatur überleben, ist fraglich.[69]

Klimakrise verstärkt Bodenkrise verstärkt Klimakrise

Tag für Tag, Jahr für Jahr werden weltweit Wälder gerodet und Wiesen umgebrochen, um neues Ackerland zu gewinnen. Durch tiefes Pflügen gerät der Boden komplett durcheinander: Sauerstoffabhängige Bodenlebewesen geraten in Schichten, wo sie nicht mehr atmen können und ersticken. Sauerstoffunabhängige werden nach oben in die Luft befördert, wo sie ebenfalls absterben. Und liegt der Acker ohne schützende Gründecke da, werden seine Freunde Wasser und Wind zu seinen Feinden, die ihn zerstören.

Bodenerosion läuft zumeist in zwei Stufen ab: Zuerst werden zusammenhängende Bodenaggregate durch Regeneinwirkung zerstört. Bodenporen verstopfen und »verschlämmen«. Der Boden kann Regenwasser nicht mehr großflächig aufnehmen. Es fließt an der Oberfläche ab und reißt Bodenpartikel mit sich. Fruchtbare Erde schwimmt davon – meist unwiederbringlich. Vor allem in tropischen Bergregionen in Südostasien, Südamerika und Afrika können sich Rinnsale im Nu zu wahren Sturzfluten auswachsen. Auch in Deutschland nehmen solche Phänomene zu.

In der zweiten Stufe kommt der Wind ins Spiel. Wenn ausgewaschene humusarme Böden keine zusammenhaltenden Aggregate mehr bilden, wirken Wetterkapriolen verheerend. Etwa der Sandsturm, der im April 2011 zu einer dramatischen Massenkarambolage auf der Autobahn kurz vor Rostock führte. Mitten am Tag fuhren Autofahrer in eine apokalyptische Staubwolke hinein und knallten auf die Autos vor ihnen. 150 Menschen fuhren ineinander, acht starben. Die ausgeräumten nackten Felder der ostdeutschen Agroindustrie

Falsche Bewirtschaftung ließ große Teile der Great Plains in den USA in den 1930er Jahren im Staub versinken. *Foto: Sloan, Wikimedia*

hatten plötzlich Himmelfahrt gespielt – ein Himmelfahrtskommando für die Autofahrenden.

Ein verwandtes Phänomen, nur schlimmer, hatten die USA und Kanada unter dem Namen »Dust Bowl« (Staubschüssel) bereits in den 1930er Jahren erlebt. Große Teile der Great Plains waren für Landwirtschaft und Weizenanbau rücksichtslos umgebrochen worden, die Folgen waren gigantische Staubstürme und jahrelange Dürren. Ernten wurden vernichtet, Menschen mussten fliehen. Farmer wurden gezwungen, in Kalifornien und anderswo als Wanderarbeiter anzuheuern – ein Drama, das John Steinbeck in seinem Roman »Früchte des Zorns« verewigte.

Dem vorausgegangen war die fast vollständige Ausrottung von Millionen Bisons, die auf den Großen Ebenen geweidet hatten. Ihr Dung hatte das Präriegras genährt, das mit seinen tiefen Wurzeln Kohlenstoff im Boden anreicherte und die Erde zusammenhielt. In Reaktion auf das traumatische Ereignis gründete die US-Regierung einen Soil Conservation Service, der ab 1935 einen 160 Kilometer breiten Grüngürtel als Windschutz anlegte und Auflagen zum Bodenschutz machte. Das war anfangs erfolgreich, doch 80 Jahre später erleben die westlichen

USA wieder eine ähnliche Situation: Laut UN-Klimarat könnten sich durch die Klimakrise erneut eine permanente Dust Bowl bilden und die Wildfeuer mächtig zunehmen.[70] Und auch über der westlichen Mongolei, Nordwestchina und Zentralasien sowie über Zentralafrika bauen sich laut Lester Brown vom World Watch Institute zwei riesige »Staubschüsseln« auf, die Millionen von Tonnen fruchtbaren Bodens davontragen und Hunger hinterlassen.[71]

Tiefes Pflügen ist deshalb als Bodenzerstörung international in Verruf geraten – zu Recht. Der US-Bodenforscher Rattan Lal schätzt, dass der Boden in unserem gemäßigten Klima während einer 50-jährigen Bearbeitung 30 bis 50 Prozent seines Kohlenstoffs verliert, in den Tropen, wo er Hitze und Wasserfluten ausgesetzt ist, sogar binnen zehn Jahren.[72]

Fruchtbare Erde, das muss immer wieder betont werden, ist ungeheuer kostbar. Sie ist zumeist gerade mal 15 bis 50 Zentimeter mächtig – gemessen an der Größe unseres Planeten extrem dünn. Um eine Schicht von einem Zentimeter aufzubauen, braucht die Natur Hunderte Jahre und mehr. Agroindustrielle Praktiken aber zerstören sie im Nu. Goliath frisst diesen fruchtbaren Boden sprichwörtlich auf. Asien, Afrika und Lateinamerika verlieren 30 bis 40 Tonnen pro Hektar und Jahr, Europa und die USA zehn.[73] Mehr als 24 Milliarden Tonnen Boden werden weltweit jedes Jahr durch Erosion vom Wasser weggespült und vom Winde verweht.

Das sind jährlich mehr als drei Tonnen je Erdling. Kann eine Zivilisation intelligent genannt werden, die die Basis ihrer Ernährung zerstört?

Eine bodenlose Katastrophe für die Hälfte der Menschheit

»Wir haben weiß Gott genug Spannungen auf der Welt, weitere brauchen wir nicht«, befand Klaus Töpfer Anfang 2016 bei der Vorstellung einer Bodenstudie auf einer Pressekonferenz in der Berliner Akademie der Wissenschaften. Der Ex-Bundesumweltminister, Ex-UN-Umweltdirektor und Ex-Chef des Potsdamer Instituts für Nachhaltigkeitsstudien meinte damit die Spannung zwischen der dramatisch sinkenden Qualität der Böden und der zunehmenden Weltbevölkerung. Nach dieser Untersuchung, an der ein internationales Team von 30 Wissenschaftlern und Forscherinnen viereinhalb Jahre lang gearbeitet hat, bahnt sich eine sprichwörtlich bodenlose Katastrophe an.[74]

Das Zentrum für Entwicklungsforschung der Universität Bonn und das International Food Policy Research Institute in Washington haben hierfür Satellitenpixel zum Begrünungszustand der Erde ausgewertet und mit zwölf Einzelstu-

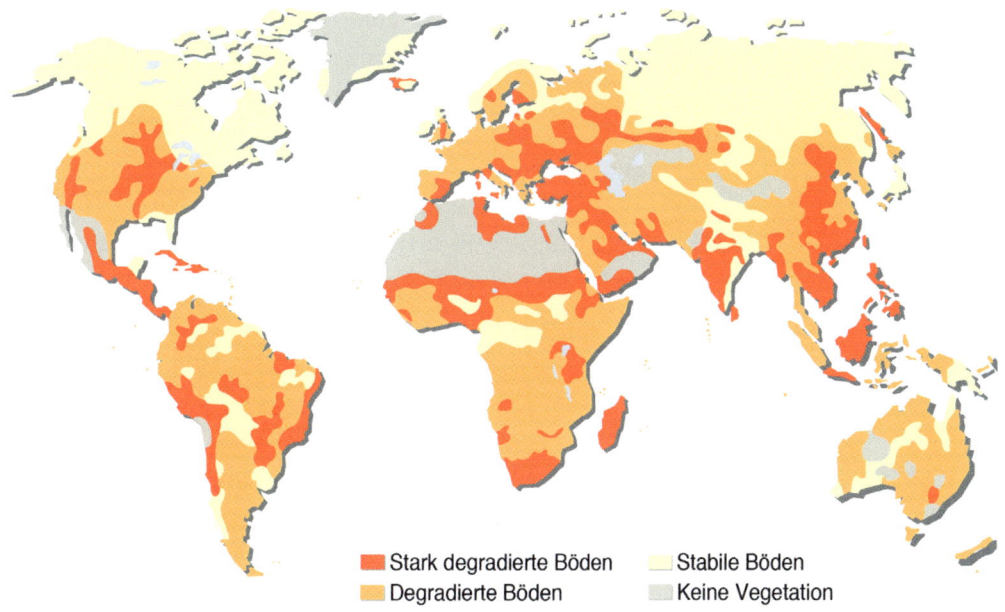

Globale Bodendegradation.
Grafik: UNEP: World Atlas of Desertification, 1997

dien aus repräsentativen Ländern wie China, Russland, Indien, Argentinien oder Niger ergänzt. Das Ergebnis: In den letzten 30 Jahren hat sich die Bodenqualität von 33 Prozent des Weidelands, 25 Prozent der Ackerflächen und 23 Prozent der Wälder verschlechtert. Das macht rund 30 Prozent der weltweiten Landfläche aus, von der etwa 3,2 Milliarden Menschen abhängig sind. Wahrscheinlich, führt das Wissenschaftsteam aus, liege die Zahl der Betroffenen sogar noch höher.

Schon jetzt koste die globale Bodendegradation jährlich etwa 300 Milliarden Euro, so Zentrums-Direktor Joachim von Braun. Das seien pro Kopf der Weltbevölkerung 40 bis 50 Euro. Wenn man die Schäden durch Abholzung noch dazurechnet, wie die Bodenschützer von Save Our Soils in ihrer »Amsterdamer Erklärung«, kommt man auf 1,5 bis 3,4 Billionen Euro jährlich oder 3 bis 7 Prozent des globalen Bruttoinlandsprodukts.[75] Etwa die Hälfte dieser Kosten müssen laut Joachim von Braun die Landnutzenden tragen, die andere Hälfte die Allgemeinheit. Deshalb brauche es dringend Anreize für bodenschonende Methoden. Und diese Investitionen seien lohnend: Jeder heute in Bodenschutz investierte Euro bringe in Zukunft fünf Euro Gewinn – je zur Hälfte als Ertrag und in Form von besserer Wasserqualität oder anderen Ökosystemdienstleistungen.

Am schlimmsten um die Erde bestellt ist es südlich der Sahara. Der Verlust von oftmals übernutzten Acker- und Weideflächen ist für die Bevölkerung lebensbedrohlich – und eine hierzulande wenig beachtete Fluchtursache. Viele Kleinbäuerinnen und Hirten dort hätten keinen Zugang zu Wissen, sie seien sozial marginalisiert und der Agroindustrie ausgeliefert, kommentierte Marita Wiggerthale von der Hilfsorganisation Oxfam auf der Pressekonferenz. Matthias Meißner vom World Wildlife Fund (WWF) kritisierte die »verfehlten Subventionen« dortiger Regierungen für Kunstdünger. Er empfahl stattdessen, das Thema Bodenfruchtbarkeit »ins Zentrum der deutschen Entwicklungspolitik« zu rücken. Auch Klaus Töpfer, der als UNEP-Direktor lange in Kenia gelebt hat, stellte in Berlin infrage, ob agroindustrielle Praktiken »Entwicklung« brächten. Er forderte »Flurbereicherung statt Flurbereinigung« und kleinere Agrareinheiten statt ständig wachsender Agrounternehmen: »Die höchste Produktivität liegt im Kleinen.«

Viele Naturkatastrophen werden durch degradierte Böden verstärkt – und sind deshalb in Wirklichkeit menschengemacht. Das Wüten von Hurrikan »Mitch« 1998 in Mittelamerika ist dafür ein Beispiel: Nach drei Tagen schweren Dauerregens rutschten ganze Berghänge zu Tal, vor allem jene Flächen, auf denen agroindustrieller Raubbau betrieben worden war. Ökoflächen waren weit weniger betroffen, unter anderem weil sie viel mehr Wasser aufnehmen konnten. In einer Studie verglich ein Wissenschaftsteam 1.800 konventionelle Farmen und Ökohöfe, die Waldgärten mit Mischanbau, Terrassen und Erosionsschutzstreifen betrieben. Erstere erlitten zwei- bis dreimal höhere Ernte- und Bodenverluste.[76] Ähnliche Ergebnisse fanden Forscher in Mexiko nach dem Wirbelsturm »Stan«. Auch in Kuba hinterließ der Hurrikan »Ike« auf monokulturellen Farmen 90 bis 100 Prozent Verluste, auf diversifizierten nur die Hälfte.[77]

Die EU wiederum zerstört jährlich rund 1.000 Quadratkilometer Boden durch Landnutzungsänderungen – eine Fläche, auf der man Getreide für fünf Millionen Menschen anbauen könnte.[78] Eine der Folgen: Um den eigenen Lebensmittel- und Rohstoffbedarf zu befriedigen, nutzen Europäer bereits zur Hälfte Böden außerhalb ihres Territoriums.[79]

Die europaweite Initiative *www.people4soil.eu* versucht diese Landnahme zu stoppen. Das von der italienischen Umweltorganisation Legaambiente mitgegründete Netzwerk aus über 230 Umweltinitiativen und Bauernorganisationen in allen 28 EU-Ländern hat im September 2016 eine Kampagne zur Rettung des Bodens gestartet. Über die Bildung einer Europäischen Bürgerinitiative sollen mindestens eine Million Unterschriften gesammelt werden, um EU-weit den Boden zu schützen und als Gemeingut ins Bewusstsein zu rücken.

Fruchtbare Böden – ein rares Gut
Fruchtbare Böden sind auf Erden ungleich und ungerecht verteilt: Menschen in den gemäßigten Breitengraden sind die Begünstigten. Riesige Gletschermassen mahlten hier in der letzten Eiszeit bis vor etwa 12.000 Jahren das Gestein so fein, dass überaus fruchtbarer Löss entstand. In unseren Tälern und Laubwäldern findet sich gut nutzbarer Boden. Schwarzerden, schwarz von Bodenkohlenstoff und nicht zu verwechseln mit der bereits erwähnten Terra Preta, befinden sich in der Ukraine, Sibirien und den USA. In diesen früheren Steppen hinterließen Weidetiere über ihren Dung reichlich Nährstoffe. Hohe Gräser mit langen Wurzeln pumpten Kohlenstoff tief ins Erdreich.

In den Tropen hingegen sind viele Böden nährstoffarm. Hitze und Niederschläge waschen sie beständig aus, sie versauern und bilden gelbe bis rote »Ferralsole«. Die üppige Natur gedeiht dort nur, weil die grüne Vegetation der Regenwälder beständig Kohlenstoff und alle Nährstoffe recycelt. Wird Urwald abgeholzt, kann er sich aufgrund von Humusmangel kaum mehr regenerieren.[80]

Die Bodenbildung hängt auch von der Landschaftsform ab. An Flussufern haben sich von jeher Sedimente abgelagert und fruchtbare Böden gebildet. Die ersten Hochkulturen entstanden nicht zufällig auf Schwemmland, etwa am Nil oder am Gelben Fluss. Auch Städte sind auf solchen Böden entstanden, etwa Paris oder Schanghai. Wenn Städte wuchern, wird fruchtbare Erde überbaut, die die Stadtbevölkerung ernähren könnte. Zivilgesellschaftliche Organisationen wie das europäische Bodennetzwerk ELSA fordern deshalb Stadt- und Gemeinderegierungen auf, Böden zu schützen und seine Versiegelung einzudämmen.[81]

Auch in Deutschland wird massenhaft fruchtbares Land verbaut – was oft nicht mal erkannt wird. Im »Nachhaltigkeitsbericht« der Bundesregierung berechnen die Zuständigen nur die Flächeninanspruchnahme, also die quantitative und nicht die qualitative Seite. Und die ist erschreckend genug: Jeden Tag gehen durch Siedlungs- und Verkehrsprojekte 69 Hektar verloren, etwa die Hälfte durch Versiegelung. Wenn die Bundesregierung die 2015 von der UN-Generalversammlung verabschiedeten Nachhaltigkeitsziele verwirklichen will, muss sie bis 2030 eine »land degradation neutrality« erreichen, also genauso viel Bodenverbesserung wie -verschlechterung nachweisen. Davon ist sie weit entfernt.

Der Sachverständigenrat für Umweltfragen kritisiert in seinem »Umweltgutachten 2016« den hohen Flächenverbrauch als eines der schwerwiegendsten

Öko-Probleme in Deutschland: »Die Schäden an Natur und Umwelt durch Versiegelung und Zerschneidung sind erheblich und zumeist unumkehrbar. Siedlungsflächen und Straßen kosten nicht nur Lebensraum, sondern behindern auch Wanderungsbewegungen von Tieren und Pflanzensamen, verändern Boden- und Wasserhaushalt und beeinträchtigen in vielerlei Hinsicht die biologische Vielfalt.«[82] Auch die Agrarpolitik, so die Umweltgutachter, spiele eine negative Rolle. Deutschland habe auf »eine Abschwächung der ökologischen Reformbemühungen der Europäischen Kommission hingewirkt«.[83] Eine schallende Ohrfeige für das Bundesagrarministerium.

Klimakrise ist Bodenkrise ist Wasserkrise

Böden sind auch bei der Neubildung von Grund- und Trinkwasser unersetzlich. Degradierte Erde kann weit weniger Wasser aufnehmen als humusreiche mit ihren Milliarden großer und kleiner Poren. Die buchstäbliche Verwüstung der Welt beginnt mit der Verschlechterung der Böden, die nicht mehr in der Lage sind, Niederschläge zu speichern, zu filtern und ins Grundwasser oder über Pflanzen so wieder abzugeben, dass sich neuer Regen bildet.

Zudem schmelzen im Zuge der Klimakrise immer mehr Gletscher im Himalaja oder in den Anden, die das Trinkwasser von Milliarden Menschen speisen. Heute leiden weltweit bereits fast 800 Millionen Menschen unter »Wasserstress«. Im Jahr 2025 werden es nach UN-Schätzung über drei Milliarden sein, und 2050 werden mehr als 40 Prozent der Weltbevölkerung in Gebieten mit starkem Wasserstress leben.[84] »Die Kriege des 21. Jahrhunderts werden Wasserkriege sein«, sagte der frühere UN-Generalsekretär Boutros Boutros-Ghali voraus. Im Gebiet von Euphrat und Tigris, in Israel-Palästina, in der Subsahara oder Indien und China sind die Vorboten bereits deutlich zu spüren. Schon jetzt bauen China und Indien an ihrer Grenze ihre Militärsysteme aus, um für einen möglichen Kampf um die dortigen Wasserreserven sprichwörtlich gerüstet zu sein.[85]

Michal Kravčík, ein slowakischer Hydrologe und engagierter Umweltschützer, bekam 1999 für seinen Kampf gegen einen Staudamm den renommierten Goldman Environmental Prize verliehen. Mit einem Autorenteam formulierte er 2007 ein »neues Wasserparadigma«.[86] Die zentrale These: Anders als vom UN-Klimarat IPCC behauptet, würden Wetterextreme nicht so sehr durch die globale Erderwärmung infolge des CO_2-Anstiegs verursacht, sondern vor allem durch die Störung der großen und kleinen Wasserkreisläufe. Durch gutes Wassermanagement und Erosionsschutz könnten diese aber regeneriert werden.

Kravčíks Argumentation lautet ungefähr so: Kontinente würden auf Dauer regelrecht austrocknen – durch Entwaldung, Monokulturen, Bodenversiegelungen, denaturierte Feuchtgebiete, Stauungen und Begradigungen von Flüssen sowie urbane Kanalisationssysteme. Die Folgen sind klar: Der Boden kann nicht mehr genug Feuchtigkeit aufnehmen. Zu viel Wasser verdunstet nicht mehr an Ort und Stelle, um bald wieder abzuregnen, sondern gelangt über Kanalisation und Flüsse in die Ozeane. Europa verlor dadurch in den letzten 50 Jahren ungefähr eine Billiarde Kubikmeter Wasser, das früher Böden und Grundwasser speiste. Der Grundwasserspiegel sinkt dramatisch. Auch die Wasserexpertin und Alternative Nobelpreisträgerin Maude Barlow schätzt, dass die globale Vergeudung von Grundwasser für ein Viertel des heutigen Anstiegs der Ozeane verantwortlich ist.[87]

Der Meeresspiegel, so Kravčík weiter, hob sich weniger wegen der Gletscherschmelze als vor allem aufgrund der schleichenden Entwässerung der Landmassen – in 100 Jahren seien es schätzungsweise 10 Zentimeter. Diese in die Ozeane fließenden Mengen fehlen dann immer dramatischer in den »kleinen Wasserkreisläufen« über den Kontinenten. Aus dem Gleichgewicht geraten, produzieren diese Dürren oder Überflutungen.

Die globalen Wassersysteme vergleicht der Slowake mit »Blutbahnen des Lebens«, weil das Wohlergehen aller Lebewesen von ihnen abhängt. Wasser wird zu sehr auf Gewässer reduziert, aber es ist überall – in Böden, Pflanzen, Tieren. Da Pflanzen über ihre kleinen Blattöffnungen Wasser »ausatmen«, hat Vegetation einen enormen Kühlungseffekt. Auf einem Dach in einer slowakischen Stadt wurden zum Beispiel an einem Sonnentag 30 Grad gemessen, an den Spitzen von Parkbäumen hingegen nur 17. Ein Unterschied von 13 Grad! In gemäßigten Zonen »schwitzt« der Boden täglich im Schnitt 3 Liter Wasser pro Quadratmeter aus, in Feuchtgebieten bis zu 20 Liter. Und ein Baum in wassergesättigtem Boden verdunstet bis zu 400 Liter, was einer Kühlungsenergie von 20 bis 30 Kilowatt entspricht. Pflanzen, vor allem Bäume, sind laut Kravčík deshalb »das perfekte Air-Condition-System der Erde«.

Wird Vegetation entfernt und Boden versiegelt, bilden sich über großen Städten regelrechte Hitzeglocken, heißt es weiter in der Veröffentlichung. Das dort verdunstende Wasser regnet anderswo in kühleren und höheren Zonen ab, zum Teil sintflutartig. Während des 20. Jahrhunderts sei die Niederschlagsmenge in Nordeuropa um 10 bis 40 Prozent gestiegen, in Südeuropa hingegen um 20 Prozent gesunken. Schon ein Millimeter weniger Niederschlag pro Tag genüge, um dramatische Effekte zu erzeugen. Wasserdampf könne lokal einen größeren Effekt als CO_2 haben. Seine Schlussfolgerung: »Mit dem sensiblen

Management von Wasser und Vegetation können wir auf lokaler Ebene den Klimawechsel dämpfen. Wenn wir auf gleiche Weise auf größerer Ebene agieren, können wir vielleicht den globalen Klimawandel beeinflussen.«

Das Verhalten von Wasserdampf und Wolkenbildung sind ungeheuer komplexe geophysikalische Phänomene, die wissenschaftlich noch nicht ausreichend verstanden werden, wie der UN-Klimarat selbst zugibt. Aerodynamiker und Strömungsspezialistinnen müssen mit hochkomplizierten mathematischen Formeln operieren. Womöglich vereinfacht Kravčík in seiner Darstellung, zumal – wie er selbst schreibt – eine Klimaerwärmung von nur einem Grad plus zu sieben Prozent mehr Wasserdampf in der Atmosphäre führt. Aber letztlich ist das sekundär. Denn ob er in der Diagnose der Krankheit nun zu hundert Prozent recht hat oder nicht – die Therapie, die er empfiehlt, ist auf jeden Fall gut für die Erde und liegt ganz auf der Linie der regenerativen Agrikultur. Sie lautet: Begrünungen, Entsiegelungen, Schutz von Wäldern, Gewässern und Feuchtgebieten, Regenwasserableitungen in den Boden statt in die Kanalisation, Terrassierungen und andere Anti-Erosionsmaßnahmen. Denn feuchte(re) Böden können paradoxerweise mehr Wasser aufnehmen als ausgetrocknete. »Wasserpflege« durch lokale Gemeinden ist für ihn der Schlüssel zur Regeneration des Klimas und »für Glück, Gesundheit und Umweltschutz«. Er schreibt: »Was das neue Wasser-Paradigma anbietet, ist die Förderung einer Kultur der Landnutzung, die durch die Sättigung des Bodens mit Regenwasser permanent Wasser im Wasserkreislauf erneuert.«

Gesellschaften, die Niederschlag sammeln und steuern, könnten das regionale Klima stabilisieren. Selbst wüstenartige Gebiete könnten sie langsam wiederbeleben, auch wenn dies eine »Riesenaufgabe« sei, etwa in der Mittelmeerregion. Die wichtigsten Prinzipien dabei: Wasser müsse nach dem Subsidiaritätsprinzip so lokal wie möglich zurückgehalten, gesammelt, solidarisch geteilt und mehrfach genutzt werden. Ihm müsse erlaubt werden, in der Erde zu versickern, statt im Meer zu enden. Für ein Programm von 10 bis 15 Jahren Dauer lägen die Kosten nach seinen Angaben im Schnitt bei nur 0,1 Prozent des Bruttoinlandsprodukts und entsprächen den Ausgaben für Antiflut- und Anti-Erosionsprogramme.

Die globalen Wasserreserven sind ein Gemeingut der Menschheit. Statt sie durch Konzerne ausbeuten zu lassen, sollten sie wie eine Allmende bewirtschaftet werden, fordert auch die Wasseraktivistin Maude Barlow. Kravčík ergänzt: Jede lokale Gemeinschaft sollte dafür sorgen, dass »ihr« Wasser wieder auf »ihr« Land zurückkommt. Jeder Wassertropfen habe das Recht, ein »Zuhause« zu finden.

Klima der Ungerechtigkeit

Weltweit sehen sich immer mehr Menschen gezwungen, ihre Heimat zu verlassen, weil sie dort nicht mehr überleben können. Die meisten fliehen in ihre Nachbarländer, nur ein Bruchteil kommt bei uns an. 2015 waren laut der Internationalen Organisation für Migration und dem Potsdamer Institut für Klimafolgenforschung weltweit etwa 9 Millionen auf der Flucht vor Gewaltkonflikten, aber 19 Millionen verließen ihre Heimat wegen Überschwemmungen, Dürren, Stürmen, mangelndem Land und Wasser. Der Umweltökonom Norman Myers schätzte schon 2005 die globale Zahl der Umweltflüchtenden auf 27 Millionen.[88]

Ein Beispiel von vielen ist die afrikanische Tschadseeregion: Noch in den 1960ern der sechstgrößte See weltweit, ist er heute aufgrund von Klimawandel und falscher Nutzung auf ein Sechstel geschrumpft. Zehntausende verloren ihre Existenzgrundlage als Fischer oder Bäuerinnen, mindestens ebenso viele flohen. Auch wenn es hier keine gesicherten Daten gibt, ist die Annahme wohlbegründet, dass diese Umweltkatastrophe die schlimmste Terrormiliz der Welt gestärkt hat: Boko Haram. Junge Männer heuern bei ihr an, weil sie glauben, nur noch so ihre Familien ernähren zu können.[89]

Oxfam gibt an, dass bereits heute Hunderte Millionen Menschen aufgrund der Klimakrise in Armut leben und etwa 26 Millionen vertrieben wurden. Bei einem Plus von 2 Grad müssten jährlich rund 200 Millionen fliehen und wären 2,7 Milliarden in 46 Ländern durch Gewaltkonflikte bedroht.[90]

2,7 Milliarden Opfer in 46 Ländern – und das, wenn wir das 2-Grad-plus-Ziel einhalten!

Dabei haben nicht sie, sondern die Reichen und Superreichen der Industrie- und Schwellenländer den Schlamassel verursacht. Die 20 reichsten Prozent der Menschheit verbrauchen 80 Prozent aller Ressourcen, und nur 7 Prozent verursachen 50 Prozent aller Treibhausgase.[91]

Man bedenke auch, welch existenzielle Rolle Landwirtschaft für Menschen im globalen Süden spielt. Sie macht 20 bis 60 Prozent des Bruttosozialprodukts vieler Länder aus und liefert laut FAO den Lebensunterhalt für rund 40 Prozent der Weltbevölkerung. Subventionierte Exporte aus den Lebensmittelüberschüssen der reichen Länder in die armen aber ruinieren das Leben von Millionen kleinbäuerlicher Familien.[92]

Hinzu kommt das »Landgrabbing«, der mehr oder weniger legale Landraub durch Spekulanten, Banken, Versicherungen, Konzerne und Großagrarier, dem Kleinbauern ausgesetzt sind. Nach Schätzung des Weltbank-Ökonomen Klaus Deiniger sind zwischen 10 und 30 Prozent der globalen Ackerflächen betroffen.[94]

Der größte Beschäftigungszweig der Welt

Rund 2,6 Milliarden Menschen leben hauptsächlich von der Landwirtschaft, dem größten Beschäftigungszweig der Welt. 85 Prozent der Bauernhöfe bewirtschaften dabei weniger als zwei Hektar Land. Etwa 800 Millionen erzeugen Lebensmittel in Stadtgärten, 410 Millionen sammeln Nahrung in Wäldern und Savannen, 190 Millionen hüten Vieh, 100 Millionen fischen. Auf diese Weise erzeugt mehr als die Hälfte der Weltbevölkerung etwa 70 Prozent der globalen Lebensmittel – fast alle sind sie kleine Davids.[93]

»Zwei Drittel aller Land-Grabs finden in Ländern mit Hungerproblemen statt. Von den Erträgen werden dann zwei Drittel exportiert, vor allem für industrielle Zwecke«, echauffierte sich der Agrarexperte Hans Rudolf Herren auf dem Eco-Naturkongress Mitte 2016 in Basel.[95] Je schlechter Länder regiert werden, je mehr Korruption dort herrscht, desto verbreiteter ist Landraub. Die meisten Investoren kommen aus Industrieländern wie den USA und Großbritannien oder Ölländern wie den Vereinigten Arabischen Emiraten und Saudi-Arabien. Auch China kauft vermehrt Ländereien in Afrika auf. Nach Erfahrung der Oxfam-Mitarbeiterin Marita Wiggerthale verbirgt sich hinter vielen Landräubereien »ein Kampf um eine Ressource, die zunehmend wertvoller als Gold angesehen wird: Wasser. Landinvestitionen zielen insbesondere auf Gebiete mit fruchtbaren Böden und guter Wasserverfügbarkeit. In Brasilien sucht ein Asset Manager nur Land mit einem sicheren Jahresniederschlag von 1.200 bis 1.400 Millimetern.«[96]

Die klarsten Worte hat hier Papst Franziskus gefunden: »Diese Wirtschaft tötet.« In seiner Umwelt-Enzyklika schreibt er: Das »Gemeingut Klima« dürfe nicht von einigen wenigen als Deponie für Treibhausgase missbraucht werden, während andere hinzunehmen hätten, dass sie Opfer von Wetterextremen werden. Es sei eine Frage der Gerechtigkeit, die Gemeingüter Klima, Wasser, Böden und Wälder vor der selbstsüchtigen Ausbeutung einiger weniger zu schützen. Menschen müssten neu überlegen, was es bedeute, menschlich zu sein und den eigenen Lebensstil mit der natürlichen Welt zu versöhnen.[97]

Im Verein mit anderen Vordenkern der »Tiefenökologie« glaubt die US-Autorin Zhiwa Woodbury, dass wir Einwohner reicher Länder sehr wohl Schuldgefühle für unseren Lebensstil empfinden, der Millionen Umweltflüchtlinge produziert, aber oftmals abwehren und verleugnen. Wir wüssten genau darum, doch »noch fühlen wir es zu wenig in unseren Herzen und Knochen«.[98] Täter-Opfer-Traumata seien aber nur dann überwindbar, wenn als erster Schritt die Wahrheit ausgesprochen werde. Das mache der Papst, deshalb sei seine Stellungnahme so wertvoll. Letztlich sei die Klimakrise »eine Krise der Beziehungen: der Art, wie wir uns aufeinander und auf den Planeten beziehen«. Wenn wir das in der Tiefe anerkennen, würden wir uns endlich fragen können, warum wir je etwas anderes akzeptieren konnten als Bioessen, Erholung für Regenwälder, Böden, Savannen und Ozeane sowie Mitgefühl für Pflanzen, Tiere und Menschen.

Die Ineffizienz der Großen

Auch in Europa und Deutschland konzentriert sich immer mehr Land in immer weniger Händen. Nur drei Prozent aller Eigentümer haben die Hälfte aller EU-Ackerflächen inne.[99] Finanzkräftige Agrokonzerne kontrollieren Zehntausende von Hektar. Branchenfremde Unternehmen wie Lindhorst (Immobilien, Seniorenpflege) oder Steinhoff (Möbel) kaufen vor allem in Ostdeutschland die letzten Flächen auf.[100]

Im Juli 2016 hat der größte deutsche Ackerbaukonzern, die börsennotierte KTG Agrar aus Hamburg, Insolvenz angemeldet. Die KTG bewirtschaftete ganze Landstriche, insgesamt rund 45.000 Hektar in Ostdeutschland, Rumänien und Litauen. Sie verdrängte Kleinbauern und kassierte EU-Flächensubventionen in Millionenhöhe – und war trotzdem irgendwann zahlungsunfähig. KTG war auf Pump viel zu schnell expandiert und konnte die hohen Zinsen an investierende Agrarspekulanten nicht mehr berappen. Aber die eigentliche Ursache für den Bankrott liegt womöglich tiefer: Durch EU-Gelder groß gewordene Betriebe wirtschaften keineswegs effektiver als kleine. Man rede den Kleinen seit Jahrzehnten ein, »dass wir wachsen müssen, dass wir rationalisieren müssen, dass wir dann weltmarktfähig sind«, kommentiert die Biobäuerin und grüne EU-Abgeordnete Maria Heubuch. Und dann sei selbst so ein Riesenbetrieb nicht überlebensfähig. Aus einem wichtigen Grund: Bauernhöfe seien keine Fabriken mit Maschinen, die Standardprodukte ausspucken. »Wenn ich nicht vor Ort bin und sehe, dass jetzt der richtige Zeitpunkt ist zur Ernte, weil das Getreide gut aussieht und das Wetter gerade mitmacht, sondern das eine theoretische Entscheidung ist von irgendjemandem, dann funktioniert das nicht«, sagt Heubuch.[101]

Ulrich Hoffmann, früherer Mitarbeiter der UN-Handelsorganisation UNCTAD, sieht das Grundproblem im Glauben der Wirtschaftswissenschaft, die globale Landwirtschaft müsse sich nach derselben Logik entwickeln wie die globale Industrie, was zu immer größeren Spezialisierungen, Flächenkonzentrationen und Kostendruck führt. Essen wurde dadurch in den westlichen Ländern wesentlich billiger, politisch gewollt wurde damit Kaufkraft für Industrieprodukte frei. Deutsche geben im Schnitt gerade mal 11 Prozent des Einkommens für Lebensmittel aus, in vielen Ländern des globalen Südens sind es 70 bis 80 Prozent. Das ist, als ob wir 30 Euro für einen Laib Brot oder 50 Euro für ein Kilo Kartoffeln zahlen müssten.[102]

Die Gemeinsame Agrarpolitik der EU fördert die Großen und schadet Kleinbauern

In der EU machen Subventionen Goliath groß und schaden den kleinen Davids in Europa und weltweit. Die 1958 erstmals formulierte Gemeinsame Agrarpolitik (GAP) stellt im EU-Haushalt bis heute den größten Posten. Ursprünglich wurden damit Landwirte mit Preisgarantien unterstützt, um Lebensmittel erschwinglich zu machen; seit den 1990ern wurden diese durch Direktbeihilfen ersetzt. Die EU exportiert ihre subventionierten Lebensmittelüberschüsse – Milchpulver, Hühnchenteile, Tomatenmark und mehr – in südliche Länder. Sie ruiniert dort Marktpreise für Kleinbauern und schafft damit Fluchtursachen.

Die Zahlungen bestehen aus zwei »Säulen«. Die erste beinhaltet Direktzahlungen, die sich nach der Fläche richten, also mit dem Geld kleiner Steuerzahlenden die Großen noch größer machen. Agroindustrielle erhalten den Löwenanteil – sogar Konzerne wie RWE oder Bayer, weil sie auch Flächeneigentümer sind. Durchrationalisierte Agrobetriebe bekommen so bis zu 150.000 Euro je Arbeitskraft jährlich, Kleinbauernbetriebe nur etwa 8.000.[103] Das politische Ziel, dass Landwirte von ihrer Arbeit leben können, wird damit komplett verfehlt – was man derzeit am Existenzkampf der Milch- und Schweinebauern sehen kann.

Seit 2015 müssen Betriebe ein »Greening« vorweisen, um Zahlungen aus der ersten Säule zu bekommen – etwa Fruchtfolgen, Grünflächen, Blühstreifen und »ökologische Vorrangflächen«. Doch die erhofften Umwelteffekte sind ausgeblieben, auch weil die EU entgegen wissenschaftlichem Rat die Ökoflächen auf fünf Prozent begrenzte und zu viele Ausnahmen zuließ.

Die kleinere »zweite Säule« der Direktzahlungen soll seit 1999 den ländlichen Raum unterstützen und lässt mehr Freiheiten für qualitative Förderungen – etwa Weideland. Doch der bürokratische Aufwand ist oft absurd hoch. Robert Habeck beklagte als schleswig-holsteinischer Agrarminister, sein Personal sei damit beschäftigt, Büsche mit dem Zentimetermaß zu vermessen, weil Weidelandschaften nicht zu stark verbuschen dürfen.

Bauern im Norden wie im Süden brechen unter der Effizienzlast des »Wachse oder weiche« reihenweise zusammen, so wie jetzt die Milchbauern und Schweinezüchter, deren Erlöse unter dem Produktionspreis liegen. Funktionäre des deutschen Bauernverbandes wie Joachim Rukwied sehen darin aber immer noch kein Grundproblem, sondern nur eine vorübergehende »Marktschwächung«.

Offenbar sind sie so betriebsblind geworden, dass sie nicht mal mehr rechnen können. Tanja Busse legte in ihrem Buch »Die Wegwerfkuh« überzeugend dar, dass die »Hochleistungslandwirtschaft« eine «Verschwendungswirtschaft« ist, die »mehr Ressourcen verbraucht, als sie an Werten schafft«.[104] Die Züchtung von immer »leistungsfähigeren« Milchkühen ist eine sprichwörtliche Milchmädchenrechnung. Früher gab eine Weidekuh jährlich fast 5.000 Liter Milch, lebte aber etwa 10 Jahre lang, bis sie zum Metzger geführt wurde – macht ungefähr 50.000 Liter. Die gensojagefütterten Turbokühe von heute – die de facto lateinamerikanische Urwälder fressen –, produzieren zwar die doppelte Jahresleistung, etwa 10.000 Liter. Sie sind aber nach dieser ungeheuren Stoffwechselleistung mit nicht mal 5 Jahren so ausgepowert und krankheitsbedroht, dass sie geschlachtet werden. Macht unterm Strich etwa dieselbe Milchmenge wie vorher. Aber erkauft durch erhöhte Gesundheitskosten sowie gestiegenes Tierleid, Bauernleid und Menschenleid in Gensojagebieten.

Fleischerzeugung als Haupttäter der Zerstörung

Jedes Jahr werde ein Drittel des Kuhbestandes in Deutschland ausgemerzt, so Busse weiter. Unzählige männliche Kälber werden getötet, weil die Agroindustrie sie nicht braucht. Millionen männlicher Küken werden nach dem Schlüpfen lebend in den Schredder geworfen, weil sie keine Eier legen. Und die auf bis zu 24 Ferkel pro Wurf gezüchteten Supersauen bringen immer mehr lebensunfähige Schweinchen zur Welt. Alles »überflüssige« Tiere, die zuvor mit ungeheurem Ressourceneinsatz »produziert« wurden. Über die biologischen Grenzen hinausgetriebene Supereffizienz kippt offenbar ins Gegenteil um – in ein lebensfeindliches System, das allen schadet. Allen außer Goliath.

In modernen Fleischfabriken werden sensible Tiere wie Automaten gehalten. Sauen – intelligenter als Hunde – müssen zwischen Metallgestellen eingeklemmt »abferkeln«, ohne sich um ihre Kinder kümmern zu können, ohne jede Chance auf artgerechtes Leben. Sie entwickeln dabei ähnlich autoaggressive Symptome wie Menschen in Isolierhaft.[105]

Damit sind wir beim Megaproblem Fleischerzeugung – einem der Haupttäter der planetarischen Zerstörung. In den letzten 50 Jahren hat sie sich auf mehr als 300 Millionen Tonnen pro Jahr vervierfacht, weil die Nachfrage der globalen Mittel- und Oberschicht steigt, vor allem in den Schwellenländern. »Aus dem weltweiten Fleischtopf fischt sich China immer größere Brocken; der Fleischkonsum des Landes hat sich binnen drei Jahrzehnten vervierfacht. Auch dort decken inzwischen amerikanische Fast-Food-Ketten den Tisch«, heißt es im »Fleischatlas« der Heinrich-Böll-Stiftung und des BUND. In Deutschland sinkt der Konsum inzwischen zwar leicht. Doch immer noch werden für jeden Bürger am Ende seines Lebens im Schnitt 1.094 Tiere getötet worden sein – 4 Rinder, 4 Schafe, 12 Gänse, 37 Enten, 46 Schweine, 46 Puten und 945 Hühner.[106] Weltweit verspeisen 7 Milliarden Menschen jährlich 27 Milliarden Tiere.[107]

Fast 1.100 Tiere pro Kopf – man versuche sich diesen Berg Fleisch und Knochen einmal vorzustellen!

Das Problem ist nicht nur das Tierleid in den Megaställen, das Problem sind auch die Monokulturen für Tierfutter, die inzwischen fast 40 Prozent der globalen Ackerfläche ausmachen. Zulasten seiner Urwälder und Ureinwohner wird der Planet maisifiziert und sojafiziert. Wir essen die einmaligen Landschaften Südamerikas auf. Oder wie es der Schweizer Philosoph Max Thürkauf formulierte: »Das Vieh der Reichen frisst das Brot der Armen.«

Als Lebensmittel ist Fleisch sagenhaft ineffizient. Um eine Kilokalorie Tier zu produzieren, sind im Schnitt zehn Kilokalorien aus Pflanzen nötig. Es werden also zehnmal mehr Menschen satt, wenn sie Pflanzen direkt essen. Was gleichzeitig zehnmal weniger Fläche benötigt. Würden alle sieben Milliarden Menschen so viel Fleisch wie die US-Amerikaner vertilgen, nämlich 137 Kilogramm jährlich, müsste die Tierfutterproduktion global verdoppelt werden. Laut Felix von Löwenstein würde dann auf einer Ackerfläche so groß wie ganz Deutschland nur noch eine einzige Pflanze wachsen: Gensoja.[108]

Ein Team um Emily Cassidy von der University of Minnesota kam im Fachmagazin Environmental Research Letters auf folgende Zahlen: Nur zwei Drittel der globalen Pflanzenernte wird als Lebensmittel genutzt; knapp ein Viertel wird zu Tierfutter und knapp ein Zehntel zu Agrotreibstoff. Bezogen auf einzelne Länder, ist der Unterschied noch extremer: In Indien verzehren Menschen 90 Prozent des Getreides. In China liegt der menschliche »Futter«-Anteil bei 58 Prozent und der tierische bei 33 Prozent. In den USA gehen sogar nur ein Drittel der Getreideernte in menschliche und zwei Drittel in tierische Mägen. Würde kein Getreide mehr an Tiere und Autos verfüttert, könnten laut Studie vier Milliarden Erdenbürger mehr ernährt werden.[109] Ähnlich sieht es für

Deutschland aus. Ein Viertel der Agrarfläche wäre nicht erforderlich bzw. ein Großteil Gensoja müsste nicht importiert werden, wenn der Fleischkonsum auf ein gesundes Maß von einem Braten pro Woche zurückginge.[110] Regeneration auch für menschliche Mastbäuche?

Ein Weltacker auf 2.000 Quadratmetern

Wer einen sinnlichen Eindruck davon haben möchte, welche Unmengen Agrarprodukte wir im Alltag verbrauchen, kann das Projekt »Weltacker« auf dem Gelände der Internationalen Gartenausstellung in Berlin-Marzahn besuchen oder es sich im Internet anschauen (www.2000m2.eu/de). Die »Zukunftsstiftung Landwirtschaft« will damit sinnlich erfahrbar machen, wie viel Boden ein Mensch pro Jahr vernutzt: im globalen Durchschnitt 2.000 Quadratmeter. Darauf wachsen jährlich etwa 8.000 Kilogramm Kartoffeln, 7.500 Kilogramm Kohl oder 15.000 Kilogramm Tomaten – oder aber das Futter für gerade mal zwei Schweine. Die Produktion von Getreide für einen Teller Nudeln benötigt nur 0,50 Quadratmeter, die für Pommes mit Currywurst hingegen 4.

Gänzlich pervers erscheint der Anbau von Mais, Raps, Ethanol und Palmöl für eine weitere Art der Fütterung, nämlich die von Autos. Dafür werden 45 Millionen Hektar oder 3 Prozent der weltweit genutzten Ackerfläche verschwendet, in Deutschland sogar über 17 Prozent, und für 2050 werden Steigerungen auf 100 Millionen Hektar prognostiziert.[111] Der Agrarfachmann Georg Guggenberger kommt hier zu einem vernichtenden Schluss: »Letztlich ist die Verwendung von Bioenergie schlechter für das Klima als die Verwendung von konventionellen Energiequellen wie Erdgas. Raps etwa muss sehr stark gedüngt werden. Die Herstellung des dafür nötigen Stickstoffdüngers ist sehr energieintensiv und die stark gedüngten Böden emittieren viel Lachgas.«[112] Für die 120-Liter-Füllung eines Geländewagens muss tatsächlich mit der Ernährung eines Menschen für ein ganzes Jahr bezahlt werden.[113]

Die Zahl der Fehlernährten ist auch dadurch extrem gestiegen. Über 800 Millionen Menschen werden nicht satt – ein Skandal in einer Welt, die täglich pro Kopf etwa 4.600 Kalorien produziert, doppelt so viel wie nötig. Es ist genug für alle da. Oder genauer: Es wäre global genug für alle, wenn nicht – zweiter Skandal! – rund die Hälfte der Lebensmittel weggeworfen würde. Dritter Skandal: Weitere 1,2 Milliarden Menschen sind mangelernährt, weil sie einseitiges oder minderwertiges Essen mit zu wenig Spurenelementen zu sich nehmen. Der größte Hunger und Mangel grassiert auf dem Land, dort also, wo Fülle herrschen sollte. Landarbeitern und Kleinbäuerinnen wurde der Boden genommen, um sich selbst in Würde ernähren zu können, und sie verdienen zu wenig Geld, um das zu kaufen, was sie selbst produzieren.

Gleichzeitig leben heute mehr Übergewichtige als Hungernde auf der Welt. 1,2 Milliarden Menschen sind zu dick oder sogar fettsüchtig. Die meisten in westlichen Nationen, aber immer mehr auch in Schwellen- oder armen Ländern. Der Ernährungs- und Lebensstil fließt zunehmend zu einer globalen Einheitssoße zusammen: Ob im Flughafen von Bombay, in den Hotels von São Paulo oder in den Imbissbuden Schanghais finden es Menschen schick, Fleischburger mit Ketchup und Pommes zu verzehren. Nach dem Motto: Schau mal, ich kann mir das leisten. Sie wollen zur globalen Mittelschicht gehören, sie fressen sich damit buchstäblich in die Fettschicht der Welt hinein. Kann man es ihnen verdenken, dass sie auf die globalen Werbefeldzüge von Goliath hereinfallen? Nicht wirklich. Aber sie essen damit ihre eigene Zukunft auf.

Jährlicher Billionenschaden

Goliaths Fußabdrücke hinterlassen globale Zerstörungen. Ein Wissenschaftsteam der FAO hat 2014 die ökosozialen Kosten der weggeworfenen Lebensmittel abzuschätzen versucht.[114] Rechnet man sie auf die gesamte agro-industrielle Produktion hoch, kommt man auf jährliche Umweltschäden in Höhe von 2,1 Billionen und Sozialschäden von 2,7 Billionen Dollar. Macht im Jahr 4,8 Billionen externalisierte Kosten, die »Billig«-Lebensmittel hinterlassen.

Umgerechnet »bezahlt« jeder Erdenmensch direkt oder indirekt fast 7.000 Dollar jährlich an Goliath. Macht pro Tag und Kopf über 19 Dollar!

Natürlich holt niemand dafür direkt Geld aus dem Portemonnaie – die Kosten werden privatisiert, in die Zukunft oder in arme Länder verschoben, in der zynischen Hoffnung, dass Steuerzahlende oder Krankenkassen für sie aufkommen. Dazu zählen Schäden durch Treibhausgase, Bodenerosion, Wasserknappheit, Nitrat- und Phosphor-Eutrophie, Artenschwund, Pestizidvergiftungen, ernährungsbedingte Krankheiten.

Ein Team der niederländischen Zertifizierungsfirma Soil & More und des Schweizer Forschungsinstituts für biologischen Landbau (FiBL) ist in Kooperation mit der FAO dabei, das Zahlenwerk so weiterzuentwickeln, dass man damit

Kosten und Nutzen einzelner Nahrungsmittel vergleichen kann. Diese Hilfe leistet die »True-Cost-Blume« auf der Website *www.natureandmore.com*. Der Erfinder ist der Niederländer Volkert Engelsman, Gründer der Biovertriebsfirma Nature & More. Wir wollten von ihm wissen, wie das geht.

• • • Herr Engelsman, auf Ihrer Website kann man jetzt die »wahren Kosten« von konventionell erzeugten Lebensmitteln erfahren. Können Sie hier Beispiele nennen?
Immer pro Jahr und Hektar gerechnet, betragen die Klimaschäden bei konventionellen Weintrauben gut 3.000 Euro, Biotrauben erbringen unterm Strich einen Klimanutzen von fast 1.800 Euro. Der Schaden für den Boden bei der Produktion konventioneller Orangen beträgt gut 1.000 Euro. Der Nutzen bei Bioorangen über 1.300 Euro.

Warum haben Sie das nicht pro Kilo ausgerechnet, das wäre doch anschaulicher?
Die Zahlen pro Kilogramm sagen wenig aus, weil man nicht weiß, wie viel Euro der Einzelhändler draufgeschlagen hat. Die Hektarangaben machen mehr Sinn. An der Kampagne »Wahre Kosten« beteiligen sich jetzt übrigens auch der Internationale Verband der Biobauern IFOAM, die Ökoverbände Demeter, Bioland und viele andere.

Wie kann man erreichen, dass diese wahren ökosozialen Kosten auch bezahlt werden?
Zunächst einmal wollten wir in Zusammenarbeit mit der Welternährungsorganisation FAO ein Kalkulationsmodell vorlegen, das es bisher nicht gab und das die Schäden der konventionellen Landwirtschaft deutlich macht. Hier sind neue Gesetze und Regelungen nötig. Landwirte, die den Boden aufbauen, müssen mit einem Bonus belohnt, Umweltverschmutzer mit einem Malus sanktioniert werdn.

Wie viel Hoffnung setzen Sie in die Politik?
Nicht so viel. Deshalb arbeiten wir mit der Triodos-Bank und Wirtschaftsprüfern an einem Pilotprojekt, einer Art Armaturenbrett mit Indikatoren für Boden, Wasser, Klima, Biodiversität und Soziales, das Orientierung für Banken, Investoren und Lebensmittelindustrie schaffen soll. Es geht um eine neue Art von Gewinn-und Verlustrechnung. Die brauchen wir, damit sich die Definition von Gewinn insgesamt verändert. Nachhaltigkeit muss die DNA des Wirtschaftsle-

bens werden. Ökologische und soziale Kosten, die bisher externalisiert wurden, müssen in die Preise eingehen.

Wann wird es das Armaturenbrett geben?
Hier muss ich mich in Geduld üben – meine größte Schwäche. Erst mal werden wir damit experimentieren, danach werden wir es veröffentlichen.

Sie haben auch die Kampagne »Save our Soils« erfunden. Was waren Ihre Herzensmotive dafür?
Alles fängt im Boden an – das ist eine wunderbare Schicht, in der die kosmischen und terrestrischen Kräfte in wunderbarer Symphonie zusammenwirken. Mich fasziniert die Magie von Gleichgewicht und Ordnung in Milliarden von Mikroorganismen. Die Biodiversität von Bodenorganismen spielt eine immens wichtige Rolle. Sie trägt unter anderem zur besseren Wasserhaltefähigkeit der Böden bei – diese halten bis zu 70 Prozent mehr Wasser. Für uns Niederländer klingt das vielleicht nicht so relevant, wir haben mehr als genug Wasser. Aber für viele Menschen vor allem in südlichen Ländern ist Wasser teuer. Weitere Gründe: Produkte, die auf fruchtbarem Boden wachsen, sind viel krankheitsresistenter. Und sie sind sozialer, denn sie machen ihre Erzeuger nicht abhängig von teurem Kunstdünger oder gar genmanipulierten Pflanzen. Deshalb ist Biolandwirtschaft eine SOILution.

Bisher stand Boden nicht im Mittelpunkt der öffentlichen Aufmerksamkeit.
Ja, und das war ein Grund, diese Kampagne zu führen, bei der sich rund 200 NGOs und viele Einzelpersönlichkeiten wie der Dalai-Lama, Desmond Tutu, Julia Roberts, Renate Künast und mehrere Oberhäupter indigener Gemeinschaften beteiligt haben. Im Juni 2015 haben wir zusammen die »Amsterdamer Erklärung« verabschiedet. Die Kampagne fand ein überwältigendes Echo. Wir sollten stolz auf diese Symphonie der Zusammenarbeit sein. Allerdings standen auch die Sterne für uns günstig, die UNO verschob die Ausrufung des Jahr des Bodens von 2020 auf 2015. Seitdem steht der Boden sehr viel stärker im Mittelpunkt vieler Instanzen, etwa der FAO oder auch von konservativen Universitäten wie Wageningen. In der Vergangenheit wurden viele Boden-Fakultäten abgeschafft, nun wird das Thema wieder erforscht. Ich bin sehr glücklich darüber. • • •

KAPITEL 2

Warum es so wichtig ist, dass David gewinnt

»Regenerative Agrikultur hat die Antworten auf die Bodenkrise, Ernährungskrise, Gesundheitskrise, Klimakrise und die Krise der Demokratie.«
Vandana Shiva, Alternative Nobelpreisträgerin

Regeneration in Costa Rica

Eine globale Regenerationsbewegung ist unterwegs. Im Juni 2015 traf sich ein Gründungskomitee des weltweiten Bündnisses Regeneration International in Costa Rica, weshalb unsere Reise nun dorthin führt. In einem Dschungelhotel zwischen Palmen, Pagageien und Papaya versammelten sich rund 60 Engagierte aus aller Welt. Viel Prominenz war anwesend: die Alternativen Nobelpreisträger Vandana Shiva und Hans Rudolf Herren, André Leu, Chef der Internationalen Biobauernvereinigung IFOAM, Ronnie Cummins von der US Organic Consumers Association oder der Gastgeber Tom Newmark, der auf seiner Finca Luna Nueva (Neumondfarm) eine Mischung aus Abenteuerhotel und Demeter-Hof aufgebaut hatte. Die meisten waren Nord- und Südamerikaner, der einzige Europäer neben dem in Kalifornien wohnenden Schweizer Hans Herren war Benny Härlin von der Berliner »Zukunftsstiftung Landwirtschaft«.

Drei Tage lang beschäftigte sich die bunte Runde mit dem Potenzial regenerativer Agrikultur und den Perspektiven einer globalen Kampagne zum Thema. Zwischen ihren Gesprächen schlenderten die Gäste auf Lehrpfaden durch den Dschungel, bestaunten quietschrote giftige Laubfrösche in einem Teich und hörten seltene Papageienarten kreischen. »Beeindruckend schön« sei das gewesen, erinnert sich Benny Härlin. Tom Newmark habe ihnen auch gezeigt, wie er auf seiner Versuchsfarm Demeter-Methoden testet – angepasst an die Bedingungen tropischer Regenwälder. Zentrales Thema der Diskussionen: wie Photosynthese

Der Gründerkreis von Regeneration International im Dschungelhotel »Neumondfarm« in Costa Rica. Auf der Farm gedeiht eine beeindruckende Artenvielfalt, darunter vieles Essbare.
Foto oben: Ronnie Cummins, Foto unten: Benny Härlin

viele Gigatonnen CO_2 aus der Atmosphäre ziehen kann. Der Ökounternehmer Newmark erklärte das Basiskonzept der Regeneration so: »Die Natur kann dieses Problem lösen, das Menschen geschaffen haben.«

Menschen bewirtschaften laut der Welternährungsorganisation FAO ungefähr fünf Milliarden Hektar Acker- und Weideland, welches meist nur noch einen Humusgehalt von ein bis zwei Prozent aufweist. Ein Humusaufbau von nur einem Prozentpunkt auf diesen Flächen könnte 500 Gigatonnen CO_2 oder 135 Gigatonnen Kohlenstoff aus der Atmosphäre holen, was einer Reduzierung von 64 ppm (parts per million) entspräche. Das brächte den heutigen CO_2-Gehalt in der Atmosphäre auf weitgehend ungefährliche 336 ppm. Steigen die Emissionen allerdings weiter auf 550 ppm an und sollen dann auf das vorindustrielle Niveau von 280 ppm zurückgebracht werden, müsste der Humusanteil in den globalen Böden im Extremfall auf gut vier Prozent gesteigert werden – höchst anspruchsvoll, aber auch nicht völlig unmöglich.

Die weltweiten CO_2-Emissionen könnten in etwa 50 Jahren auf vorindustrielles Niveau gebracht werden, schätzt die Nonprofitorganisation GRAIN, wenn überall umgestellt würde »auf Ernährungssouveränität, kleinbäuerliches Wirtschaften, Agrarökologie und lokale Märkte«. Dafür seien weder CO_2-Handel noch technofixierte Lösungen nötig. Wichtige Maßnahmen hierfür seien eine Reintegration von Feldfrucht- und Tierproduktion, die Kunstdünger, Methan und Lachgas einspart, und der Stopp von Entwaldung.[1]

Das Rodale Institute im US-Staat Pennsylvania, ein wichtiger Partner von Regeneration International, sieht das ähnlich: »Agrikultur, die Kohlenstoff speichert, ist auch Agrikultur, die unsere planetarische Wasserkrise, extreme Armut und Ernährungsunsicherheit anpackt, während sie die Umwelt schützt und verbessert, jetzt und für zukünftige Generationen.« Zudem habe sie weitere Vorteile: Ein Langzeitversuch von Rodale ergab, dass gerade in Trockenzeiten Öko-Ernten höher ausfallen, bei Biomais waren sie fast ein Drittel höher als bei konventionellem.[2]

Es gehe um die Förderung regenerativer Agrikultur, die »nahrhaftes Essen in Hülle und Fülle produziert, lokale Ökonomie revitalisiert, Bodenfruchtbarkeit, Biodiversität und Klimastabilität wiederherstellt«, heißt es nunmehr auf der Website regenerationinternational.org. Durch das entstehende globale Netzwerk sei man mit 3,6 Millionen Bauern, Aktivistinnen, Journalisten, Konsumentinnen und Wissenschaftlern in über hundert Ländern verbunden. Die gemeinsame Vision sei »ein gesundes globales Ökosystem, in dem regenerative Agrarkultur und Landnutzungspraktiken den Planeten kühlen, die Welt ernähren, die öffentliche Gesundheit, Prosperität und den Frieden fördern«.

Die in Costa Rica Versammelten wollten und wollen nicht nur den Klimawandel zur Geschichte machen, sondern auch die Ökosysteme regenerieren und eine gesunde Welternährung für alle sichern. Aus Humus kann Humanismus und neue Humanität entstehen. Regenerative Agrikultur, in deren Mittelpunkt Kohlenstoff als Inhaltsstoff allen Lebens steht, wird damit zum Teil einer Ökonomie der lebendigen Erde. Oikonomia bedeutete im Altgriechischen ursprünglich »Haushaltslenkung«, und die Erde ist der Haushalt für alle. Wenn die Menschheit überleben will, muss sie innerhalb der planetarischen Grenzen wirtschaften. Reichtum könnte hierfür umdefiniert werden als Reichtum der Beziehungen unter Menschen und zwischen Mensch und Natur, als Verlebendigung von Verbundenheit aller mit allen. Die Natur muss sich erholen können, um zu einer neuen Spirale von Fruchtbarkeit anzusetzen.

Bedingung dafür ist auch, dass Nahrungs- und Futterströme nicht länger rund um die Welt fließen. Wirtschaft und Agrikultur sollten sich wieder so weit wie möglich relokalisieren, Europas Vieh sollte auf Weiden vor der bäuerlichen Haustür grasen und nicht Südamerika kahl fressen. Nationen und Gesellschaften sollten sich weitgehend selbst ernähren. Das heißt nicht, dass niemand mehr Kaffee trinken oder Bananen essen darf. Wenn sie in tropischen Waldgärten ökofair produziert werden – was sollte das Problem sein?

Denn im Gegensatz zur Agroindustrie, die aus Rationalisierungen und Standardisierungen nach dem Motto »One fits for all« Profit zieht, passen sich »Regenerative« stets an Bedingungen vor Ort an. Sie entwickeln dabei – wie die Natur – unendlich viele lokale Variationen. Dazu gehören auch Tausende indigener Praktiken und traditioneller Techniken, wie die in ganz Mittelamerika verbreiteten »Milpas«, Pflanzengemeinschaften, bei denen Mais, Bohnen und Kürbis in einem Beet wachsen und voneinander profitieren: Bohnen nutzen Mais zum Ranken; Mais profitiert vom Stickstoff der Bohnen; Kürbisse bedecken und schützen den Boden.

Der Schlüssel zur Regeneration: Dauerhumus

Regenerative Agrikultur, die die globale Agroindustrie ablöst, plus regenerative Energien, die weltweit Kohle, Öl und Gas ersetzen – das wäre die Zauberformel. Zwei Seiten einer Medaille namens Zukunftsfähigkeit.

Eine entscheidende Frage für die Klimastabilisierung ist dabei, ob der der Atmosphäre entzogene Kohlenstoff (chemisch abgekürzt: C) wirklich hundert Jahre oder länger im Boden bleibt – wenn nicht, wäre das Problem nur verschoben. Darauf weist auch der spanische Agrarwissenschaftler Íñigo Álvarez de Toledo in seinem Weißbuch zur regenerativen Agrikultur hin.[3] Langzeitstudien der britischen Rothamsted Research Station und der University of Illinois zeigen, dass er sich tatsächlich langfristig anreichert und stabil bleibt, wenn er geschützt wird. Über drei Viertel allen neu gebildeten Bodenkohlenstoffs gehören laut Studien der Wissenschaftlerin Christine Jones zur stabilen Humusfraktion, vor allem in tieferen Schichten unter 30 Zentimetern.[4] Humus ist nicht nur biochemisch sehr stabil, sondern gibt dem Boden seinerseits eine dauerhafte Struktur. Zu 58 Prozent aus Kohlenstoff bestehend, kann Humus 100 bis 5.000 Jahre im Erdreich verbleiben, wenn er nicht gepflügt oder anderweitig gestört wird.[5] Im nackten Oberboden ist er nach der Ernte von Monokulturen allen Wettern ausgesetzt, wird fortgespült oder weggeblasen und oxidiert schnell zu CO_2. Doch Kohlenstoff ist auch in Tiefen unterhalb einem Meter anzutreffen. Dort wird sogar fast die Hälfte des Boden-C gespeichert, und das für lange Zeit. Humus ist also das denkbar beste Depot für den aus der Atmosphäre gezogenen Kohlenstoff, ein Schatz für die ganze Menschheit.

Auch in Bäumen und Stauden gespeicherter Kohlenstoff kann dem Klima eine Verschnaufpause verschaffen – vor allem dann, wenn das Holz nach der Baumfällung nicht verrottet, sondern in Häusern oder anderswo verbaut wird. In Olivenbäumen wird Kohlenstoff bis zu 2.000 Jahre gespeichert, in manchen Nussbäumen 500 bis 1.000 Jahre.[6] Langsam wachsende Eichen, Linden oder Buchen werden 100 bis 1.000 Jahre alt und sind deshalb länger haltbare C-Speicher als Nadelbäume, die in der Regel »nur« 300 Jahre erreichen, oder »Schnellschießer« wie Erle, Birke oder Weide, die selten älter als 100 werden.

Wie kohlenstoffreich Böden noch vor 150 Jahren waren, kann man sich heute kaum mehr vorstellen. Der Geologe Graf Strezelecki bereiste Mitte des 19. Jahrhunderts Australien und analysierte 41 Proben von Böden auf Bauernhöfen. Die zehn fruchtbarsten wiesen zwischen 11 und 38 Prozent Humus auf – ein unvorstellbar hoher Wert, der heute nur noch in Mooren zu finden ist. Selbst die zehn unproduktivsten Standorte hatten einen Humusanteil zwischen 2 und 5 Prozent.[7] Heutzutage gilt schon jeder Acker mit 5 Prozent Humus als äußerst fruchtbar.

Die meisten intensiv genutzten Felder in den gemäßigten Klimazonen weisen heute jedoch nur noch Humuswerte zwischen 1 und 2 Prozent auf. Einige Flächen, etwa nord- und ostdeutsche Sandböden, liegen darunter und sind sprichwörtlich halb verwüstet. Auch in vielen südlichen Regionen, vor allem in Afrika, enthält der Boden nur noch bedenkliche Werte von einem Prozent. Die kritische Grenze, unterhalb der die Erntemengen deutlich zurückgehen, beziffert der Bodenkundler Rattan Lal für nördliche Klimazonen bei etwa 2 Prozent, für südliche bei 1,1. Darunter nimmt die Wasserspeicherkapazität von Böden in warmen Klimazonen schnell ab. Sie speichern auch weniger Nährstoffe. Dünger wird schneller ausgewaschen, Pflanzen verdorren.[8] Diese Fakten gelten aber auch umgekehrt: Mit steigendem Humusgehalt nehmen nach Lal Erntemengen linear zu.

Klimafreundliche Terra Preta

Ein Bodentyp ist ebenfalls extrem stabil: Terra Preta, auf Deutsch Schwarzerde – nicht zu verwechseln mit den Schwarzerden in der Magdeburger Börde oder den winterkalten Steppen Eurasiens. Indigene Völker stellten sie für ihre Waldgärten her, indem sie Küchenabfälle und Exkremente in verschließbaren Tongefäßen sammelten und mit feiner Holz- und Pflanzenkohle hygienisierten. Unter Luftabschluss fermentierte das Material, was die Nährstoffe konservierte. Im nährstoffarmen Urwaldboden dient die Pflanzenkohle mit ihrer riesigen Oberfläche und ihren unzähligen Poren wie ein Langzeitspeicher für Mikroorganismen, Nährstoffe und Wasser. Nach vielen hundert bis zweitausend Jahren ist die tiefschwarze Erde immer noch unverändert fruchtbar – am Amazonas, in Liberia, Ghana und vielen anderen Orten der Welt.[9] Der Biogeochemiker Thomas Goreau entdeckte gar ein 65 Millionen Jahre altes Stück Pflanzenkohle. Unter dem Mikroskop, so staunte er, »konnte man jede Zelle der Pflanze sehen«. Steinalt und immer noch nicht zerfallen.[10]

Der Bodenkundler Haiko Pieplow und andere entdeckten vor gut zehn Jahren durch Experimente das Geheimnis, wie sich derartige Schwarzerden im Prinzip überall produzieren lassen. Der entscheidende Bestandteil ist Pflanzenkohle (»biochar«), die man mittels klimaneutraler Verschwelung (Pyrolyse) gewinnt. Dabei bleibt in den Pflanzen ein Großteil des Kohlenstoffs erhalten, der bei ihrer normalen Zersetzung als CO_2 in die Luft entwichen wäre. Jedes Kilogramm Pflanzenkohle entzieht der Atmosphäre auf diese indirekte Weise etwa drei Kilogramm CO_2.

Ihr Potenzial wird erst jetzt zunehmend entdeckt. Sie baut nicht nur Dauerhumus auf, sondern mindert auch Methan- und Lachgasemissionen, löst in Trockentrenntoiletten gestreut Hygieneprobleme in Slums, kann Böden entgiften, degradierte Flächen zu Agrarland umwandeln, Gülle neutralisieren und in Ställen und Viehfutter für Gesundheit sorgen.

Zur Herstellung von Terra Preta-Substrat, siehe Seite 144 ff.

Äcker brauchen eine Mindestmenge an organischer Substanz, etwa 3,5 Prozent, um ihre »funktionelle Biodiversität« aufrechtzuerhalten – die Interaktionen unzähliger Arten von Mikroorganismen mit Wurzeln, Pflanzen und Bodentieren.[11] Fällt in einem Ökosystem eine Art aus, wird sie durch andere ersetzt. In humusarmem Boden findet sich weniger Ersatz, Schadstoffe werden schlechter abgebaut, Pflanzen werden anfälliger.

In hiesigen Breitengraden kann man mit agrochemischen Cocktails auch noch bei Humusgehalten von 0,9 bis 1,5 Prozent ernten, in den Tropen gelingt dies kaum noch. Die »Grüne Revolution« hat dort binnen weniger Jahrzehnte jede Menge organischen Bodenmaterials »gefressen«. Fast 90 Prozent der Hungernden dieser Welt leben in Gegenden mit Humusgehalten unter einem Prozent, wo die Ernte nicht mehr zur Eigenversorgung ausreicht. Humusmangel, Landgrabbing und Spekulation mit Lebensmitteln ergeben in südlichen Ländern oft einen tödlichen Mix.[12]

Die Humusaufbauinitiative 4p1000

Eine der ersten internationalen Aktivitäten von Regeneration International war die Unterstützung der Humusaufbau-Initiative 4p1000. Der französische Landwirtschaftsminister Stéphane LeFoll stellte sie beim Pariser Klimagipfel im Dezember 2015 vor. Der Name soll verdeutlichen, dass ein jährlicher globaler Humusaufbau von nur vier Promille genügen würde, um alle weiteren, neu hinzukommenden CO_2-Emissionen zu kompensieren. Ein Jahr später hatten 34 Regierungen sowie über 100 Zivilorganisationen, Forschungsinstitute und Unternehmen die Initiative unterschrieben. LeFolls deutscher Amtskollege Christian Schmidt (CSU) hob sie in Paris zwar mit aus der Taufe, tat aber bisher nichts für ihre Umsetzung; es gibt nicht mal eine deutsche Übersetzung der Website *www.4p1000.org*. Auf Nachfragen konnte seine Presseabteilung keinerlei Informationen über geplante Aktivitäten des Ministeriums geben.

Der Agrarminister von Frankreich hatte sich im Juli 2015 bei einer fünftägigen USA-Reise durch eine Begegnung mit Rattan Lal und eine Besichtigung der Ökofarm von Dave Brandt in Ohio inspirieren lassen. Biobauer Brandt pflügt seine knapp 250 Hektar seit 1972 nicht mehr und lässt sie nie brach liegen. Er baut in Mischkultur zehn verschiedene Pflanzensorten an, darunter Blutklee, Perlhirse und Winterbohnen, die als »cover crop cocktail« die Erde auch in der kalten Jahreszeit schützen. In diese Gründüngung hinein pflanzt er im Frühjahr Feldfrüchte. Der Humusgehalt stieg laut einer Begleitstudie in 35 Jahren um 61 Prozent an, der Bauer speichert etwa eine Tonne Kohlenstoff pro Hektar und

Jahr. Minister LeFoll sei etwa zwei Stunden auf der Farm gewesen und »war richtig begeistert von dem, was wir hier tun«, berichtet der Landwirt.[13]

Im Mai 2016 stellte LeFoll die Humusinitiative Repräsentanten aus 30 Ländern vor. Der Schlüssel zur Rettung des Klimas, die Photosynthese, werde in jeder Grundschulklasse gelehrt, so der Minister bei einer Veranstaltung im marokkanischen Meknes. 4p1000 müsse dynamisch sein, leicht umzusetzen, aber gleichzeitig auf einem genauen und detaillierten Forschungsansatz beruhen und eine Balance zwischen Aktion und Forschung erlauben. Auf dem Klimagipfel in Marrakesch 2016 wurden vier Organe etabliert: ein Leitungskonsortium, eine internationale Forschergruppe, ein wissenschaftlich-technisches Gremium, das Bodendaten sammeln soll, sowie ein Beratungsgremium von Unterstützern. Im Steuerungskonsortium sitzen Regierungsvertreter und Repräsentantinnen der Zivilgesellschaft, bewusst aber keine Unternehmen – um Einflussnahme durch Agrokonzerne zu vermeiden.

Ercilia Sahores, Lateinamerika-Direktorin von Regeneration International, reagierte geradezu euphorisch: Der Minister sei der »Obelix der Agrikultur«, mit seinem »Charisma und seiner Persönlichkeit« sei er die treibende Kraft hinter der Initiative. Allerdings sei der indische Landwirtschaftsminister der einzige in Marokko gewesen, der sich für Ökoanbau einsetzte, und einer der wenigen, »der nicht in die Falle tappte, die Anwendung von noch mehr Kunstdünger« für die wachsende Weltbevölkerung zu propagieren.[14]

> **Kohlendioxid und das Klimapotenzial regenerativer Praktiken**
>
> Um die Mengen Kohlenstoff einordnen zu können, die der Atmosphäre entzogen werden können, müssen wir sie kurz betrachten und global quantifizieren.
>
> Der größte Anteil von Kohlendioxid in der Erdatmosphäre ist natürlichen Ursprungs: Jährlich werden ungefähr 550 Gigatonnen CO_2 bei der Zersetzung von Pflanzen, beim Atmen von Lebewesen und bei Vulkanausbrüchen emittiert. Da ein Kilogramm Kohlenstoff 3,67 Kilogramm CO_2 entspricht, sind das knapp 150 Gigatonnen Kohlenstoff. Eine fast gleich hohe Menge nehmen Pflanzen über die Photosynthese und – längerfristig – über kalkbildende Lebewesen in den Ozeanen wieder auf. Ein uralter Kreislauf.
>
> Die globalen Böden haben bereits 30 bis 75 Prozent ihres organischen Kohlenstoffs verloren. Durch die Oxidation des Bodenkohlenstoffs zu CO_2 und durch Verbrennung von Fossilenergien gelangen jährlich derzeit gut 33 Gigatonnen CO_2 (9 Gigatonnen Kohlenstoff) zusätzlich in die Atmosphäre.

Die seit 1750 durch unser Zutun zusätzlich emittierte Menge hat den Anteil des atmosphärischen Kohlendioxids von vorindustriellen 280 auf heute 400 ppm ansteigen lassen.[15] Das verändert die Wärmeabstrahlung der Erdoberfläche und hat seither zu einer globalen Erwärmung von aktuell 0,9 Grad geführt, »anthropogener Treibhauseffekt« genannt. Ein weiterer Anstieg auf 450 ppm würde zu mindestens zwei Grad führen, bei 550 ppm wären es ungefähr drei Grad mehr. Um das Klima zu stabilisieren, müssten also ungefähr 100 ppm CO_2 wieder aus der Atmosphäre entfernt werden.

Die Schätzungen von Wissenschaftlern und Forscherinnen, wie viel CO_2 der Luft entzogen und in den Böden weltweit gespeichert werden könnte, fallen sehr unterschiedlich aus. Weil sie zudem verschiedene Ausgangssituationen und Maße anwenden, sind diese schwer vergleichbar. Wir haben die Schätzungen deshalb auf jährliche Mengen Kohlenstoff umgerechnet, aber eine gewisse Unsicherheit bleibt bestehen, auch weil Daten fehlen und die Wissenschaft sich auf unsicherem Terrain bewegt. Boden- und Humusforschung gehören leider nicht zu den Forschungsfeldern, die intensiv gefördert werden.

* Der **UN-Klimarat IPCC** schätzt das jährliche globale Speicherpotenzial von C in Böden auf **0,8 bis 1,2 Gigatonnen**.[16] Die **4p1000-Initiative** des französischen Agrarministers übernimmt letztere Zahl und gibt an, diese Menge könne mit einem Humusaufbau von jährlich vier Promille erzielt werden – womit die aktuelle Emissionssteigerung kompensiert würde. Ein Prozentpunkt mehr Humus in einem Hektar Boden bis 30 Zentimeter Tiefe entspricht dabei etwa 21 Tonnen CO_2 oder knapp 6 Tonnen Kohlenstoff.
* **Die FAO** schätzt das Potenzial jährlich auf etwa **3 Gigatonnen**, was einer Reduktion von 50 ppm bis zum Jahr 2100 entspräche.[17] Auch kommt die Welternährungsorganisation zu dem Schluss, allein die Umstellung aller Kleinbauernbetriebe auf Ökoanbau könne jährlich **2,5 Gigatonnen** speichern.[18]
* Professor **Rattan Lal**, der renommierte Direktor des Carbon Management and Sequestration Center an der Universität Ohio, nennt in seinen zahlreichen Veröffentlichungen Schätzungen zwischen **2,5 und 5 Gigatonnen**. Die Dekarbonisierung der Atmosphäre und Rekarbonisierung der Böden sei eine sehr preiswerte »Win-win-win-Strategie«, weil Bodenkohlenstoff Wasser und Nährstoffe besser speichere, die Anbausaison verlängere, den Boden kühle und die Ernährungssicherheit verbessere. Eine weltweite Festlegung von einer Tonne Kohlenstoff pro Hektar könne die globale Getreideernte um 30 bis 50 Millionen Tonnen steigern. Das sei vor allem für Kleinbauern im globalen Süden wichtig und entspreche dem Nahrungsbedarf von rund

150 Millionen Menschen.[19] Zu den wichtigsten C-Speichertechniken zählt er auch die Anwendung von Pflanzenkohle.

* Auch US-Bodenkundler **Johannes Lehmann** setzt auf Pflanzenkohle und schätzt, dass die Verkohlung von nur einem Drittel der weltweiten Ernteabfälle und ihre Einbringung in Böden die Treibhausemissionen um 10 bis 20 Prozent reduzieren könne. Vor allem in südlichen Ländern wie Brasilien, Ghana oder Liberia, wo seit Jahrtausenden auf Terra-Preta-Basis gepflanzt wird, könnten kleinbäuerliche Familien damit Ernteerträge verdoppeln oder verdreifachen.[20]
* Das **Savory-Institut**, das »Holististisches Weidemanagement« propagiert (siehe Seite 170 ff.), schätzt vor allem das Speicherpotenzial von Wiesen, Weiden und Steppen als sehr hoch ein: Zwei Drittel der menschengenutzten Agrarflächen seien Grasland, und Pflanzen mit meterlangen Wurzeln könnten den Kohlenstoff tief in die Erde bringen. Damit sei es möglich, jährlich **12 Gigatonnen** zu speichern, was einer Reduktion von ungefähr 6 ppm pro Jahr entspräche.[21]
* Das **Rodale Institute** glaubt gar, regenerative Agrikultur könne auf Äckern und Weiden jährlich bis zu **16 Gigatonnen** speichern – mehr als die jährlichen CO_2-Emissionen. Rechne man die Ergebnisse von Biofarmen hoch, ergebe das ein Speicherpotenzial von jährlich bis zu sechs Gigatonnen, bei nachhaltigen Weidemethoden seien es bis zu zehn. Wenn die Hälfte des verfügbaren Ackerlands mit regenerativen Methoden wie pflugloser Bodenbearbeitung, Gründüngung, Mischkulturen und Kompost bewirtschaftet würde, könne man bis 2020 die Klimaerwärmung unter 1,5 Grad plus halten.[22]
* Laut einer Studie des **US-Instituts PlanetTech Associates** könnte Grasland global 88 bis 210 Gigatonnen Kohlenstoff aufnehmen und damit den atmosphärischen CO_2-Gehalt um 41 bis 99 ppm senken.[23] Allein durch die weltweite Regeneration von Weiden und Steppen wäre eine Senkung des CO_2 innerhalb von 25 bis 30 Jahren auf vorindustrielles Niveau möglich, so die sehr optimistische Schätzung. Der US-Autor **Jack Kittredge** beruft sich auf diese Studie: Weiden und Äcker könnten mit den besten regenerativen Methoden pro Jahr etwa **23 Gigatonnen** aufnehmen, Weideland allein 21.[24]
* Der Präsident der Biobauernföderation IFOAM **André Leu** meint, Rattan Lal und andere würden die Tiefenspeicherung von Kohlenstoff unterschätzen. Unter Berufung auf australische Acker-Weide-Farmen glaubt auch Leu, es sei möglich, **23 Gigatonnen** Kohlenstoff pro Jahr festzusetzen. Rein theoretisch wäre das Klimaproblem damit in ungefähr zehn Jahren erledigt – Leu gibt aber zu, dass hier mehr Forschung nötig sei.[25]

* Der US-Autor **Eric Toensmeier** hält das Potenzial von Agroforstsystemen und Waldgärten für besonders hoch. Er schlägt eine weltweite Umstellung der Landwirtschaft auf Agroforstkombinationen, Nutzbäume und mehrjährige Ess- und Futterpflanzen vor. Sehr gute Kohlenstoffspeicher seien Bananenstauden, Obst- und Nussbäume, Bambus sowie Waldgärten mit verschiedenen »Etagen«. Solche Systeme können bis zu 20 Tonnen Kohlenstoff pro Hektar und Jahr festsetzen.[26] Umgerechnet auf die weltweit genutzten Flächen wären das im Extremfall jährlich bis zu 100 Gigatonnen, aber Toensmeier stellte diese Rechnung selbst nicht auf, wohl um keine falschen Erwartungen zu wecken.
* Zur Verminderung von **Methan und Lachgas**, die vor allem in der konventionellen Landwirtschaft und Massentierhaltung entstehen, gibt es kaum globale Schätzungen. Methan kann durch regenerative Agrikultur massiv reduziert werden, weil Humus Böden luftdurchlässig macht und eine hohe Diversität von methanabbauenden Mikroorganismen fördert.[27] Lachgasemissionen lassen sich durch die Vermeidung von Kunstdünger und Verwendung von Pflanzenkohle deutlich reduzieren.

Im Boden wurzeln die Lösungen – Biovision contra Gates Foundation

Bei globaler Anwendung könnte regenerative Agrikultur die Klimakrise also je nach Schätzung binnen 10 bis 70 Jahren zur Geschichte machen.

Aber stimmt das? Und wenn ja, wie geht das? Und wie räumt man dabei Goliath aus dem Weg? Wir fahren nach Zürich, um Hans Herren zu befragen, Mitbegründer von Regeneration International.

Hans Rudolf Herren, preisgekrönter Insektenforscher, wirbelt in einen Arbeitsraum von Biovision in Zürich. So ein stürmischer junger Mann, dieser 69-jährige Weltbürger: gestern in Genf bei der UNO, heute in Zürich, übermorgen in den USA. Das Leitbild seiner Stiftung lautet: »Biovision bekämpft Armut und Hunger an der Wurzel«. Offenbar sehr erfolgreich. Aus gerade mal 50.000 Franken Gründungskapital sind nach 18 Jahren 35 Projekte in Ostafrika und der Schweiz geworden, die Millionen Menschen zugute kommen.

Geboren 1947 im Unterwallis, erlebte Hans Herren schon als Jugendlicher auf dem Bauernhof seines Vaters, welcher Preis für »Fortschritt« zu zahlen ist – etwa in Form von Pestiziden. Er wurde Agraringenieur und spezialisierte sich als Insektenforscher auf biologische Schädlingsbekämpfung. Von 1979 bis 2005 arbeitete er in Afrika, seine drei Kinder wuchsen dort auf. In Westafrika verheerte damals eine Schmierlaus den Maniok, Grundnahrungsmittel für 200 Millionen Menschen. Die Beschäftigung mit der Maniokwurzel war für Herren eine Rückkehr zu den eigenen Wurzeln.

Der Forscher suchte nach natürlichen Feinden der Schmierlaus und fand schließlich in Paraguay eine Schlupfwespe. Er testete sie unter strenger Quarantäne und ließ sie in einem Großprogramm ab 1986 an in den Maniokgebieten Westafrikas freisetzen, zeitweise bis zu 2.000 Wespen pro Sekunde. Der Erfolg war durchschlagend: In 30 Ländern entstand ein Gleichgewicht zwischen Schlupfwespen und Schmierläusen, die Läuseplage war 1993 unter Kontrolle. Herren rettete damit etwa 20 Millionen Menschen vor dem Hungertod.

1995 erhielt er hierfür den Welternährungspreis und gründete damit seine Stiftung. In Kenia forschte er weiter an »Bio-Mitteln«, etwa Fallen aus blauem Tuch mit Kuhurin, die Tsetsefliegen anlocken. Und an der »Push and Pull«-Methode: Über 100.000 kleinbäuerliche Familien können nun ihre Maisernte verdoppeln oder verdreifachen, indem sie Desmodium in ihren Maisfeldern anbauen. Das Bohnengewächs verdrängt durch kräftige Wurzeln das Striga-Unkraut und wehrt den maisfressenden Stängelbohrer durch seinen Geruch ab (»Push«). Das Insekt flüchtet auf das Elefantengras, das rund ums Feld gepflanzt wird, seine Larven bleiben dort kleben (»Pull«). Die nahrhaften Pflanzen werden ans Vieh verfüttert, das wiederum mehr Milch gibt. Das Push-and-Pull-Prinzip kann auf andere Kulturen und ganze Landschaften übertragen werden – mit globalem Potenzial. 2013 erhielten Herren und Biovision den Alternativen Nobelpreis.

Aber auch sein Gegenspieler ist höchst dynamisch und dazu der reichste Mann der Welt. Den Gründer von Microsoft und der Bill & Melinda Gates Foundation zu treffen ist für Normalsterbliche schier aussichtslos. Bill Gates' Entourage von mehr als 1.000 Beschäftigten in Seattle und anderswo plant seine Auftritte strategisch und minutengenau schon Monate im Voraus. Das Ehepaar Gates begann 1999, fast zeitgleich mit Biovision, aber mit einem Stiftungskapital von über 36 Milliarden Dollar – einem ungefähr 700.000-mal so großen Etat. Plus Staatszuschüsse und weitere Milliardenspenden, etwa vom zweitreichsten Mann der Welt, Warren Buffett. Die Foundation ist die mit Abstand größte und einflussreichste Privatstiftung der Welt.

Was für ein Unterschied zu Biovision! In Zürich nimmt sich der Chef persönlich Zeit, reißt sich die Krawatte vom Hals, lacht und strahlt. Inzwischen lebt er mit seiner amerikanischen Frau in Kalifornien, manche deutschen Wörter fallen ihm nicht gleich ein. Sanft und starrsinnig, optimistisch und wütend sei er, wird ihm nachgesagt. Sturen Optimismus muss man auch haben, wenn

Hans Herren bei der Präsentation des Weltagrarberichtes. *Foto: Biovision*

man internationale Institutionen fast im Alleingang überzeugen muss, wie man Hunger und Armut an deren Wurzeln behandelt.

Aber wird die regenwurmkleine Biovision nicht völlig zermalmt von dem stampfenden Dinosaurier Gates Foundation? Kämpft David hier aussichtslos gegen Goliath? Die Foundation finanziert sogar UN-Institutionen, etwa die Weltgesundheitsorganisation WHO mit rund elf Prozent ihres Etats. Gates' mit Abstand größtes Projekt aber ist die Alliance for a New Green Revolution in Africa, kurz: AGRA.

»Die Gates-Stiftung und AGRA arbeiten mit afrikanischen Regierungen zusammen, was für Minister den Vorteil hat, dass auch etwas für sie abfällt. Ich weiß doch, wie das läuft«, ärgert sich Hans Herren. »Millionen werden in konventionelle Forschungsprojekte gesteckt, dadurch entsteht ein faktisches Monopol«, während die Ökoforschung verkümmere. Herren schlägt darum einen strategischen Kurswechsel für den Erfolg von David vor: »NGOs sollten nicht mehr so viel in kleine Projekte investieren, sondern vor allem in die agrarökologische Forschung.«

Hier wohnt Goliath: Hauptsitz der Bill-and-Melinda-Gates-Stiftung in Seattle.
Foto: Adbar, Wikipedia

Im Umkreis der AGRA, die Gates 2006 mit Unterstützung der Rockefeller-Stiftung gründete, tummeln sich Monsanto, Cargill, DuPont, Dow Chemical. Wie ein internes Papier verrät, geht es auch um »die Wiederherstellung der amerikanischen Führerschaft im Kampf gegen globalen Hunger und Armut«.[28] Aus Sicht von Gates entstammt Hunger in Afrika einem technischen Defizit, das mit Hybrid- und Gensaaten und einer Heerschar von Kunstdünger- und Pestizidberatern beseitigt werden kann. In ihrem »Fortschrittsbericht« gibt die AGRA an, über 15 Millionen Kleinbauern durch »verbessertes Saatgut« geholfen zu haben, weil sie in 91 private Saatunternehmen investierte.[29] Saatgut, früher auf lokalen Tauschmärkten kostenlos, müssen arme Bäuerinnen und Landwirte nun kaufen. Das ist »Fortschritt«.

»Wenn man Geld gibt, dann darf man nicht bestimmen wollen, wo es eingesetzt wird«, regt sich Herren auf. »Aber Bill Gates will seine Nase und seine Finger überall reinstecken. Biovision nimmt deshalb keinerlei Geld von solchen Leuten an, auch nicht von Syngenta.«

Immer wieder kam ihm Goliath in die Quere: »Bill Gates macht mich fertig. Früher bauten afrikanische Bauern Artemisia an, ein Heilkraut gegen Malaria, das sich gut verkaufte. Jetzt investierte er 50 Millionen Dollar, damit künstliches

Artemisinin hergestellt wird. Binnen Kurzem entstanden Resistenzen, das Produkt war nicht mehr wirksam, und Tausende von bäuerlichen Familien verloren ihre Einkommensquelle. Das ist doch ein Skandal!« Hätte Herren nicht so gute Manieren, er würde in Zürich auf den Tisch hauen.

Gates investierte zwei Milliarden in die Malariabekämpfung, Herren nur einen winzigen Bruchteil – dafür aber mit weit höherem Erfolg. Im kenianischen Malindi reduzierten seine Mitarbeiter die Malariamückenplage um fast drei Viertel – durch Austrocknung ihrer Brutstätten in Tümpeln und Swimmingpools der Reichen, die Zucht von mückenfressenden Speisefischen und Moskitogitter vor Betten, Türen und Fenstern. Und im äthiopischen Luke beseitigten sie in nur zwei Jahren die Tsetsefliege, gefürchtete Überträgerin der Schlafkrankheit bei Mensch und Tier, indem kommunale Verantwortliche Kuhurin-Fliegenfallen regelmäßig warteten. Folge: Das Vieh vermehrte sich wieder, Milcherträge verdreifachten sich, Mehreinnahmen flossen in den Aufbau einer Dorfschule.

Auch das wohl durch Stechmücken übertragene Zika-Virus, das in Lateinamerika Embryonengehirne zerstört, könne man so bekämpfen, sagt der Insektenforscher. »Ich kenne mich zu wenig in den Details aus, aber ich sehe den Fehler, dass man Symptome behandelt statt Ursachen. Gemeinden müssen Verantwortliche bestimmen, die Tümpel austrocknen oder Fallen aufstellen. Stattdessen werden nun gentechnisch veränderte Mücken losgelassen – das funktioniert, wenn überhaupt, nur kurzfristig. Und da steckt auch wieder Bill Gates dahinter. Mit einem Bruchteil des Geldes könnte man die Brutstätten vernichten!«

Während die Gates Foundation mit gigantischem technischen Aufwand Symptome kuriert, packt Biovision die Probleme an der Wurzel an – mit billigen, ungiftigen, lokal angepassten, ganzheitlichen und nachhaltigen Methoden. Allein über Bodenverbesserung könne man die landwirtschaftliche Produktion Afrikas ohne Gift und Hybridsorten »verdoppeln und verdreifachen«, sagt Herren. Deshalb verschafft Biovision insgesamt fünf Millionen Menschen Zugang zu Ökoanbaumethoden – via Internet, Smartphones, Radio, Infozentren und Bauernzeitungen.

Herren ist überzeugt: In fruchtbarem Humus wurzeln die Lösungen für Armut und Hunger. In Kenia, Tansania und Uganda fördert Biovision die Gewinnung von Heilkräutern und Honig aus Wäldern – was rund 5.000 Personen ein Auskommen sichert und gefährdeten Bienen hilft. In den Uluguru-Bergen Tansanias unterstützt die Stiftung den »Garten der Solidarität«, ein Ausbildungszentrum mit Demonstrationsgärten. Terrassierte Hänge strotzen vor Fruchtbarkeit – wohl auch, weil die Frauen dieses matrilinearen Stammes ihr eigenes Land bewirtschaften. Fast überall ist das anders: Die Bäuerinnen Afrikas stellen 90 Prozent aller Lebensmittel her, besitzen aber nur zwei Prozent der Äcker. Diese Ungerechtigkeit fördert ebenfalls Hunger und Armut.

»Wir versuchen vor allem Frauen auszubilden und Frauengruppen zu helfen, das bringt viel bessere Ergebnisse«, sagt Herren. »Von der Grundschule bis zur universitären Forschung oder bei der Kreditvergabe werden Frauen stark benachteiligt. Aber sie wissen sich besser zu helfen als Männer: Sie bilden Genossenschaften und unterstützen sich gegenseitig.« Auch die Gates Foundation bildet Frauen aus – von Kollektivzeugs wie Genossenschaften will sie allerdings nichts wissen.

Das gewaltigste Ringen zwischen David und Goliath aber findet derzeit auf globaler Ebene statt. Während Gates das US-Modell der Agroindustrie der ganzen Welt aufdrücken will, glaubt Herren, dass die Menschheit auf Dauer über kleinbäuerliche Höfe ernährt werden kann und muss. »Weiter so ist keine Option«, war auch die zentrale Botschaft des Weltagrarberichts der UNO von 2008, den Hauptautor Hans Rudolf Herren gemeinsam mit 400 Forschern und Wissenschaftlerinnen zusammenstellte – gegen massiven Widerstand aus Goliaths Fraktion, von Agrokonzernen und Regierungen.

Der Schweizer schrieb auch am »Green Economy Report« mit, den das UN-Umweltprogramm UNEP für den Erdgipfel »Rio+20« im Jahr 2012 veröffentlichte. Der Bericht empfiehlt, jährlich zwei Prozent des Weltinlandsprodukts in den Übergang in eine klimafreundliche, ressourceneffiziente Weltwirtschaft zu investieren. Pro Jahr sollten 198 Milliarden US-Dollar – gerade mal 0,16 Prozent des Weltinlandsprodukts – in die Landwirtschaft fließen. Gelder sollten für die Regeneration degradierter und erodierter Böden eingesetzt werden. Zudem sollten Regierungen und internationale Organisationen in effiziente Bewässerungssysteme investieren, in biologische Schädlingskontrolle, erleichterte Marktzugänge und Verminderung von Lebensmittelverlusten.

Im Bericht werden zwei Entwicklungsmodelle bis zum Jahr 2050 gegenübergestellt: nachhaltige Agrarkultur versus Fortsetzung des agroindustriellen Kurses. Das Öko-Szenario würde die Nahrungsmittelverfügbarkeit pro Kopf um 14 Prozent steigern, 47 Millionen Jobs in ländlichen Räumen schaffen und so die Armut bekämpfen. Es würde weniger Wasser als heute gebraucht, wohingegen ohne Kurswechsel 40 Prozent mehr Bewässerung nötig wären. Agrikultur wäre bis 2050 nicht mehr Teil des Problems, sondern Teil der Lösung.

Ernährungssouveränität und »Via Campesina«

»Ernährungssicherheit« ist ein gängiger Begriff in der internationalen Politik, der sich auf die Verfügbarkeit von Nahrung und Kalorien bezieht. Haushalte oder Länder gelten laut UN-Definition als »ernährungsgesichert«, wenn ihre Mitglieder jederzeit Zugang zu »genügend, sicherem und nährendem Essen« haben, nicht hungern oder unterernährt sind.

Für die Kleinbauernbewegung »Via Campesina« war diese Kalorienzählerei nicht genug. Anlässlich des alternativen Welternährungsgipfels von 1996 prägte sie den Begriff »Ernährungssouveränität«. Damit gemeint ist das Recht aller Menschen und Gesellschaften, ihren Stoffwechsel mit der Natur, ihre Landwirtschaft und Ernährungsweise selbst wählen zu können. Also gutes Essen und gutes Leben für alle! Zu den Zutaten gehören auch faire Preise, Geschlechter- und soziale Gerechtigkeit, Ökoanbau, Sortenvielfalt, Recht auf eigenes Land, Ächtung von Großgrundbesitz und Landraub, lokale Märkte und Tauschbörsen für Saatgut, Wertschätzung bäuerlicher Arbeit, freier Zugang zu Land, Wissen und Krediten, Kooperation und Gemeinschaftlichkeit.

»Via Campesina«, übersetzt »der bäuerliche Weg«, ist eine internationale Bewegung von Kleinbäuerinnen, Landarbeitern, Indigenen und Landlosen, die 1993 mit Hauptsitz in Indonesien gegründet wurde. Sie umfasst heute über 160 Organisationen aus gut 70 Ländern in Europa, Asien, Afrika und Amerika mit ungefähr 200 Millionen Mitgliedern. Deutschland wird darin durch die »Arbeitsgemeinschaft bäuerliche Landwirtschaft« (AbL) vertreten, die den »Kritischen Agrarbericht« herausgibt, die Schweiz durch »Uniterre«, ihr Nachbarland durch die »Österreichische Bergbauernvereinigung«.

Besonders aktiv ist ihr »Frauenflügel«, der sich auch gegen Gewalt, Ausbeutung und Rassismus wendet. Die Indigene Dayamandi Barla aus Indien sieht das Konzept der »Ernährungssouveränität« dabei eng an »territoriale Souveränität« über traditionelle Allmenden verbunden: »Wir wollen Entwicklung unserer Identität und unserer Geschichte. Wir wollen, dass alle die gleiche Bildung und gesundes Leben erhalten. Wir wollen vergiftete Flüsse wieder rein haben. Wir wollen, dass Müllhalden wieder grün werden. Wir wollen, dass alle reine Luft, Wasser und Essen haben. Das ist unser Modell von Entwicklung.«[30]

In seiner Stiftung in Zürich hofft Hans Herren, dass die Zeit für seine Ziele arbeitet: Die neuen UN-Nachhaltigkeitsziele verpflichten immerhin alle Staaten auf klimafreundliche Produktionsweisen. »Die Landwirtschaft ist verantwort-

»Schädlinge« fernhalten

Biologen und Ökogärtnerinnen sind überzeugt: »Schädlinge« an sich gibt es nicht, jedes Lebewesen hat eine spezielle Funktion im Ökosystem. Ein Beispiel ist der Ampferblattkäfer, der für den Gemüseampfer als »Schädling« gilt, auf Getreidefeldern jedoch als »Nützling« eingestuft wird, weil er ein mit Weizen konkurrierendes Kraut wegfrisst.

Vermehren sich bestimmte Bakterien, Pilze, Beikräuter oder Insekten übermäßig auf Kosten von Nutzpflanzen, sind das auch immer Zeiger für gestörte Kreisläufe, die man wieder ins Gleichgewicht bringen muss.

Während konventionelle Landwirte in solchen Fällen mit Breitband-Ackergiften Schädlingen und Nützlingen gleichermaßen den Garaus machen, gibt es für »Ökos« kein Mittel, das nach dem Motto »One fits for all« überall und immer funktioniert: Jede örtliche Kultur, jeder Boden, jede Klimaregion erfordert spezielle Stabilisierungsmaßnahmen; zudem muss man zwischen Indoor- und Outdoor-Aktionen unterscheiden:

* In **Gewächshäusern** kann man gezielt Nützlinge aussetzen, die Schädlingen den Garaus machen.
* Im **Freien** machen sich Nützlinge schnell auf und davon. Nützlinge mit eingeschränktem Bewegungsradius können gezielt ausgesetzt werden, etwa Nematoden. Die meisten jedoch muss man gezielt anlocken, etwa mit dem Aufhängen von »Insektenhotels« oder dem Anlegen von Totholzhaufen oder Blühstreifen und Hecken für Insekten und Vögel.

Pflanzenkrankheiten vorbeugen

* Versprühen Sie regelmäßig verdünnte **Effektive Mikroorganismen** (Herstellung s. Seite 156 f.); bei Tomaten »imprägniert« das die Blätter gegen Pilzkrankheiten durch Regen und Nässe.

Regelmäßige Kräutertees und -jauchen stärken ebenfalls die Widerstandskraft von Pflanzen:

* **Brennnessel-Jauche**, hergestellt aus 1 Kilo Brennnesseln auf 10 Liter Wasser, kann stark verdünnt auf Blätter und Wurzeln gespritzt werden und hält Blattläuse und Spinnmilben fern.
* Ähnlich funktioniert **Ackerschachtelhalm-Brühe**.
* **Rainfarntee** (siehe Foto) – ein halbes Kilo frisches Pflanzenmaterial auf 10 Liter Wasser – wehrt verschiedene Milben, Käfer, Rost und Mehltau ab.
* **Knoblauch-Zwiebel-Jauche** stärkt die Abwehr gegen Pilzkrankheiten vor allem von Kartoffeln und Erdbeeren.

Mittel gegen Befall

* Sind Pflanzen bereits befallen, etwa durch Pilzkrankheiten, können **EM-Spritzungen** auf Blattwerk oder Baumscheiben sowie Komposttee helfen – ein Versuch ist es immer wert.
* Gegen Spinnmilben und Thripse helfen **Raubmilben** und **Florfliegenlarven**, die man im Biospezialhandel bestellen kann.
* Blattläuse kann man mit **Marienkäferlarven** (siehe Foto), **Schwebfliegenlarven**, **Raubmilben**, **Gallmücken** oder **Schlupfwespen** in Schach halten. Marienkäferlarven futtern bis zu 150 Läuse pro Tag. Die kleinen Gallmücken greifen die viel größeren Läuse über deren Kniegelenk an und injizieren dort ein Lähmungsgift. Schlupfwespen legen ihre Eier in die Blattläuse, ihre Larven fressen sie von innen auf. Nicht appetitlich, aber effizient.
* Nehmen Blattläuse einmal völlig überhand, nutzt **Schmierseifenlösung**: etwa 200 Gramm reine Kaliseife aus der Apotheke aufgelöst in 10 Liter heißem Wasser. Die Lösung wird abgekühlt unverdünnt gespritzt. Nimmt Insekten buchstäblich den Atem, leider auch Nützlingen wie Schwebfliegen.

Fotos: Wikipedia

lich für etwa die Hälfte aller Treibhausgase«, sagt er. »Sie verbraucht 10 Kalorien aus fossilen Quellen, um eine zu produzieren. Biolandbau aber produziert bis zu 30 Kalorien aus einer. Wenn wir die Erderwärmung bremsen wollen, brauchen wir einen globalen Kurswechsel Richtung regenerative Agrikultur.« Landbau sei »der einzige Produktionszweig, der schnell und billig umgestellt werden kann. Durch Schließung von Agrochemiefabriken gehen zwar ein paar tausend Jobs verloren, aber dafür könnten Millionen Menschen auf dem Land neue Arbeit finden.«

Rastlos rast Hans Rudolf Herren um die Welt, hält einen Vortrag nach dem anderen, um diese Botschaft zu verbreiten – wohlwissend, dass nicht nur Bill Gates seine Lösung blockiert, sondern auch das herrschende Wirtschaftssystem. »Alle Subventionen, die an die hiesige Landwirtschaft gezahlt werden, sollten darauf ausgerichtet sein, Bauern den Übergang vom konventionellen zum Biolandbau zu ermöglichen«, findet Herren. »Wir brauchen nicht 10, sondern 100 Prozent Bio.«

Und der Staat solle dafür sorgen, dass Verbraucher und Käuferinnen »wahre Preise« zahlen, in denen Umweltschäden eingerechnet würden. Dann plötzlich werde die Ökomöhre ganz billig und das Fleisch von gequälten Schweinen sehr teuer. »Nur so kann das Problem an der Wurzel gepackt werden.« Sagt er und wirbelt zur Tür hinaus.

David muss weiterkämpfen.

Entwicklung ist nur mit Frauen möglich

Von der beschaulichen Schweiz reisen wir nun ins quirlige Indien. Vandana Shiva, Alternative Nobelpreisträgerin, ist eine prominente Vertreterin der »Ernährungssouveränität« und war bei der Gründung von Regeneration International mit dabei. In den 1970ern wurde die studierte Atomphysikerin zur Ökofeministin, als sie sich in der Chipko-Bewegung gegen die Abholzung von Gemeindewäldern wehrte und zusammen mit anderen Frauen Bäume umarmte. 1991 gründete sie die Organisation Navdanya, übersetzt »Neun Samen«, ein gentechnikkritisches Netzwerk zur Bewahrung des lokalen Saatguts und traditioneller Pflanzen, in dem sich etwa eine halbe Million Kleinbäuerinnen aus ganz Indien zusammenschlossen. Die Organisation errichtete 40 Saatgutbanken in 13 indischen Staaten, bildet Bäuerinnen aus und vertreibt Bioprodukte. Auf ihrer Versuchsfarm am Fuß des Himalaja werden alte Sorten angebaut. Sie kooperiert auch mit dem Königreich Bhutan, das 2011 beschlossen hat, seine Landwirtschaft vollständig auf Bioanbau umzustellen.

Vandana Shiva stellt in Debatten gerne die entscheidende Rolle der Kleinbäuerinnen heraus – und ihre Diskriminierung. Frauen produzieren ungefähr die Hälfte der Weltnahrung, in den südlichen Ländern sogar 60 bis 80 Prozent, erhalten aber nur 7 Prozent der Investitionen, Kredite und Hilfen. Wenn sie genügend unterstützt würden, könnten die globalen Ernten schätzungsweise um 10 bis 20 Prozent steigen.[31] Auch in den weltweiten Gärten arbeiten vor allem Frauen.

Ulrich Hoffmann, früher bei der UN-Handelsorganisation UNCTAD, danach beim Schweizer Forschungsinstitut für biologische Landwirtschaft (FiBL), insistiert ebenfalls auf einem neuen Wirtschaftsmodell. Es sollte auf »Ernährungssouveränität« basieren, gerade für die Armen und die Frauen des Südens. »Nachholende Industrialisierung ist eine Illusion«, sagt er. Regenerative Agrikultur plus regenerative Energien aber ergäben ein echtes neues Modell: »Wir müssen lokale Wachstumskerne schaffen, damit sich Wirtschaften aus eigener Kraft nach oben schrauben können.« Bauern sollten für Klima- und Landschaftspflege bezahlt werden – nicht als Subvention, sondern als Investition. Ein wachsender Agrarsektor könne Armut dreimal schneller reduzieren als jeder andere Bereich.[32]

Hoffmann weist darauf hin, dass in südlichen Ländern 50 bis 70 Prozent der Bevölkerung in der Landwirtschaft arbeiten – aber zumeist nur drei bis fünf Prozent der Staatsausgaben dorthin fließen. Eine erfolgreiche Industrialisierung sei laut dem UNCTAD-Handels- und Entwicklungsbericht 2016 bloß in Ost- und Südostasien erfolgt. In Afrika sei sie »gar nicht erst aus den Startblöcken gekommen« und in vielen Ländern Lateinamerikas stecken geblieben. Nur Länder, die bewusst auf Agrikultur als Motor zur Überwindung des Hungers und Schaffung von Jobs gesetzt hätten – etwa Malaysia, Vietnam, Südafrika und Chile –, hätten sich tatsächlich entwickeln können.[33]

Das von der Weltbank propagierte Modell, sich auf die Produktion von Feldfrüchten für den Export auf den Weltmarkt zu konzentrieren, sei spätestens mit der Finanzkrise von 2008 krachend gescheitert, so Ulrich Hoffmann weiter. Er empfiehlt stattdessen die Produktion lokaler Grundnahrungsmittel und die Unterstützung des kleinbäuerlichen Anbaus, der Agrarökologie, Agroforstsysteme, Feld- und Viehwirtschaft vereint: »Eine solche Landwirtschaft ist modern, weil sie mit wenigen externen Inputs und Betriebsmitteln auskommt, die Nährstoffe lokal zirkuliert, aktiv zur Landschaftspflege und Erhaltung von Bodenfruchtbarkeit beiträgt, mit Wasserressourcen effizient umgeht und einen Beitrag zur Senkung des Klimagasausstoßes sowie der Anpassung an den Klimawandel leistet.«

Wichtig sei es, solche Ansätze mit einem besseren Zugang zu erneuerbarer Energie zu ergänzen: »Dies ermöglicht nicht nur eine bessere Verarbeitung, Transport und Lagerung der erzeugten Produkte, sondern schafft dadurch auch lokalen Mehrwert und Jobs und trägt so zu nachhaltiger ländlicher Entwicklung bei.« Es gebe zahlreiche lokale Projekte in südlichen Ländern. Sie unterlägen bloß der Gefahr einzugehen, wenn die Geldgeber ihre Hilfe einstellen. Bhutan verfolge als einziger Staat einen solchen Ansatz auf nationaler Ebene.

Bio-Welternährung ist möglich

Agroindustrielle Lobbyisten behaupten immer wieder, die Weltbevölkerung könne nur konventionell ernährt werden, weil Bioanbau kleinere Ernten erziele. Das aber wird durch immer mehr Studien klar widerlegt. »Organische Agrikultur hat das Potenzial, die weltweite Ernährung zu sichern, genauso wie heute die konventionelle Landwirtschaft, nur mit reduziertem Umweltschaden«, stellt auch ein Bericht für die FAO fest.[34]

Noémi Nemes von der FAO untersuchte 50 Studien über die Rentabilität von Öko- gegenüber konventionellem Anbau. Ergebnis: Trotz Benachteiligungen auf dem Markt, etwa aufgrund der Subvention von Kunstdünger, ist Bioanbau in nördlichen wie südlichen Ländern profitabler. Ökobauern erzielen höhere Preise, haben geringere Produktionskosten und sicherere Ernten, etwa in Dürrezeiten. Auch indische Biobaumwollfarmer verdienten etwa 17 Prozent mehr.[35] Eine zehnjährige Langzeitstudie des FiBL ergab: Kenianische Biobauern brachten dieselben Erntemengen ein wie konventionelle, hatten aber über 50 Prozent mehr Einnahmen. In FiBL-Parallelstudien beim Baumwollanbau in Indien und der Kakaoproduktion in Bolivien führte der Öko-Ansatz zu ähnlich positiven Ergebnissen.[36]

In einer Metastudie kam ein Team der Uni Michigan zu dem Ergebnis: In gemäßigten Klimazonen erreichten Ökoerträge durchschnittlich »nur« 92 Prozent der konventionellen, in den Tropen dafür aber 180. In einer groß angelegten UN-Untersuchung auf fast zwei Millionen Hektar, bewirtschaftet von zwei Millionen afrikanischen Kleinbauern, kam auch Jules Pretty zu dem Schluss, dass ausgeklügelte Öko-Praktiken Ertragssteigerungen von etwa 120 Prozent gegenüber traditionellem Eigenanbau ermöglichten. Ein deutsches Team um Karl von Koerber schrieb, die Ökologisierung der Landwirtschaft werde im gemäßigten Klima von Nordamerika und Europa zwar zu geringeren Ernten, in südlichen Ländern aber zu Ertragssteigerungen führen. Auch Deutschland könnte sich ohne Importe komplett »öko« ernähren, wenn weniger Tierprodukte gegessen würden.[37]

Und die konventionelle Agrarwissenschaft? Universitäten hängen über ihre Drittmitteletats strukturell von Konzernen ab und präsentieren in Forschungsprojekten immer öfter Gefälligkeitsergebnisse für die Auftraggeber. Unabhängige Wissenschaft gibt es kaum noch, Manipulationen sind Alltag, Wissenschaft ist erpressbar geworden. In einer Befragung des Instituts für Forschungsinformation und Qualitätssicherung gab gut ein Drittel der Forscher zu, dass sie schon mal Ergebnisse manipuliert und gefälscht oder dies bei Kollegen beobachtet hätten. Bei den »Lebenswissenschaften« Biochemie und Agrartechnologie waren es sogar 43 Prozent.[38] 98 Prozent der Agrarforschungsgelder fließen in konventionelle Landwirtschaft – wo dann nicht selten bestellte Ergebnisse erzeugt werden. Neue Erkenntnisse kommen deshalb fast nur von Outsidern und Praktikerinnen.

Was taugt der CO_2-Handel für den Humusaufbau?

Wie könnte man regenerative Agrikultur global fördern? Der UN-Klimarat und andere schlagen vor, Kohlenstoffspeicherung im Boden in den globalen Handel mit CO_2-Emissionszertifikaten einzubeziehen. Bisher hat dieser CO_2-Handel aber kaum funktioniert, weil Lobbyisten in der EU und anderswo dafür sorgten, dass die Zertifikatspreise extrem niedrig blieben und sich CO_2-Einsparungen wenig lohnen.

Die US-Regierung unter Bill Clinton hatte den Handel bei den Kyoto-Verhandlungen von 1997 durchgesetzt, um eine CO_2-Steuer zu verhindern. Schon die Grundidee war grundfalsch, denn hier werden »Verschmutzungsrechte« gehandelt, als ob es ein Grundrecht auf Umweltverschmutzung gäbe. Will ein Unternehmen CO_2 ausstoßen, kann es sich wie beim Ablasshandel über das »Offsetting« für seine Klimasünden »entschulden«, indem es in einem anderen Winkel der Welt Bäumchen pflanzt oder ein paar Solaröfen aufstellt. Schnell waren auch Betrüger unterwegs, die Gelder abzockten, indem sie in China und Indien Kühlmittel mit zerstörerischen Treibhausgasen produzierten, um dann Geld für deren Vernichtung zu erhalten. Oder sie ersetzten Tropenwälder durch schnell wachsende Monokulturen und vertrieben Ureinwohner aus Gemeindewäldern, um dort unter Pestizideinsatz Nadelholzplantagen zu pflanzen.[39]

Das US-Oakland Institute nennt solche Praktiken »Kohlenstoffgewalt«. Auch Papst Franziskus kritisiert den Emissionshandel als »schnelle und einfache Lösung«, die »in keiner Weise eine radikale Veränderung mit sich bringt, die den Umständen gewachsen ist«, und stattdessen »vom Eigentlichen ablenkt«. Das »technokratische Paradigma« an sich sei das Problem.[40]

Warum die Fixierung auf CO_2 gefährlich ist

In einer Broschüre mit dem Titel »CO_2 als Maß aller Dinge« macht die Heinrich-Böll-Stiftung auf die Gefahren aufmerksam, die mit sorglosen CO_2-Verrechnungen einhergehen. Die Fixierung auf den CO_2-Handel mache Kohlenstoff zur neuen globalen Währung und werde die Klimakatastrophe möglicherweise sogar noch verschlimmern, warnt das internationale Autorenteam Wolfgang Sachse, Camila Moreno, Daniel Speich Chassé und Lili Fuhr.[44]

Nur 90 Staats- und Privatkonzerne seien für zwei Drittel aller Emissionen verantwortlich, schreiben sie. Statt aber den Input strikt zu regulieren, sodass fossile Energien im Boden bleiben, werde am Output herumgedoktert. Dabei werde so getan, als ob man mit dem Maßstab »CO_2-Äquivalente« Emissionen gleichsetzen und gegeneinander verrechnen könne: Kühe, Reisfelder und Fabriken als Emissionsquellen, Moore als Emissionssenken – und das, obwohl Methan und Lachgas ganz andere biologische Langzeiteffekte haben als CO_2. Das wiederum stütze den Irrweg des CO_2-Emissionshandels und schaffe ein »carbon-zentriertes Weltbild«.

Das Team zieht Parallelen zum Bruttoinlandsprodukt: Immer mehr sei es zum »Alleinherrscher« der Wirtschaft geworden, obwohl seine Erfinder das nie beabsichtigt hätten. Seiner Logik zufolge sind Autounfälle positiv zu sehen, weil Unfallopfer behandelt und neue Autos gekauft werden müssen; Kinderaufziehen, Selbstversorgung und Freundschaftsdienste sind jedoch negativ, weil hier kein Geld fließt. Das Denken in BIP-Kriterien habe die Kategorie »unterentwickelte Länder« überhaupt erst geschaffen.

Und weiter: CO_2 fungiere als »eine Art Wechsel- oder Umrechnungskurs«, vereinfache sehr komplexe Dinge, sei »äußerst reduktionistisch« und schaffe eine »hegemoniale Wissensordnung, die dem Problem nicht gerecht wird«. Statistiken und Abstraktionen würden die einen ermächtigen, die anderen aber entmachten. Sie würden unerwünschte Realitäten ausblenden und alternative Lösungen wie eine CO_2-Steuer oder das politische Verbot von Kohleverbrennung unsichtbar machen. »Der weitverbreiteten Annahme, dass Zahlen die ›harten Fakten‹ der realen Welt sind, muss widersprochen werden.«

Zudem verführe das Carbon-Denken zum Glauben, dass Unternehmen munter weiter Treibhausgase ausstoßen dürften, solange es scheinbar möglich sei, an einem anderen Ort CO_2 zu speichern. Das wiederum habe zur Folge, dass großtechnische Scheinlösungen gefördert würden.

Bisher gehen Geldströme aus internationalen »Klimatöpfen« weitgehend an der Landwirtschaft vorbei – was Fluch und Segen zugleich ist. Fluch, weil ihr Potenzial ignoriert wird. Segen, weil sie von Scheinlösungen verschont wird. Laut Climate Policy Initiative wurden 2013 nur rund zwei Prozent solcher Gelder in Projekte der Agrikultur, Wald- und Landnutzung investiert. Hierbei ging es eher um effektivere Nutzung von Kunstdünger oder Förderung von Agrodiesel als um echte Klimafreundlichkeit.[41]

Der US-Klimaforscher James Hansen und viele andere schlagen deshalb eine CO_2-Steuer vor, deren Erträge in öffentliche Bereiche reinvestiert werden sollten. Nach Vorschlag von Michael Jakob, Leitautor einer Studie des Mercator Research Institute on Global Commons and Climate Change in Berlin, könnte mit einer solchen Steuer auch eine globale Trinkwasserversorgung finanziert werden: »Nur einen Bruchteil bräuchte man für sauberes Wasser – zusätzlich bliebe genug Geld für sanitäre Anlagen und Strom.«[42] Wenn die Tonne CO_2 mit 50 Dollar besteuert würde, rechnet die Globalisierungskritikerin Naomi Klein vor, brächte das stolze 450 Milliarden pro Jahr. Würde man noch eine einprozentige »Milliardärssteuer« einführen, Steuerparadiese schließen, die Militäretats der zehn Länder mit den höchsten Rüstungsausgaben um ein Viertel kürzen und eine »Finanztransaktionssteuer« einführen, könnte man mit einem Betrag von sage und schreibe jährlich zwei Billionen Dollar die Weltwirtschaft natur- und menschenfreundlich umbauen.[43]

Lokaler CO_2-Handel in der Ökoregion Kaindorf

Ein CO_2-Handel, der sich strikt auf die eigene Heimatregion beschränkt, erscheint jedoch durchaus sinnvoll. Im Gegensatz zum globalen Handel sind die Auswirkungen transparent, mögliche Negativeffekte können korrigiert werden, Positiveffekte werden schnell sichtbar. Schauen wir nach Österreich: Die »Ökoregion Kaindorf« macht es vor. Ein Verbund von drei ländlichen Gemeinden in der Steiermark will bis 2020 klimaneutral werden. Dafür hat sie verschiedene Arbeitsgruppen ins Leben gerufen, auch ein Humusaufbau-Projekt. Der Clou dabei: Unternehmen, die mit der CO_2-Neutralität ihrer Produkte werben wollen, finanzieren Landwirte, die Kohlenstoff dauerhaft in den Boden bringen. Die Firmen kaufen CO_2-Zertifikate in Höhe von 45 Euro pro Tonne von einem Verein, der Bauern berät, begleitet und mit entsprechender Software ausstattet. Die Landwirte – die in ganz Österreich beheimatet sein können – erhalten 30 Euro pro Tonne, der Überschuss finanziert die Unkosten des Vereins. Der Landwirtschaftsberater Gerald

Dunst, der in seinem Familienbetrieb »Sonnenerde« Pflanzenkohle und andere Agroprodukte herstellt, koordiniert die Aktivitäten.

• • • Herr Dunst, was ist der Stand Ihres 2007 gegründeten Projekts?
Es geht rasant voran, wir stehen schon fast vor der Explosion. Die Kohlenstoffbindung im Boden funktioniert immer besser, unsere Landwirte bilden immer mehr Humus. Dabei geht es längst nicht mehr nur um CO_2-Speicherung. Die Böden werden fruchtbarer, sie können mehr Regen und Starkniederschlag aufnehmen, die Nitratbelastung des Grundwassers reduziert sich. Wir kreieren viel neues Wissen, das jetzt in die Breite geht und oberste Priorität auch bei der regionalen Landwirtschaftskammer genießt.

Welchen Humusgehalt haben die Böden jetzt?
Unsere ersten Versuchsflächen haben Humusgehalte von 6 bis 7 Prozent. Im Durchschnitt reichern unsere Humusbauern 0,2 Prozent pro Jahr an – also 1 Prozent in 5 Jahren.

Angeblich stabilisiert sich ein Boden ab 5 Prozent Humusgehalt selbst?
Ja – das bestätigt auch die Auswertung unserer Humus-Datenbank. Ab 5 Prozent haben wir immer stabile Verhältnisse zwischen Kohlenstoff und Stickstoff, die Stickstoffverluste werden reduziert. Dieser Wert stimmt auch mit den Erfahrungen der Humusforscher Francé und Sekera in den 1950er Jahren überein, die immer wieder betont haben, dass sich erst ab 5 Prozent eine stabile Bodenbiologie einstellen kann.

Und was ist mit dem CO_2-Handel?
Funktioniert auch immer besser. Es beteiligt sich nun auch die Aldi-Tochter Hofer, die uns zugesichert hat, in den nächsten drei Jahren Zertifikate zu kaufen. Das ist eine gute Motivation, um neue Landwirte zu gewinnen. Es beteiligen sich nunmehr 150 Bauernhöfe aus ganz Österreich, die Humus auf insgesamt 1.600 Hektar aufbauen. Wir haben im Jahr 2016 die Flächen verdoppelt und 26 Prozent mehr Landwirte im Vergleich zu 2015.

Wird Kaindorf damit 2020 klimaneutral?
Wenn man die auswärtigen Landwirte hinzurechnet, könnten wir es schaffen. In Kaindorf selbst machen nur eine Handvoll mit. Der Prophet gilt bekanntlich nicht so viel im eigenen Land.

Machen die »alten« Höfe weiter mit?
Keiner hat aufgehört, und es kommen neue dazu. Wir beginnen immer mit Einzelflächen, auf denen der Humuszuwachs eindeutig messbar ist. Die »alten« nehmen dann Jahr für Jahr neue Flächen dazu.

Sie hatten auch eine Kooperation mit einer Handelskette, die »Klimakohl statt Chinakohl« verkaufte. Gibt es die noch?
Nein, leider ist die Zusammenarbeit geplatzt. Diese Handelskette hat das Projekt aus unserer Sicht zu wenig ernst genommen, wir wollten unseren Namen dafür nicht weiter hergeben. Wir hätten für die Überwachung dieser Flächen geschultes Personal bereitstellen müssen, was uns die Handelskette nicht bezahlen wollte. Dafür machen nun neue Unternehmen mit, auch größere, etwa die Farbenfirma Sto. Obwohl unsere Zertifikate zehnmal so teuer sind wie beim offiziellen EU-Handel, wollte Sto lieber welche aus regionalem Handel kaufen.

Wie kontrollieren Sie den Humusaufbau?
Das ist aufwendig. Wir nehmen pro Schlag 25 Stichproben in 25 Zentimeter Bodentiefe, die über das GPS-Satellitensystem genau vermessen werden. Bei der nächsten Kontrolle kann man diese Punkte dann wieder genau ansteuern. Dann werden nichtstabiler Humus und organische Reste ausgesiebt. Die Agentur für Gesundheit und Ernährungssicherheit in Wien untersucht die Proben in ihrem Labor nach der Trockenverbrennung auf ihren Kohlenstoffgehalt und speist die Ergebnisse in ein Onlinesystem ein. Die Software ist aufwendig: Nur Berechtigte haben einen selektiven Zugriff, der Landwirt kann bloß seine eigenen Ergebnisse sehen, die Unternehmen nur die Humusaufbauflächen, die sie finanzieren.

Wäre das auch anderswo möglich? Ökobauern und -verbände würden auch in Deutschland gerne Humusaufbau ohne gigantischen Aufwand bezahlt bekommen.
Ja, natürlich. Unsere Software kann weltweit eingesetzt werden, wir müssen uns nur über die Rahmenbedingungen einigen.

Ist das Wissen über Humusaufbau verloren gegangen?
Ja, und deshalb beginnen im Winter 2016/17 die ersten Seminare an der neu gegründeten Humusakademie Kaindorf, wo Landwirte das wieder lernen. Wir wollen auch Forschungsinstitute gewinnen, sich zu beteiligen. Hier ist in den letzten Jahrzehnten viel zu wenig passiert.

Wenden Sie auch Pflanzenkohle an?
Nur sehr wenig. Das rechnet sich für Landwirte leider nicht, sie müssten rund zehn Tonnen pro Hektar einarbeiten. Aber wir verkaufen Pflanzenkohlenprodukte seit vielen Jahren für Hausgärten. Und für Tierfütterung und Güllebehandlung, weil die Kohle Tiere gesünder macht und Gestank neutralisiert.

Wie viel Prozent Biobauern sind an dem Projekt beteiligt?
Etwa zehn Prozent, das entspricht ungefähr dem Anteil des Ökolandbaus in Österreich. Allerdings werden einige im Lauf der Zeit »aus Versehen« Biobauern. Sie sehen die positiven Ergebnisse, wenn man keinen Kunstdünger anwendet und mit Gründüngung und Ähnlichem arbeitet. Aber wir wollen bewusst keinen Druck aufbauen. Die Bauern sollen selbst entscheiden, wie sie wirtschaften.

• • •

KAPITEL 3

Warum David in Gärten und auf Äckern so nützlich ist

> *»Land healing is fun! Ich bin absolut zuversichtlich, dass die chemisch industrielle Landwirtschaft zusammenbrechen wird.«*
>
> Douglas Tompkins, Ökounternehmer,
> Gründer von Naturparks in Patagonien (1943–2015)

Permakultur

Auf unserer Reise machen wir nun einen großen Sprung – ins Australien der 1970er Jahre, die Zeit der Ölkrise und der Atombombentests, des rapiden Wachstums von Städten und industrieller Landwirtschaft. Damals säte Bill Mollison als Dozent an der Universität Hobart die ersten Samen der Permakultur. Ihr Ansatz ist deshalb so interessant, weil er ökosystemisch und ganzheitlich arbeitet. Permakultur nimmt gleichzeitig ökologische, soziale und ökonomische Aspekte mitsamt ihren Wechselwirkungen in den Blick. Damit ist sie eines der wichtigsten Hilfsmittel überhaupt bei der Entwicklung einer regenerativen Agrikultur.

1928 in einem Fischerdorf auf der Insel Tasmanien geboren, wurde Bill Mollison mit 15 Jahren Bäcker, später Müller, Seemann, Tierfänger, Haifischer und staatlicher Wildtierbeobachter. Er verbrachte viel Zeit in den Urwäldern und an den Küsten Tasmaniens, wo er die Muster von Ökosystemen erforschte. David Holmgren, Jahrgang 1955, studierte ab 1974 Umweltdesign bei Mollison. In vielen Gesprächen entwickelten die beiden das Konzept der Permakultur. Holmgren kaufte etwas Land und testete auf seiner entstehenden Farm Melliodora die Permakultur-Prinzipien, während Mollison rund um die Welt reiste, um die Idee zu verbreiten. Er starb im September 2016.

Der Begriff »Permakultur« entstand aus der Verknüpfung der Wörter *perma*nent agri*culture*, also dauerhafte Landwirtschaft. Mollison und Holmgren

Linke Seite: Gestaltung eines klassischen Biogartens. Rechte Seite: Ein nach Permakultur-Ansätzen gestalteter Biogarten: Viele Elemente, die sich gegenseitig begünstigen, werden integriert und vernetzt. Grafik: April Sampson-Kelly, www.permaculturevisions.com

definierten sie zunächst als integrierte Agrarsysteme, die in fruchtbarer Beziehung mit der lokalen Umwelt stehen. Worauf bei ihrer Gestaltung zu achten ist, brachten sie in wenigen Leitsätzen auf den Punkt – den Permakultur-Gestaltungsprinzipien. Diese erprobten sie in Hunderten von Projekten, wobei sie immer mehr soziale Aspekte einbezogen – auch deshalb, weil ihr Ansatz nur in Verbindung mit dauerhafter Kultur funktioniert. So wurde während der 1980er Jahre daraus ein ganzheitliches Denksystem zur Gestaltung sozialer Siedlungsräume in Harmonie mit natürlich gewachsenen Landschaften. Über soziale Bewegungen verbreitete sich die Permakultur rasch um den Globus. Bei jungen Leuten und zunehmend auch bei Älteren kam die Übernahme persönlicher Verantwortung für eine gesunde Umwelt gut an. Nicht mehr nur »gegen« etwas sein wie Greenpeace, sondern die Mitwelt proaktiv gestalten – das ist das

Flair der Permakultur. Heute werden ihre Prinzipien auch in der Architektur, der Stadt- und Regionalplanung und der kooperativen Ökonomie angewendet. Permakultur ist »in« – in Stadtgärten, auf Balkonen, auch bei manchen Bauern und vor allem bei Städtern, die, von Landlust getrieben, ins Grüne ziehen. Sie alle wollen im Kleinen die Welt verändern, sich die Hände dreckig machen, der Agroindustrie den Rücken zeigen.

Mollison und Holmgren formulierten ethische Grundgedanken als Richtlinie für jegliches Permakultur-Design – ob nun im Garten oder in der Landwirtschaft, beim Bau eines Hauses oder einer ganzen Siedlung. Sie lassen sich mit den folgenden drei Formulierungen zusammenfassen:

Achtsamer Umgang mit der Erde (Care for the Earth): Ressourcen sind ein Geschenk der Erde für alle Lebewesen, mit denen behutsam umgegangen werden sollte. Bei jedem Projekt sollten natürliche Regenerationszyklen, Stoff- und Energiekreisläufe bewusst und langfristig eingeplant werden.

Achtsamer Umgang mit den Menschen (Care for the People): Alle Menschen sollten das gleiche Recht auf Zugang zu Lebensgrundlagen haben und Lebensqualität erfahren. Das erfordert eine Balance zwischen individueller Selbstbestimmung, gemeinschaftlicher Verantwortung und sozialer Gerechtigkeit.

Wachstumsrücknahme und Überschussverteilung (Limits to consumption and growth, redistribution of surpluses): Diese ökonomische und soziale Komponente leitet sich von der begrenzten Regenerationsfähigkeit des Planeten ab. Menschen sollten als Einzelne und als Gemeinschaft lernen, ihre Bedürfnisse zu begrenzen, erzielte Überschüsse unter allen Lebewesen zu verteilen und in natürliche Kreisläufe zurückzuführen. Damit schließt sich der Kreis zu *Earth Care* und *People Care*.

Ziel der Permakultur ist es, ökologisch intakte und wirtschaftlich wie sozial tragfähige Systeme zu schaffen, die niemanden ausbeuten, keinen Abfall produzieren, nichts verschmutzen und somit zukunftsfähig sind. Neben der Ethik ist auch der methodische Gestaltungsansatz wichtig, auf Englisch »Design«. Das zu gestaltende Gebiet wird zuallererst genau beobachtet: Wie verläuft die Sonne, aus welcher Richtung wehen die Winde, welche Pflanzen und Tiere kommen vor, welche Menschen mit welchen Fähigkeiten sind beteiligt? Diese und viele andere Elemente werden in einem zweiten Schritt analysiert, miteinander in Beziehung gebracht, ihre Ressourcen und Begrenzungen herausgearbeitet. Denn Permakultur will Beziehungen zwischen Elementen herstellen, damit diese sich gegenseitig stärken – als Abbild der Natur. Erst im dritten Schritt geht es um die Planung, um eine möglichst große Wirkung mit möglichst wenig Aufwand zu erzielen.

Prinzipien, die der Natur abgeschaut wurden, können während der Analyse- und Planungsphase genutzt werden. Beispiele: »Nutze erneuerbare Ressourcen und Dienstleistungen« – also Sonne, Wind, Wasser und Biomasse oder Steine als Wärmespeicher oder madenpickende Hühner. Oder: »Produziere keinen Abfall« – die Natur kennt keinen Müll, alles wird wiederverwertet und dient anderen Organismen als Nahrung. Oder: »Setze auf kleine und langsame Lösungen«, die überschaubar, leicht korrigier- und reparierbar und damit langfristig produktiver sind als große, die viel Energie, Material und Zeit erfordern.

Wie sieht so ein Prozess konkret aus, wie kann er beim Aufbau regenerativer Agrikultur helfen? Ein Gewächshaus zum Beispiel wird üblicherweise in Nord-Süd-Richtung gebaut, aber eine Ost-West-Richtung nutzt Sonnenenergie besser aus. Schwarze Wassertonnen an der Nordwand können die Sonnenwärme des Tages einfangen und in der Nacht und Nebensaison abgeben. Im Sommer können Rohre und Ventilatoren an der Decke die Wärme ein bis zwei Meter tief in den Boden bringen, in der Herbst- und Winterzeit steigt diese langsam auf. Komposthaufen im Gewächshaus produzieren neben fruchtbarer Erde ebenfalls Wärme und mildern kalte Nächte.

Im Süden vor dem Gewächshaus kann man einen Teich bauen. Damit entsteht ein Biotop und Wärmespeicher, der Fröste abmildert. Das Licht der untergehenden Sonne reflektiert auf dem Wasser und wird als zusätzliche Strahlung ins Gewächshaus gelenkt. Der Teich kann zur Produktion essbarer Pflanzen oder Krebse und Fische dienen, das durch Fischkot angereicherte Wasser düngt und bewässert die Kulturen im Gewächshaus. Eine schwimmende Plattform erfreut Enten, die wiederum – genauso wie Frösche – nach Schnecken und ihren Eiern suchen.

All das zeigt einen wichtigen Grundsatz der Permakultur: Jedes Element – etwa der Komposthaufen – soll mehrere Funktionen erfüllen, und jede Funktion – etwa Wärmeerzeugung – soll durch mehrere Elementen unterstützt werden. Erfolgreich umgesetzt, kann dies zu hochproduktiven Systemen führen, wie wir an den folgenden Marktgärten sehen.

Biointensiver Anbau und Marktgärten

Unsere Forschungsreise geht weiter – nach Amerika und Frankreich, zu den Pionieren des Gemüseanbaus von morgen. Normalerweise braucht ein Gemüsebetrieb mehrere Hektar, auf denen Salate in Reih und Glied stehen, dazwischen nackte Erde, die schnell austrocknet oder verschlämmt und erodiert. Im biointensiven Anbau, wie Eliot Coleman in den USA und Jean-Martin Fortier in Kanada ihn betreiben, bedarf es nur eines Bruchteils der Flächen, weit weniger Bewässerung und (Natur-)Düngung – dafür aber intensiven Bodenaufbaus.

Coleman betreibt im Norden der USA auf einer Fläche von nur 6.000 Quadratmetern eine profitable Gärtnerei mit sieben Angestellten im Sommer und vier Beschäftigten im Winter. Fortiers Familie kann im kanadischen Quebec mit ihrem Market Garden auf der gleichen Flächengröße ebenfalls gut leben. Im ersten Jahr erzielte er auf gerade mal 1.000 Quadratmetern 20.000 Dollar Einnahmen, im vierten Jahr auf 6.000 Quadratmetern über 100.000 Dollar. Seiner Erfahrung nach kann ein gut entwickelter Marktgarten 150.000 bis 250.000 Dollar pro Hektar einbringen und dabei 40 Prozent Gewinn erwirtschaften.[1] Im Bioanbau bewirtschaftet eine Arbeitskraft mit dem Traktor zwischen 1 und 4 Hektar,

Marktgartenbeet

Ein Marktgarten ist ein Ensemble von Beeten, die intensiv von Hand gepflegt werden. Entscheidend ist der Aufbau einer guten Bodenstruktur. Regelmäßige Kompostgaben, ergänzt mit Fermenten und Auszügen, ständige Bodenbedeckung mit Mulch und Gründüngung lassen Gemüse optimal gedeihen.
Vielfache Ernten ergeben sich vor allem durch eine **gute zeitliche und räumliche Staffelung der Kulturen**. Durch Verwendung von Vlies und mobilen Tunneln, in Gartenbedarfsgeschäften günstig zu erstehen, kann man die **Saison** im Frühjahr und Herbst **um einige Wochen ausdehnen**.
Der Bau solcher Beete ist in städtischen Vorgärten genauso möglich wie auf größeren Landflächen. Auf letzteren wird der effizienteren Bearbeitbarkeit wegen die gleiche Pflanze in Beeten ausgesät oder gepflanzt. Im kleinen Bereich kann eine dichte Mischkultur wachsen.

Das Beet bereiten

* Gräser, Quecken, Löwenzahn oder Stumpfer Ampfer sollten vorher weitgehend beseitigt werden, indem man die Fläche mittels Bändchengewebe abdeckt, den Boden etwa mit einer Einachsfräse bearbeitet und eine Gründüngung einsät, die auch dem Humusaufbau dient. Sie sollte nach dem Aufgehen oberflächlich in den Boden eingearbeitet werden.
* Die Beetbreite sollte zwischen 45 und 75 Zentimeter betragen, damit wenig Fläche ungenutzt bleibt und die Pflanzen mit ausgestrecktem Arm noch erreichbar sind.

Vorbereitung eines Marktgartenbeets unter Folie in Bec Hellouin. *Foto: Ute Scheub*

Pflanzanleitung für das Gartenjahr

* Eine Mischung aus Radieschen, Dill, Karotte, Pastinake, Calendula und verschiedenen früh und spät wachsenden Salatsorten aussäen, um die Dauer der Saison zu verlängern.
* Währenddessen Kohl aus Samen vorziehen, auch hier früh- und spätreifende Varietäten nutzen.
* Vier Wochen nach der Aussaat die ersten Radieschen ernten, sie wachsen schnell.
* Die leeren Stellen mit Kohlpflänzchen füllen.
* Sechs Wochen nach der Aussaat erste Salatblätter als »Baby Leaf« ernten, etwas später Kopfsalate. Das macht Platz für »Nachwuchs«.
* Radieschen und Salate immer wieder nachsäen und -pflanzen.
* In frei werdende Plätze Tomaten oder Buschbohnen pflanzen.
* Dill kann immer wieder beerntet werden.
* Ringelblumen (Calendula, s. Foto oben, Quelle: fotolia) stützen die Pflanzengemeinschaft und können auch gegessen werden.
* Bohnen im Sommer pflücken, Möhren, Pastinaken und restliche Kohlsorten im Herbst bis in den Winter hinein.

Marktgartenbeet im Ökodorf Tempelhof. *Foto: Stefan Schwarzer*

in Biointensivbetrieben wie Bec Hellouin (siehe Seite 97 ff.) sind es sogar nur 1.000 Quadratmeter – eine um das 10- bis 40-Fache geschrumpfte Fläche.² Small ist beautiful, small is fruitful!

Die Vorreiter haben sich die Pariser »cultures maraîchèeres« (Marktgärten) zum Vorbild genommen, die zwischen 1845 und 1900 beeindruckend produktiv waren. Urban Gardening, heute wieder in Mode, war damals völlig selbstverständlich: Die Fläche der Gärtnereien machte ein Sechzehntel des Stadtgebietes aus. Um 1845 existierten rund 1.800 Gärten auf etwa 1.400 Hektar, die ungefähr 9.000 Menschen beschäftigten und Paris zur Selbstversorgerstadt machten.³ Pferdemist – damals reichlich vorhanden – diente zum Aufheizen von Frühbeetkästen, denn bei seiner Zersetzung wird Wärme frei. Das ermöglichte einen um Wochen oder gar Monate früheren Anbaubeginn. Gurken und sogar Melonen gab es schon im Mai und Juni.

Die »Äpfel« der Kutschpferde erhielten auch die Bodenfruchtbarkeit trotz höchster Anbauintensität. Auf derselben Fläche wurde mindestens viermal, oft sogar bis zu neunmal pro Jahr geerntet. Nach dem Prinzip »Bearbeite immer das kleinste Stück Boden, aber bearbeite es besonders gut« verhalf eine intensive Pflege der Erde zu heute unvorstellbarer Produktivität. So entstanden intensive Mischkulturen, die räumlich und zeitlich gestaffelt angebaut, geerntet und bis nach England geliefert wurden: Salate, Radieschen, Karotten, Tomaten und vieles mehr.

Die Kultivierung per Hand hat vielfältige Vorteile: Boden und Pflanzen können viel präziser und bodenschonender bearbeitet werden. Pflanzen können deutlich dichter in Mischkulturen aufwachsen, was den Boden besser bedeckt. »Lückenfüller« nutzen freien Platz. Dem Boden wird über die dichte Verwurzelung verschiedener Pflanzensorten ständig Nahrung zugeführt. Traktorendiesel wird genauso eingespart wie Kosten für Folien oder Abdeckfliese.

Goliath ist bekanntlich ölsüchtig, was den Maschineneinsatz verbilligt und menschliche Arbeitskraft verteuert. Doch in Marktgärten wird diese Entwicklung umgekehrt und Handarbeit wieder zum Vorteil gemacht. Nur Menschen sind in der Lage, kleinteilige Mischkulturen so zu pflegen, dass drei bis neun Ernten im Jahr möglich sind. Damit ernten Bauern und Gärtnerinnen pro Quadratmeter deutlich mehr als im klassischen Gemüseanbau. Und da sie keine Chemie, weniger Land, Material und Geräte brauchen, liegen die Kosten um bis zu 80 Prozent niedriger. Das teuerste Werkzeug von Jean-Martin Fortier kostet gerade mal 500 Dollar.⁴

Zudem können solche »Mikrofarmer« das restliche Land extensiv nutzen – mit »essbaren« Hecken, Obstbäumen, Waldgärten, Beerenreihen und mehrjährigem Gemüse, mit Teichen und Tieren. Ein permakultureller Mikrofarmer ist auf nur einem Hektar in der Lage, eine hohe Gemüseernte einzufahren, auch krumm gewachsene Feldfrüchte über Direktvermarktung lukrativ zu verkaufen und dazu noch viele andere Produkte herzustellen.

Zurück nach Europa, diesmal Frankreich. In »Tomorrow«, dem kultigen Dokumentarfilm, der auch auf dem Pariser Klimagipfel lief, wurde eine solche hochproduktive permakulturelle Biointensivfarm in der Normandie vorgestellt. Voller Neugierde haben wir sie besucht.

Bec Hellouin: Am Fluss voller Überfluss

Wenn sich ungefähr hundert Kilometer nordwestlich von Paris das Holztor der Farm Bec Hellouin knarrend öffnet, wähnen sich die Gäste augenblicklich in einer völlig anderen Zeit. Hier herrscht eine neue Ära, eine Mischung aus vorvorgestern und übermorgen. Die Maschinenwelt der Moderne ist verschwunden, stattdessen: Schönheit. Fülle. Überbordende Natur unter Bäumen. Ein Dutzend Gebäude wurden liebevoll dem traditionellen Stil der französischen Normandie angepasst, mit Fachwerk, graublauen Holzfassaden und imposanten Reetdächern, auf denen wie zur Krönung Lilien wachsen. »Schau mal, Papi, da steht Schnittlauch auf dem Dach!«, ruft ein Kind. In der Hofmitte stehen Pferdekutschen, Weinpressen, Schleifsteine, altes Werkzeug aller Art, dahinter murmelt und spritzt das glasklare Flüsschen Bec, das dem Anwesen den Namen gab. Der karge Boden der Normandie hat sich hier in ein fruchtbarkeitsstrotzendes Paradies verwandelt, mit über 500 Nutzbaumarten, mit unzähligen Vögeln, seltenen Käfern und Schmetterlingen.

»Willkommen!«, ruft das Ehepaar Perrine und Charles Hervé-Gruyer, sie im rustikalen Arbeitskleid, er in kurzen Hosen. Dahinter ihre vier Töchter wie die Orgelpfeifen, ein Teil des 15-köpfigen Farmteams sowie herumlaufende Küken aus dem Stamm der tierischen Mitarbeiter. Ob die Hervé-Gruyers wirklich glücklich sind über diesen Ansturm von mehr als 600 Gästen? Deren Autos haben an diesem monatlichen »Tag der offenen Tür« die Dorfstraße kilometerweit zugeparkt, ihre Füße zertrampeln so manches Beet. »Woher seid ihr?«, fragt Charles, als er eine erste Gruppe übers Gelände führt. Aus Frankreich die meisten, aber auch aus Belgien, Luxemburg, England, Deutschland und Tunesien. Die erste Permakulturfarm Frankreichs ist inzwischen weltberühmt, seit ihr Gründerpaar Bücher darüber schrieb und in »Tomorrow« auftrat.

»Wir hatten keine Ahnung von nichts, als wir hier 2004 anfingen«, lacht der Familienvater am Fluss unter einem Apfelbaum. Ihr Vorteil als Paar aber war, dass er nach eigenem Bekunden »sturer als ein Esel« ist und sie eine Powerfrau mit der Energie eines ganzen Solarkraftwerks. Zusammen brachten sie üppige Lebenserfahrung aus aller Welt mit. Perrine war erfolgreiche Wirtschaftsanwältin gewesen, die in Japan für die UN, japanische und chinesische Unternehmen gearbeitet hatte. Asiatische Traditionen wie Lebensmittelfermentation, Effektive Mikroorganismen oder Teikei, die japanische Variante der Solidarischen Landwirtschaft, waren ihr nicht fremd. Charles war Berufsschullehrer, hatte 15 Jahre lang als Segler auf einem Schulschiff gearbeitet und die Lebensweise vieler indigener Gemeinschaften kennengelernt. Er kannte auch Terra Preta oder die fruchtbaren Chinampas, die schwimmenden Gärten der Azteken in Mexiko. »Eine Schule der Menschheit« seien ihre Reisen gewesen, all diese Ansätze hätten sie einbringen können, sagt er. Und das Flüsschen Bec gluckert.

Nach 2004, als den beiden Töchtern aus Charles' erster Ehe binnen Kurzem zwei weitere folgten, beschloss das Paar, nur noch gesunde Lebensmittel für die Familie zu produzieren. Doch ihre Anfänge als Gärtnerin und Bauer mit Pferdepflug waren bescheiden, gibt Charles freimütig zu. Der Boden war sandig und voller Steine, sie verdienten fast nichts und »machten alle Fehler, die man machen kann«. Der Durchbruch kam erst um 2010, als sie die US-Pioniere Eliot Coleman und John Jeavons kennengelernt hatten. Coleman war Schöpfer einer Vier-Jahreszeiten-Farm, Jeavons kreierte die »biointensive Mikroagrikultur«, die eine Person von 370 Quadratmeter Anbaufläche ernähren kann. Die Hervé-Gruyers fügten dieses Wissen mit der Permakultur und den Traditionen der Pariser Marktgärten zusammen.

Letzteres war weit schwieriger, als es sich anhört. Denn als die Pariser Pferdekutschen um 1900 den Autos weichen mussten, verschwand das Wissen, wie man die mit verrottendem Pferdemist geheizten Marktgartenbeete anlegt. Ausgerechnet in der US-Literatur aber war es aufbewahrt worden und in wenigen Handbüchern aus dem 18. Jahrhundert, die eine französische Forscherin auftrieb. »Wir haben eine Synthese aus all dem gemacht«, sagt Charles und lädt mit einer Armbewegung zum Rundgang ein über jene 4.500 Quadratmeter, die auf ihrem 20 Hektar großen Gelände – davon 12 Hektar Wald – besonders intensiv genutzt werden: Gemüseinseln, Gewächshäuser, Kräuter- und Waldgarten. Die Wiesen und Wälder dahinter sind vor allem ihren Tieren und der Wildnis vorbehalten.

Bec, der Bach, ist ein Freund und Sonnenspeicher. Um Gemüseinseln ähnlich wie die Chinampas entstehen zu lassen, gruben sie ihm ein neues Bett, sodass kein ins Wasser fallender Sonnenstrahl verloren geht und Inseln in seiner Mitte schon früh im Jahr aufgewärmt werden. »Da ist es viel wärmer, es entstand

Bild oben: Eingangsbereich der Mikrofarm Bec Hellouin, Bild unten: Inselbeet im Flüsschen Bec.
Fotos: Ute Scheub

Hühnerstall im Gewächshaus von Bec Hellouin. *Foto: Andrea Preissler*

ein neues Mikroklima«, berichtet Charles. In Kreisform legten sie Hügelbeete an, in lasagneartigen Schichten und dicht gepflanzten, ständig rotierenden Mischkulturen, die nach kurzer Zeit »superproduktiv« wurden. Regenwürmer bekommen ständig Flächenkompost und Mulch zu futtern, sodass sie ordentlich Humus produzieren. »Glückliche Regenwürmer!«, lacht Charles und spielt auf ihre leichten Gartengeräte an: »Deshalb schneiden wir sie auch nicht in kleine Wurstscheiben.«

Ein Kräutermischgarten in Form eines indischen Mandala bildet einen anderen harmonischen Kreis. Auch dort wächst Gemüse: Bohnen, Kohl, Lauch, Kohlrabi, Mais. Das Farmteam probiert gerne aus, was sich mit wem am besten verträgt, und es scheint, als ob die Kreisform eine besondere Energie auf Pflanzen ausstrahlt. Auf dem Gelände daneben erstrecken sich Terrassenbeete, Flach- und Hügelbeete unter Folientunneln, in denen Setzlingen nach Marktgartentradition mit rottenden Pferdeäpfeln eingeheizt wird. Der Mist stammt von einem nahe gelegenen Reitstall und war dort nur Abfall, bis er hier neue Verwendung fand. Keinen Abfall entstehen lassen – auch das gehört zu den Prinzipien der Permakultur.

Im Grunde ist Bec Hellouin eine Solarfarm, regenerative Agrikultur plus regenerative Energie. Und das nicht nur, weil ihr Strom aus Ökoenergie stammt. Ohne die Erzeugung riesiger Mengen Biomasse mittels optimaler Ausnutzung der Sonnenenergie würde sie nicht funktionieren. 60 Prozent der Fläche produzierten Kleegras, Gründüngung und Mulch für den Rest. »Flächenmanagement ist sehr wichtig für die Produktivität des Systems«, erläutert Charles. Der Hahn schreit, Hühnerküken wuseln, bunte Blumen nicken mit ihren Köpfchen, es duftet nach Heu und Kräutern. Auch Schönheit ernährt die Seele, auch Vergnügen kann man hier ernten.

In drei Gewächshäusern wachsen und ranken Mischkulturen in mehreren Etagen: unten zum Beispiel Basilikum, darüber Auberginen, weiter oben Tomaten und Wein. Mittendrin steht ein hölzerner Hühnerstall. Hennen laufen zwischen Gemüsehochbeeten und picken Schadinsekten. Auf dem Stalldach, wo es unter der Folie auch nachts fünf Grad wärmer als anderswo ist, werden Jungpflanzen gezogen. In Frühbeeten, die ebenfalls mit Pferderotte »geheizt« werden, kann man schon im Januar Radieschen ernten. Und im Februar blühen dort Bohnen.

Permakultur nutzt jedes Eckchen optimal aus, was Betriebskosten senkt und die Produktivität erhöht. Die Gewächshäuser umfassen 450 Quadratmeter, aber bei fünf Pflanzenrotationen jährlich steigt die Summe im Grunde auf 2.250. In Ernteerträge umgerechnet, sind das im Schnitt stolze 80 Euro pro Quadratmeter und Jahr; der Mandala-Kräutergarten erbringt 28 Euro, die anderen Beete zwischen 38 und 48 Euro. Im Frühjahr könnten sie Frischzeug früher als andere liefern, was von Vorteil sei, erzählt Charles auf der Stalltreppe sitzend.

Stolz führt er ihre genial einfachen Geräte vor: Kupferhacken, Walz-Sämaschinen, Handhäcksler, Saatlochstanzer, Grabegabeln. Sie erleichtern die mühsame Handarbeit in den hochproduktiven Mischkulturen, durch die keine Maschine fahren könnte, ohne sie zu zerstören. Und sie sind hundertfach billiger als dicke Traktoren. Damit produziert die Farm über 800 verschiedene Produkte: Obst und Gemüse, Cidre und Apfelsaft, Marmelade und Brot, Gewürz- und Heilpflanzen. Sie bestückt den eigenen Hofladen, beliefert Feinschmeckerrestaurants in Paris und ihre Stammkunden über das System der Solidarischen Landwirtschaft (siehe Seite 191 ff.) mit Gemüsekisten. Die Produktivität von Bec Hellouin beträgt das Zehnfache einer traktorbetriebenen Biofarm.

Sie hätten nichts neu erfunden, nur gut zusammengefügt, meint Charles. Ihren Waldgarten sehen sie als »den innovativsten Bereich«, aber auch ihn übernahmen sie aus den Tropen: »ein Geschenk, um die Menschheit von morgen zu ernähren«. Einjährige Pflanzen machten viel mehr Arbeit, mehrjährige seien die Zukunft, ist er überzeugt. Und führt in ein tropenähnliches Dickicht mit Büschen und Bäumen und Beerensträuchern, mit Champignons und Erdbeeren, mit Brombeersträuchern, die baumhoch ranken und »fünf Kilo pro Strauch« produzieren. Die Kunst bestehe darin, erläutert er, dieses Etagensystem so zu gestalten, dass jeder Bereich optimal viel Sonne abbekommt. Waldgärten seien enorm profitabel, weil sie – einmal etabliert – ihre Fruchtbarkeit selbst erhalten und kaum mehr Pflege benötigen. Über hundert Beerensorten zählt der Hof, davon viele im Waldgarten. Und weil dort auch Hühner und Schafe herumlaufen, ist es im Grunde ein integriertes Wald-Weide-Agrarsystem, das Holz, Schilf und Futter für Tiere liefert – und die Tiere geben Mist und Schafwolle zum Düngen der Bäume zurück. »Kreislaufwirtschaft eben«, sagt Charles.

Anfangs darbte die Familie Hervé-Gruyer, heute verdient sie sehr gut. Eine wissenschaftliche Begleitstudie, die François Léger von AgroParisTech leitete, kam zum Ergebnis, dass die Verkaufserlöse aus reiner Handarbeit auf tausend Quadratmeter Intensivanbau im ersten Jahr 33.000 Euro betrugen, im zweiten 54.000 und im dritten Jahr 57.000.[5] Davon können eine Arbeitskraft mit netto knapp 1.600 Euro bezahlt werden oder mehrere Selbstversorger prächtig leben. Inzwischen produziert die Familie etwas weniger intensiv, weil sie auch mit ihren Büchern, Kursen und Veranstaltungen gute Erlöse erzielt.

Die eigentliche Revolution aber würde stattfinden, wenn sich viele solcher hochproduktiven »Mikrofarmen« zu einem neuen Ökosystem verbinden würden, schreiben Perrine und Charles Hervé-Gruyer in ihrem Buch *Wunderbarer Überfluss*. Jede Gärtnerin würde dabei ungefähr 20 Menschen ernähren, auch Handwerk könnte wieder aufblühen. Der Aufbau einer solchen erdölfreien Farm würde nur 50.000 bis 100.000 Euro kosten, was ungefähr der dreijährigen Unterstützung einer erwerbslosen Person entspräche. Drei oder vier Millionen solcher Biointensivfarmen könnten 70 Millionen Menschen in Frankreich versorgen und 3 bis 5 Millionen Arbeitskräfte beschäftigen – also die heutige Anzahl französischer Erwerbsloser in Lohn und Brot bringen.[6]

Damit würde man sich zudem mit kleinbäuerlichen Betrieben im globalen Süden gleichstellen, die zu 90 Prozent unter zwei Hektar bewirtschafteten, schreibt das Pionierpaar. Klein zu sein habe enorme Vorteile. Auch laut FAO seien Höfe zwischen 0,5 und 6 Hektar viermal so produktiv wie Farmen mit mehr als 15 Hektar.[7] Solche Mikrofarmen könnten auch in Städten entstehen, und ihre Betreiber könnten, wenn gewollt, halbtags anderen Professionen nachgehen. Der Unterhalt eines kommunalen Gemüsegartens kostet wahrscheinlich sogar weniger als der eines Parks. In solchen kleinräumigen Landschaftsbetrieben ist

Charles Hervé-Gruyer von Bec Hellouin mit einem genial einfachen Saatlochstanzer.
Foto: Ute Scheub

übrigens auch das Aufziehen von Kindern viel einfacher – sie brauchen Natur und sind geborene Tierpfleger. Das Paar Hervé-Gruyer träumt deshalb von einem Ökosystem unzähliger miteinander verbundener Mikrofarmen, »das die Menschheit ernährt und gleichzeitig die Erde heilt«.

www.fermedubec.com (mit vielen erklärenden Videos)

Gesundschrumpfen der Agroindustrie

Heute muss ein hiesiger Bauer mit seinem Maschinenpark ungefähr 100 Hektar Monokulturen bewirtschaften, um ökonomisch zu überleben. In Zukunft könnte eine ganze Gruppe von Menschen mit Pferd und Handgeräten vielleicht 10 Hektar oder weniger vielfältig beackern. Statt ausgeräumter Landschaften könnten sich wunderschöne, kleinräumige, essbare Landschaften und Waldgärten ausbreiten, mit kleinen Feldern, Beeten, Hecken, Rändern und Säumen, Bäumen, Bächen und Teichen. All das würde Biodiversität, Wasserspeicherung, Humusaufbau und genetische Vielfalt befördern.

Zurück ins Mittelalter?, werden manche entsetzt fragen. Nein: Es ist ein Vorwärts in eine neue Synthese zwischen altem Bauernwissen und modernsten wissenschaftlichen Erkenntnissen. Beides zusammen ermöglicht eine unglaubliche Produktivität und macht selbst kleinste Einheiten wirtschaftlich überlebensfähig.

Durch das Schrumpfen der Anbauflächen würden enorm viel Flächen frei, die begrünt und aufgeforstet werden könnten. Wildnis könnte wieder entstehen – das Klima würde besser, Artenvielfalt könnte aufblühen, kleine Wasserkreisläufe würden sich regenerieren. Natürlich würde Essen dann teurer sein, weil die Kosten dafür nicht mehr externalisiert würden. Aber auch besser – leckerer, sinnlicher, gesünder. Was wiederum Kosten für kranke Menschen und eine kranke Natur einspart und viele neue Jobs in Zeiten schafft, in denen die Digitalisierung Millionen Arbeitsplätze bedroht. Und wenn Menschen in schönen Landschaften des Nordens und Südens Sinnvolles produzieren, werden verödete ländliche Regionen wieder aufblühen.

Doch das alles ist noch Zukunftsmusik. Kehren wir zurück in die Gegenwart, und lassen wir den Blick nochmals über die globalen Äcker schweifen.

Konservierende Agrikultur und Direktsaat

Pfluglose Bodenbearbeitung (»no-till«), Direktsaat und konservierende Agrikultur (conservation agriculture) sind vielversprechende Agrotechniken. Pflügen bringt die Bodenschichten durcheinander, tötet das unterirdische Leben, zerstört die Erdstruktur, erhöht damit die Bodenerosion und setzt Kohlenstoff frei, der zu CO_2-Emissionen führt. Um das zu vermeiden, säen Bauern unter Pflugverzicht direkt nach der Ernte ins Feld. Rückstände der Vorkultur verbleiben als schützende Gründecke auf dem Acker. Spezielle Sämaschinen öffnen die Bodenoberfläche, legen Saatgut in die Löcher und decken sie ab.

»No-till« gilt als klimaschonend. Die brasilianische Regierung hat Direktsaat sogar zum Staatsziel erklärt, um für das Land eine Treibhausgasminderung von 37 Prozent bis 2020 zu erreichen. Der deutschstämmige Brasilianer Arnold Bartz hatte das Verfahren Anfang der 1970er im Süden Brasiliens eingeführt, der Durchbruch kam mit gutem Fruchtwechsel und verbesserter Sätechnik. Heute wird über die Hälfte der Ackerflächen Brasiliens so bestellt.[8] Die Folge: weniger Verdunstung und Erosion, weniger Verbrauch von Dünger und Kraftstoff, aber je nach Methode auch mehr Beikräuter. Das lässt Großagrarier zu Ackergiften greifen, wenn sie nicht ohnehin schon Gensoja anbauen und Glyphosat spritzen.

Das Beispiel zeigt, dass sich Goliath immer öfter mit regenerativen Methoden »tarnt«. Das unabhängige brasilianische Forschungsinstitut INESC kritisiert, dass die Kombination von No-till, Giften und Gentech an den Irrtümern der »Grünen Revolution« festhalte und der Agroindustrie einen grünen Anstrich verpasse. Die richtige Lösung seien eine Landreform sowie die Förderung des bäuerlichen (Öko-)Anbaus.

»Konservierende Landwirtschaft« erlaubt ebenfalls nur flaches oder gar kein Pflügen in Kombination mit Bodenbedeckung und Fruchtwechseln. Also »Nährstoffmanagement«, wie Rattan Lal und andere das nennen – etwa in Form von Sojabohnen, die in Ernteresten von Mais wachsen. In Nord- und Südamerika wird »conservation agriculture« aber oft chemieintensiv praktiziert: Farmer töten ihre Bodendecker mit Pestiziden ab, um in die Reste Mais oder Baumwolle zu pflanzen – oftmals genmanipulierte Sorten. In ihrer konventionellen Variante speichert die Technik kaum Kohlenstoff, die Spanne reicht von 0 bis 0,6 Tonnen pro Hektar und Jahr. Aber sie erhöht die Wasserspeicherfähigkeit und mindert die Erosion. Der UN-Klimarat IPCC empfiehlt sie dennoch, weil Bauern sie ohne Umstellung auf vielen Millionen Hektar anwenden können.[9]

Die Öko-Variante von konservierender Agrikultur ist weit besser und speichert mehr Kohlenstoff, alleine schon deshalb, weil das Bodenleben als Schlüssel für gesunde Pflanzen erhalten bleibt. Das Rodale Institute hat in jahrelanger Arbeit verschiedene No-till-Praktiken für den Biolandbau entwickelt. Sie erfordern allerdings präzises Timing beim Säen und Ernten. Eine Studie des Schweizer FiBL kam zum Ergebnis, dass Parzellen unter pfluglosem Anbau schon nach drei Jahren etwa 8 Prozent mehr Humus, nach sechs Jahren gar 20 Prozent mehr aufwiesen.[10] Auch die zusätzliche Wasserspeicherung pro Prozentpunkt Humus ist enorm: 160.000 Liter auf einem Hektar, das sind 16 Liter pro Quadratmeter. Hinzu kommen die vielen Nährstoffe in Humuskomplexen.

In Garten-Mischkulturen wachsen Zwiebeln, Karotten und Radieschen zwischen Salaten, und dieses Prinzip lässt sich auch auf dem Acker umsetzen. Roggen und Wicke ergänzen einander: Das Getreide wächst aufrecht in die Höhe; die Leguminose nutzt diesen Halt zum Klettern und teilt »schwesterlich« den Stickstoff, den die Knöllchenbakterien an ihren Wurzeln produzieren. Beides wird im Sommer zusammen abgeerntet, gedroschen und in der Mühle voneinander getrennt. Der Roggen kommt ins Brot, Wickensamen ins Tierfutter. Auch Dinkel und Leindotter verstehen sich gut – aus dem Leindotter kann Salatöl gewonnen werden. Zusammengerechnet erzielt man mit solchen Mischungen höhere Ernten und eine größere Flächenproduktivität.

Der Ökopionier Friedrich Wenz arbeitet auf seinem Hof in Baden seit Jahren an der Entwicklung solcher Techniken.[11] Je nach den Bedingungen vor Ort empfiehlt er eine Direktsaatmaschine oder einen Stoppelhobel, der den Boden in den obersten zwei bis fünf Zentimetern schält und damit Unkräuter stark im Wachstum behindert.

Vielfalt statt Einfalt

Projekte im Bereich Permakultur, Biointensivanbau und Marktgärten bemühen sich auch um die Mehrung der bedrohten Artenvielfalt bei Pflanzen und Tieren. Durch die Monokulturen Goliaths hat diese sich so extrem reduziert, dass die weltweite Ernährungssicherheit bedroht ist. Global gingen in den letzten hundert Jahren laut Schätzung der FAO rund drei Viertel der Kultursorten verloren. Ungefähr 30.000 Pflanzenarten sind essbar, aber die Menschheit deckt 95 Prozent ihres Kalorienbedarfes mit nur noch 30 Arten – vor allem Weizen, Reis und Mais.[12] Ende des 19. Jahrhunderts wuchsen in Mitteleuropa Tausende Weizensorten, heute nur noch 30. In Indien wurden vor etwa 50 Jahren noch rund 50.000 Reissorten angebaut, nunmehr nur noch 40.[13] Und unter Deutschlands einheimischen Nutztieren gibt es nur noch 19 Rinder-, 6 Schweine- und 2 Putenrassen.[14] Immer größere agroindustrielle Einheiten stellen also immer weniger Pflanzen- und Tierarten und immer mehr standardisierte Produkte her, immer mehr Einfalt statt Vielfalt.

Die Agroindustrie beschränkt sich auf die Produktion weniger Hybridsorten, auch um die Bauern und Gärtnerinnen zu zwingen, jedes Jahr neu bei ihnen einzukaufen. Hybridsorten, aus der Kreuzung zweier Inzuchtlinien entstanden, können zwar im ersten Jahr größere Ernten erbringen, sind aber nicht vermehrbar. Und anfälliger für Krankheiten und Seuchen.

1845 bis 1854 starben in Irland rund eine Million Menschen an Hunger, weil die Kartoffelfäule ihr genetisch verarmtes Hauptlebensmittel vernichtet hatte. Heute könnte sich das Szenario beim Weizen wiederholen: Eine besonders aggressive Variante des Rostpilzes *Puccinia graminis* verbreitet sich seit 1999 über Uganda, Kenia, Äthiopien, Sudan, Jemen in den Iran; viele fürchten, dass er bald auch Indien, Pakistan, Russland, China und die westliche Hemisphäre erreichen wird. Etwa 90 Prozent des globalen Weizens steht ihm schutzlos gegenüber.[15]

Rund um den Globus gibt es deshalb Bemühungen, die Entwicklung umzukehren und wieder Vielfalt statt Einfalt walten zu lassen. Nichtkommerzielle Saatgutbanken, wie Vandana Shiva und andere sie aufgebaut haben, sind ein existenziell wichtiger Beitrag zu Biodiversität und Ernährungssouveränität. In den 1970er Jahren hatte eine Viruskrankheit fast ein Viertel der asiatischen Reisproduktion vernichtet. Die Rettung: eine resistente wilde Reissorte aus der Saatbank des Internationalen Reisforschungszentrums auf den Philippinen.[16]

Zahllose Menschen engagieren sich für den Erhalt lokaler, alter und seltener Sorten. Samen-Tauschbörsen blühen. In den USA etwa listet das *Seed Savers Exchange Yearbook*, dick wie ein Telefonbuch, 16.422 Pflanzensorten auf – Boh-

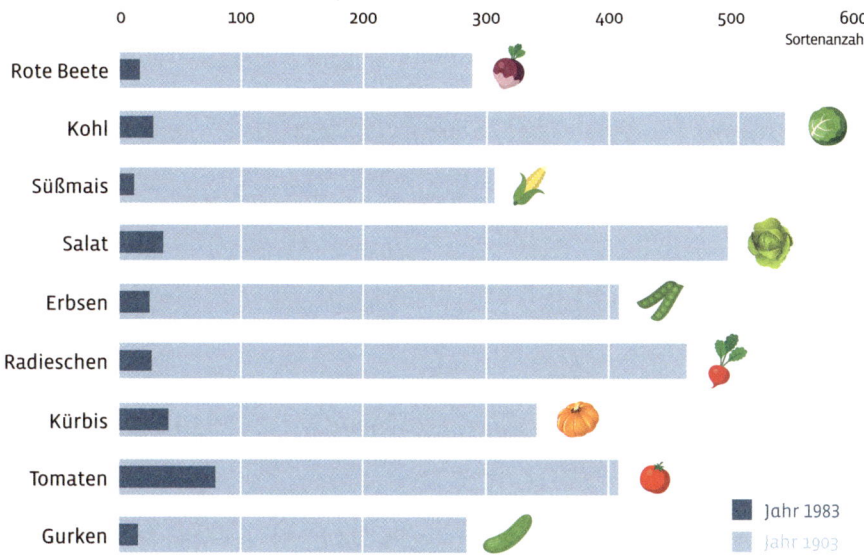

In nur hundert Jahren haben wir einen Großteil unserer Gemüse-Vielfalt verloren. Zahlen von 1983, neuere waren trotz Bemühungen nicht zu erhalten. *Quelle: Daten aus den USA, National Geographic; Icons von Bayu Karina and freevector; freePik, Grafik: Stefan Schwarzer*

nen, Knoblauch, Äpfel, Birnen, jeweils mit Namen, Geschichte und Ursprungsort. Alle Samen stehen zum Tausch und Kauf zur Verfügung. Jede Sorte stellt eine Anpassung an lokale Bedingungen dar – an Klima, Boden, Trockenheit oder Art der Verwendung.

Die Gesetze in Deutschland und der EU benachteiligen David massiv. Züchter müssen in dreijährigen Versuchen beweisen, dass ihre Sorten unterscheidbar, beständig und homogen sind, erst danach dürfen sie damit handeln. Ein immenser Aufwand, der sich nur für Goliath lohnt. Davids anpassungsfähige Landsorten aber entwickeln sich weiter, sind unbeständig und werden deshalb nicht anerkannt; Ausnahmen werden nur bei kleinen regionalen Erhaltungssorten gemacht. Zudem wirft das EU-Sortenamt ständig samenfeste Sorten aus der genehmigten Liste und nimmt dafür Hybridsorten auf. Vor gut 50 Jahren waren noch 99 Prozent der Gemüsesorten samenfest, heute sind es unter 20 Prozent.[17]

Darum gibt es auch hierzulande viele neue Saatgutinitiativen. Einige Beispiele: Die Internetseite *www.saatgutkampagne.org* informiert mehrsprachig über politische Kampagnen und Samentauschbörsen. Die bayerische Initiative *www.openhouse-site.de* wehrt sich gegen Biopatente. »Bingenheimer Saatgut« ist ein Netzwerk von 80 Demeter-Gärtnereien, die samenfeste Sorten vertreiben. Unter dem Namen »Dreschflegel« haben sich 14 Ökohöfe zur gemeinsamen Vermarktung von Biosaatgut zusammengetan. In Österreich pflegt und bewahrt der Verein *www.arche-noah.at* Tausende gefährdeter Gemüse-, Obst- und Getreidesorten mithilfe von 14.000 Mitgliedern und Förderinnen. Und in der Schweiz gibt es Pro Species Rara, eine gemeinnützige Gesellschaft für die kulturhistorische und genetische Vielfalt von Pflanzen und Tieren.

Der Terra-Preta-Pionier im Schweizer Wallis und in Nepal

Oregano. Thymian. Minze. Es duftet nach Artenvielfalt auf der Domaine de Mythopia – einem rund fünf Hektar großen Forschungsweinberg zwischen erhabenen Viertausendern des Schweizer Kantons Wallis. Auf Obstbäumen unterhalten sich Vögel, Grillen fiedeln, seltene Schmetterlinge flattern.

Seit 2005 bauen Romaine und Hans-Peter Schmidt hier hochwertige Terroirweine mit besonderer Note an: mit Biodiversität. Sie gewähren Schlupfwespen, Wildbienen oder Gottesanbeterinnen Asyl, die aus benachbarten Wein-Monokulturen vertrieben wurden. Insektenhotels stehen zwischen Reben, Rosen, Gemüse und Wildkräutern; seitdem steigt die Vielfalt der Arten wieder rasant an. »Man muss der Natur nur eine Chance lassen, dann gesundet sie von selbst«, sagt Schmidt, der das Ithaka-Institut samt gleichnamigem Journal gegründet hat. Der Name leitet sich von Odysseus' Sehnsucht ab, auf seine Heimatinsel Ithaka zurückzukehren.

Der 1972 in Sachsen geborene Schmidt ist ein Pionier der Terra-Preta-Technik. Klimafarming – gut und schön, aber die Pflanzenverkohlung mittels moderner Pyrolyse-Anlagen sei viel zu teuer für Landwirte, bemäkelten viele sein Konzept. Was lange zutraf, aber jetzt nicht mehr: Wohl das größte Verdienst von Hans-Peter Schmidt ist die Verbilligung der Pflanzenkohleproduktion. Und damit die Demokratisierung der Bodenfruchtbarkeit.

»Warum bloß sind Bodenquerschnitte von menschengemachter Schwarzerde in späten Steinzeitsiedlungen so komisch konisch?«, hatte er lange über diese umgekehrte Kegelform gegrübelt. Er probiert herum, und siehe da: In konischen Meilern – aus Metall oder in den Boden gegraben – verschwelen geschichtete und von oben (!) angezündete Pflanzenreste unter einem Feuermantel langsam zu Pflanzenkohle. Und konische Erdmeiler hinterlassen eben konusförmige Schwarzerde. Schmidt nannte seine Meiler »Kon-Tiki« nach dem gleichnamigen südamerikanischen Feuergott. Die Technik erlaubt die Herstellung von Pflanzenkohle zu nahezu null Kosten für Arme und Ärmste. Seit das Ithaka-Institut Kon-Tiki Open Source ins Internet stellte, wurden die Meiler mit großem Erfolg in über 50 Ländern nachgebaut.[18] Auch in Deutschland gibt es Hunderte. Sowie viele andere neue Pyrolysemodelle. Auf kleinen Terrassenöfen wie dem »Chantico« kann man auch kochen und grillen.[19]

Der Forscher ist fasziniert vom unglaublichen Potenzial der Pflanzenkohle und zählt 55 Anwendungen auf.[20] Ihr massenhafter Einsatz als Dämmmaterial könne etwa ganze Städte zu CO_2-Senken machen, glaubt er. Die Stiftung des Bioweinvertriebs Delinat, die sein Institut anfangs finanziert hatte, sah die Forschung zu Pflanzenkohle jedoch als Abkehr von ihrem Grundthema Wein. Man trennte sich im Guten, und Schmidt gründete in der Schweiz, USA und Nepal drei unabhängige Ithaka-Institute.

Im April 2015 aber erbebte sein Leben. Wortwörtlich. In Nepal hatte er gerade mit seinem Partner Bishnu Hari Pandit und einer Gruppe von Kleinbauern in einem Bergdorf Versuchsreihen mit Tomaten angelegt. Sie wollten die Kombination von Pflanzenkohle und Kuhurin testen. Da bebte die Erde – über 8.000 Menschen starben, unzählige wurden verletzt und obdachlos. Schmidt und sein Begleiter erlebten die Katastrophe, von einem Wald halbwegs geschützt, im Jeep. Das Bergdorf war zerstört. Die beiden überlegten, dass langfristige Ernährungssouveränität besser und gerechter wäre als schnelle Hilfe beim Wiederaufbau weniger Hütten.

Hans-Peter Schmidt gründete einen Klimafonds. Menschen aus reichen Nationen können seitdem Pflanzenkohleherstellung und Waldgärten in 15 nepalesischen Dörfern mit vielen hundert Einwohnern finanzieren. Politisch sei er immer gegen Emissionshandel und für eine CO_2-Steuer gewesen, sagt er, aber in diesem Falle sei das eine aus der Not der Opfer geborene Idee.

Die neue Anbautechnik mit uringedüngter Pflanzenkohle erzielte fantastische Ergebnisse: Bei Kohl erhöhten sich die Erträge um etwa 90 Prozent, bei Kürbissen gar um 300.[21] Da Indien 2015 aufgrund politischer Spannungen keinen Kunstdünger und kein Benzin mehr nach Nepal lieferte, »war ich im richtigen Moment da«, lacht Schmidt. »Es sprach sich herum: Ithaka weiß, wie man ohne Chemie mehr erntet.«

Das Ithaka-Institut fördert Erdbebenbetroffene mit einem ganzheitlichen Programm: Wiederaufforstung, Restaurierung alter Terrassen, Wasserrückhaltung, Anlegen artenreicher Waldgärten. Bäume werden unter Zugabe von Pflanzenkohle und Mulch auf stillgelegten Terrassen gepflanzt. Sie überleben zu 94 Prozent, während traditionelle Aufforstungen in Nepal nur 50 Prozent erreichen.

Pflanzenkohle mit Kon-Tiki

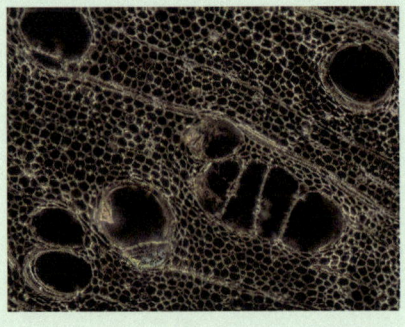

Pflanzenkohle (s. Bild rechts, Quelle: Hans-Peter Schmidt) kann man in einem umgekehrt kegelförmigen Erdloch selbst herstellen – kostenlos. Dies ist dank der Forschung von Hans-Peter Schmidt, Gründer und Leiter des Schweizer Ithaka-Instituts, möglich geworden. Seine Kon-Tiki-Öfen aus Stahl funktionieren allerdings noch besser und zuverlässiger, weil Biomasse durch die am Rand erzeugten Gaswirbel bei gleichmäßiger Temperatur verkohlt, aber sie sind teurer. Seit er seine Open-Source-Bauanleitung für Erdmeiler ins Internet stellte, wurden Kon-Tiki-Meiler in über 50 Ländern gebaut. Wie man in etwa 2 Stunden rund 500 Liter Pflanzenkohle herstellt, kann man nachfolgender Anleitung entnehmen. Mehr Informationen auf: *www.ithaka-journal.net.*

Und so wird's gemacht

* Man grabe ein konisches Loch von ungefähr zwei Meter Durchmesser und einem guten Meter Tiefe in den Boden, stampfe den Lehm oder die Erde fest und schichte Steine um den oberen Rand herum.
* Sodann schichte man trockene Äste, Zweige oder anderes Brennmaterial in der Mitte des Erdlochs pyramidenförmig locker übereinander, die dünnen Anzündhölzer nach oben.
* Das Feuer wird nicht wie üblich unten angezündet, sondern oben, an der Spitze des Materials. Das ist wichtig, denn es soll nicht zu Asche herunterbrennen, sondern langsam verkohlen.
Nur wenn das Feuer rauchlos glüht, funktioniert der Prozess richtig. Das Feuer frisst sich von der oberen Materialschicht in die nächstuntere, wobei jeweils Holzgas freigesetzt wird. Dieses steigt nach oben und muss dabei die darüber liegende Feuerfront durchqueren. Es verbrennt sauber, anstatt zu verrauchen, und verbraucht dabei fast allen Sauerstoff aus den darunter liegenden Schichten. Damit sorgt das Feuer selbst für den Luftabschluss nach unten. Das Brennmaterial kann Schicht für Schicht ausgasen und verkohlen. Je nach Ausgangsmaterial und Feuchtigkeit lodern die Flammen höher oder niedriger, aber auf jeden Fall (fast) ohne Rauch.
* Immer wenn sich weiße Asche auf der oberen Glutschicht zeigt, lege man die nächste Schicht Material auf, ein Vorgang, der alle paar Minuten wiederholt wird, bis zum Ablöschen.

Die Verkohlung geschieht direkt darunter und erfasst irgendwann auch die nächsthöhere Schicht. Die Temperatur beträgt dabei 620 bis 700 Grad Celsius, je nach Feuchtigkeit des Ausgangsmaterials.

* Am Ende lösche man die Glut mit Wasser – was in einem Kon-Tiki aus Metall mit unterer Wasserzufuhr deutlich leichter geht. Dieses Lösch- oder Quenchwasser aktiviert angeblich oder tatsächlich die Pflanzenkohle, indem es ihre Poren reinigt und damit ihre Oberfläche vergrößert. Es ist kristallklar und eignet sich auch als Gießwasser, Schneckenvertreiber und Pflanzenstärker.
* Man kann die Pflanzenkohle auch mit Urin von Kühen oder Menschen ablöschen, den man dem Löschwasser hinzufügt, um die Düngequalität zu erhöhen. Oder den Brand mit einer 5 bis 10 Zentimeter dicken Erdschicht ersticken und dann 24 Stunden warten.

Herstellung von Pflanzenkohle: im selbst gegrabenen Erdloch oder im Metall-Kon-Tiki, wie in den Herrmannsdorfer Landwerkstätten.
Foto oben: Hans-Peter Schmidt, unten: Stefan Schwarzer

Durch neue Bewässerungsbecken können Bauern nun erstmals seit Tausenden Jahren in jeder Saison Lebensmittel anbauen. Auf Maulbeerbäumen gedeihen Seidenraupen. Ingwer, Kurkuma und Zimt ergeben lukrative Verkaufsprodukte, etwa Zimtöl. Die unerwartete Folge: Migranten kehren zurück. Männer, auf der Suche nach Jobs ausgewandert, finden zu Hause neue Perspektiven.

Die ersten 10.000 Bäume sind gepflanzt, in fünf Dörfern sollen sukzessive weitere 40.000 Bäume folgen. Sie entziehen der Atmosphäre jedes Jahr mindestens 750 Tonnen CO_2. Bei einem Preis von 32 Euro pro Tonne CO_2, rechnet Hans-Peter Schmidt vor, ergibt dies jedes Jahr 24.000 Euro für die 210 beteiligten Bauernfamilien. Das klingt nach wenig, doch 115 Euro pro Familie entsprechen dort zwei Monatseinkommen oder aber einem garantierten Grundeinkommen, das die Anlage von Waldgärten überhaupt erst ermöglicht. Nach drei Jahren, so Schmidt weiter, finanzieren sich die Waldgärten durch ihre Erträge selbst.

Das nepalesische Ithaka-Institut ist nun auch in Indien und Bangladesch mit Workshops und »Kon-Tikis« unterwegs, mitfinanziert von Geldern aus Norwegen, England und Deutschland. In Indiens Osten kommt Pflanzenkohle auch bei der Einstreu in Ställen und Trockentoiletten zum Einsatz. »Pro Tag schaffen wir ein Dorf«, erzählt Schmidt. Im Schneeballsystem werde die Technik weitergegeben.

Und in bengalischen Dörfern, wo viele Kinder nur Reis zu essen bekamen, erblüht neue Artenvielfalt in Hausgärten. Viele Frauen dürfen das Haus nur mit der seltenen Erlaubnis ihrer Männer verlassen. Aber die Gärten hinter den Hütten sind Frauenbereich. »Wir arbeiten hauptsächlich mit Frauen«, berichtet er. In den männlichen Monokulturen dieser Länder erhöht das auch die gesellschaftliche Artenvielfalt.

www.ithaka-institut.org[22]

Ökologische Intensivierung mit SRI

Bleiben wir noch einen Moment in den Tropen. Der Jesuitenmönch Henri de Laulanie hat 1983 auf Madagaskar das sogenannte System of Rice Intensification (SRI) erfunden, das Reisernten vervielfacht und gleichzeitig weniger Wasser, Saatgut und Dünger verbraucht. Setzlinge werden weit auseinandergepflanzt, um ihre Wurzeln zu kräftigen, und brauchen dabei weniger Wasser. Der Kleinbauer Sumant Kumar im nordindischen Bundesstaat Bihar konnte mit SRI eine Weltrekordernte einfahren: unglaubliche 22,4 Tonnen Reis pro Hektar.

Umfang der regenerativen Techniken

»Conservation agriculture« wird laut Eric Toensmeier weltweit auf 124 Millionen Hektar Ackerland angewandt, »no-till« auf 100 Millionen, Mischanbau auf rund 700. Sie sind die meistverwendeten regenerativen Methoden, aber auch die am häufigsten von der Agroindustrie missbrauchten. »Holistisches Weidemanagement« (siehe Seite 170 ff.) wird global auf 12 Millionen Hektar Weideflächen praktiziert, der SRI-Reisanbau auf 4 bis 5 Millionen. Öko-Einjahrfrüchte gedeihen auf 6,3 Millionen Hektar.[23]

Wissenschaftler schätzen den Anteil von Terra-Preta-Böden in ganz Amazonien auf zwölf Prozent.[24] Der UN-Klimarat sieht in der Anwendung von Pflanzenkohle ein hohes, aber noch »zu entwickelndes« Potenzial für die Verminderung der Klimakrise, vor allem für Tropenböden, weil sie Nährstoffe binde. Auch die UN-Konvention gegen Wüstenbildung empfiehlt sie für die Wiederherstellung degradierter Böden.[25]

Auch »normaler« Ökoanbau mit Gründüngung, Fruchtfolgen und Kompostwirtschaft regeneriert gestresste Ökosysteme. Das Rodale Institute verglich 30 Jahre lang verschiedene Öko- und konventionelle Praktiken. Ergebnis: Mit Leguminosen kann man etwa 2 Tonnen CO_2 pro Hektar und Jahr speichern, mit organischem Dünger 3,5 Tonnen, mit Kompost 8,2.[26]

In Europa liegt der zertifizierte Öko-Anteil der Landwirtschaft bei 5,7 Prozent.[27] In Deutschland beackern Biobauern 6,5 Prozent der Agrarböden. Die Nachfrage ist weit größer, sodass viele Ökoprodukte importiert werden. In der Schweiz beträgt die Ökofläche immerhin knapp 13, in Österreich sogar 17 Prozent.

Global nimmt zertifizierter Bioanbau aber nur 0,7 Prozent der gesamten Landwirtschaft ein. In Afrika, Asien und Südamerika können sich kleinbäuerliche Familien teures und umständliches »Labeling« meist nicht leisten. Ihre Haus- und Waldgärten bewirtschaften sie aber fast immer »bio«. Laut dem Ökoforscher P. K. Nair weisen diese die höchste Biodiversität aller menschengemachten Ökosysteme auf.[28]

Auch in Madagaskar waren die Positiveffekte enorm: Humusaufbau, 150 Prozent mehr gespeicherter Kohlenstoff, weniger Wasserverbrauch, reduzierter Methanausstoß, doppelte bis vierfache Ernten. Inzwischen wird das Verfahren auch bei anderen Kulturen angewandt. Bei Gemüse maß man 20 Prozent Mehrertrag, bei Ölfrüchten 50, bei Hülsenfrüchten 56, bei Zuckerrohr 60 und bei Getreide 72 Prozent. Es macht zwar mehr Arbeit, schafft dafür aber mehr ländliche Jobs, und höhere Ernten verdoppeln Einkommen. Heute wenden mehr als

10 Millionen Kleinbauern in Asien, Afrika und Lateinamerika das Ökoverfahren an, oft auch im Wechsel mit Erdnüssen, Soja und Kartoffel, was wiederum die Sortenvielfalt erhöht.[29]

Keyline und das neue Wasserparadigma

Wir hoffen, Sie werden nicht flugkrank, denn noch mal kreisen wir kurz um die halbe Welt. Der Bauer und Ingenieur P. A. Yeomans (1904–1984) hat in den 1950er Jahren in Australien das »Keyline-Design« erfunden. Ziel: Bodenaufbau und Landschaftsgestaltung durch Sammeln und langsames Versickern von Regenwasser im Boden, in Gräben, Dämmen und Seen. Schlüsselpunkte (»Keypoints«) zeigen an, wo in einer hügeligen Landschaft sinnvoll Wasser gespeichert werden kann. Schlüssellinien (»Keylines«) beeinflussen seine Strömungsrichtung im Gelände. Sie werden mit einem speziellen Tiefenlockerer gezogen, der den Boden aufschlitzt und in 20 bis 30 Zentimeter Tiefe leicht anhebt. Das bringt mehr Sauerstoff und Wasser in den Boden, was zu stärkerem Wurzel- und Pflanzenwachstum führt und damit Humus aufbaut.

Yeomans hat den Umgang mit Boden revolutioniert: Statt natürlichen Entstehungsraten von wenigen Zentimetern Boden in Jahrhunderten erreichte er Raten von mehreren Zentimeter im Jahr. Plus dauerhaftes, produktives Grün selbst in Zeiten australischer Sommerdürren. Kombiniert mit Dämmen, Seen, Hecken und Bäumen entlang der Gräben, ist Keyline-Design eine Methode der Landschaftsregeneration, die Permakultur-Designer und innovative Bäuerinnen weltweit einsetzen.[30] Vor allem in versteppten und halb verwüsteten Gebieten zeigt sie enorme Erfolge.

Ähnlich arbeitet Rajendra Singh, in Indien, wo er »Wassermann« oder »Wasser-Gandhi« genannt wird. In seiner Heimatregion Radschastan initiierte er eine Volksbewegung des dezentralen Wassersammelns. Mehrere tausend einfache Stauanlagen, die Yohads, verlangsamen dort seit 1986 den Abfluss des Regenwassers. Die schier unglaubliche Bilanz dieser neu belebten traditionellen Technik: 6.500 Quadratkilometer in der Nähe der Thar-Wüste wurden wieder fruchtbar gemacht. Tausend Dörfer haben wieder Wasser. Versiegte Flüsse fließen erneut ganzjährig. Der Grundwasserspiegel stieg. Die Ernte vervielfachte sich. Männer kehren von den Städten aufs Land zurück. Frauen gehen zum Dorfbrunnen, statt kilometerweit Wassergefäße zu schleppen. In sogenannten Flussparlamenten entscheiden die Menschen nunmehr gemeinsam über Wasserfragen. Bergbau und Abholzungen wurden nach langen juristischen Kämpfen verboten.

Rajendra Singh berät nunmehr Gemeinden in aller Welt. Dafür wurde ihm der renommierte Stockholm-Wasserpreis verliehen, für den »Guardian« gehört er zu den fünfzig einflussreichsten Menschen der Erde. Der Inder glaubt, dass die Konflikte in Nahost auch das Ergebnis eines falschen Wassermanagements sind: Flüsse werden oft in Riesenstaudämmen gestaut, statt kleine Wasserkreisläufe zu erhalten. Das sei in jeder Region möglich, auch in sogenannten wasserarmen, sagt Singh. Genauso sieht es der im ersten Kapitel vorgestellte slowakische Hydrologe Michal Kravčik, der das »neue Wasserparadigma« formulierte: »Es geht bei einem gesunden Wasser-Management nicht darum, Wasser zu speichern, sondern darum, den Regen zurückzubringen.«

Der Meteorologe Millán Millán, Chef des Zentrums für Umweltstudien am Mittelmeer (CEAM) im spanischen Valencia, bestätigte die Theorie durch jahrzehntelang gesammelte empirische Daten: Wenn durch Agroindustrie, Entwaldung und Touristenbetonburgen die kleinen Wasserkreisläufe an der Mittelmeerküste zerstört werden, so Millan, gehen die Niederschläge auch auf den Landmassen zurück, weil die Wolken zurück aufs Meer getrieben werden. Quellen und Flüsse trocknen aus, Regenmuster in ganz Europa verändern sich: Südeuropa droht auszudörren, Nordeuropa wird tendenziell überflutet.[31]

Wassersicherheit erhalten Gemeinden und Länder nur dadurch, dass sie den Regen verdunsten und versickern lassen. Das heißt aber auch: Großkonzerne, die aus der Aufstauung und Privatisierung von Wasser ein Milliardengeschäft machen, müssen gestoppt werden. Michal Kravčik machte vor, wie das geht: Angeleitet von seiner Bürgerinitiative People and Water, bauten Tausende anstelle des geplanten Riesenstaudamms in 18 Monaten in 488 Dörfern und Städten rund 100.000 kleine »Checkdams« aus Steinen und Holz. Die Wasserhaltekraft der Region wurde auf 10 Millionen Kubikmeter erhöht, die degradierte Landschaft gesundete.

Das Ökodorf Tamera in Portugal legte unter Anleitung des Permakulturisten Sepp Holzer seit 2007 eine ständig erweiterte Wasserretentionslandschaft an. »Waldaufbau, Terrassierung und Gartenbau sowie zahlreiche Teiche, Seen, Gräben, angelegt ausschließlich mit natürlichem Material, verlangsamen das Regenwasser und geben ihm Zeit, in den Erdboden einzusickern«, berichtet Leila Dregger, die dort lebt.[32] »Das Ergebnis ist weithin sichtbar: Ein Gelände von 150 Hektar, umgeben von Baumsterben und Steppenbildung, bleibt heute ganzjährig grün und kann auch im Sommer die Gartenterrassen ohne Grundwasser bewässern. Eine neu entsprungene Quelle führt ganzjährig Trinkwasser.« Der verantwortliche Ingenieur Bernd Müller berät inzwischen Hilfsorganisationen in Haiti, Bolivien oder Kenia, wie man mit Waldaufbau, Terrassierung, dem

Wasserrückhaltelandschaft im portugiesischen Ökodorf Tamera.
Foto: Simon du Vinage, Wikimedia

Anlegen von Seen, Teichen und Gräben dem Regenwasser Zeit zum Versickern gibt. Müller ist sich sicher: »Die Umsetzung eines ganzheitlichen Wasserkonzeptes mit Wasserretention und Mischwaldaufbau könnte auch krisengeschüttelten Regionen wieder Erleichterung bringen. Wenn Flüsse, Bäche und Quellen einer Region wieder fließen, wenn Regen wieder häufiger und gleichmäßiger fällt, dann wird sich auch die bäuerliche Landwirtschaft wieder lohnen, auch andere Produktionsbereiche werden wieder aufleben, und die Dörfer können sich wieder bevölkern.«

All diesen Engagierten des »neuen Wasserparadigmas« schwebt ein «globaler Aktionsplan« vor: Wenn jeder Mensch dafür sorgen würde, dass 100 Kubikmeter Regenwasser in den Erdboden einsickern können, könne man die Klimakrise aufhalten und die Ökosysteme weltweit regenerieren. Und das alles dezentral, weitgehend ohne Regierungen: »Wasserverantwortliche Gemeinden« könnten zu einer weltweiten Bewegung werden und sich vernetzen.

Schloss Tempelhof vereint viele regenerative Ansätze

Kommen wir nun in die Permakulturlandschaft, die Stefan Schwarzer mitgeschaffen hat. In der Nähe von Crailsheim, eingebettet zwischen sanften Hügeln im schwäbischen Hohenlohe, liegt das Ökodorf Schloss Tempelhof. Zerstreute Gebäude und einige Bauwagen umrunden ein Schlösschen aus dem 17. Jahrhundert. Hier leben ungefähr 100 Erwachsene und 40 Kinder, eine syrische Flüchtlingsfamilie, dazu 75 Bienenvölker, 55 Ziegen, 40 Legehennen, Vögel, Insekten, Schnecken und Schmetterlinge.

In deutschlandweit einmaliger Weise versucht die Dorfgemeinschaft, viele Ansätze einer aufbauenden Agrikultur zusammenzuführen: minimale Bodenbearbeitung. Mischfruchtanbau. Permakultur. Essbare Landschaften. Waldgärten mit mehrjährigen Wildgemüsekulturen. Keyline-Wassermanagement. Agroforstwirtschaft. Kreislaufwirtschaft. Konsumption vor Ort. Veredelung für den Verkauf im eigenen Tempel*Hof*Laden. Zum Großteil kann sie sich samt ihren vielen Gästen von eigenen Lebensmitteln ernähren. Äcker, Gewächshäuser und Permagarten liefern sogar zu viel, der Überschuss geht an Bioläden, ein gehobenes Restaurant und Abokistenbezieher in der Umgebung. Aber 100 Prozent Eigenversorgung werden es wohl nie werden: Kaffee oder Bananen gedeihen an der schwäbisch-fränkischen Grenze immer noch nicht.

Die Gebäude beherbergten einst eine Jugendpsychiatrie und ein Kinderheim. »Als wir zwanzig Gründer an einem eiskalt-nebligen Tag im Februar 2010 hier ankamen, standen viele Häuser seit Jahren leer. Die Aura der verlassenen, unglücklichen Kinder war noch spürbar«, erzählt Mitgründerin Agnes Schuster. Aber da man nur selten die Chance hat, gleich ein ganzes Dorf zu kaufen, wagten sie es dennoch. Unter Leitung des Ex-Bauunternehmers Wolfgang Sechser sanierte die Gründergruppe auf dem 31 Hektar großen Gelände im Winter 2010/11 die ersten Häuser, sodass sie einziehen und die Bewohnerschaft sich rasant vergrößern konnte. Das Geheimnis ihrer beeindruckenden Entwicklungsdynamik: ein Kreis.

Der Tag wird im Morgenkreis begonnen; alles wird im Kreis besprochen; alle begegnen sich als Gleiche auf Augenhöhe. In einer Turnhalle im Kreis sitzend, entschieden die Erwachsenen von Beginn an nach einem sechsstufigen Konsensverfahren. Wer mit einem Beschluss nicht leben kann, legt ein Veto ein, aber das passiert selten. »Die Magie des Kreises« nennt Agnes Schuster das.

Neben ihr auf der Bank vor der Gemeinschaftsküche sitzt Wolfgang Sechser, der sich früher in der Bauwirtschaft täglich 16 Stunden fast bis zum Herzinfarkt verausgabte. In dieser Urform der Demokratie fand er »dynamische Ruhe und ruhige Dynamik«. Konsenskultur bedeutet keineswegs endloses Reden, sagt er. Und gerade schwierige Prozesse seien oft besondere Höhepunkte gewesen, weil Menschen mit unerwarteten Sichtweisen positive Veränderungen bewirkten.

»Hier kann ich ein gutes Leben im Mehrgenerationenkreis leben, Tod und Geburt mit eingeschlossen«, meint Agnes Schuster. Die Sozialpädagogin, Erzieherin, Buchhändlerin und Naturkostladenbetreiberin kümmert sich um alle und alles. Sie beschäftigt sich auch viel mit Generationengerechtigkeit: »Das Drama der Alten entsteht doch erst durch die gesellschaftliche Vereinzelung. Und das der Trennungskinder auch. In unserem Dorf können Kinder die Trennung ihrer Eltern relativ unbeschadet durchleben, sie haben viele andere Bezugspersonen.« Generationengerechtigkeit bedeute aber auch, sagt die Mutter eines Sohnes, Ressourcen für kommende Generationen zu schonen. Deshalb versucht die Dorfgemeinschaft, nach den Prinzipien aufbauender Agrikultur zu leben – noch unvollkommen, natürlich. Stefan Schwarzer, in Tempelhof zuständig für die Permakultur, sagt bescheiden: »Wir laufen Marathon und haben gerade mal die ersten Kilometer zurückgelegt.«

Ein Dutzend Menschen, die sich sieben Vollzeitstellen in der Landwirtschaft teilen, bauen Getreide auf zwei und Gemüse auf drei Hektar an. Noch mehr Äcker erholen sich gerade unter einer Gründüngung. Feldfrüchte wie Kohl oder Kürbis wachsen, dick in eine Mulchschicht eingepackt, in schmalen Reihen nebeneinander. Immer wieder bekommen sie Komposttee zu trinken, angereichert mit Huminstoffen. »Schon in kleinsten Mengen erzielt der unglaubliche Effekte«, freut sich Urs Mauk, der nach einer Gärtnerausbildung Landwirtschaft studiert hat. In vier Gewächshäusern – davon ein Anzuchthaus – benutzt das Team fast nur eigenes standortangepasstes Saatgut. Hybridsaaten der Agroindustrie kommen ihm weder in die Tüte und noch aus der Tüte.

Hmmmhmm – es duftet so angenehm in den Gewächshäusern. Die große Vielfalt von Pflanzen, Kräutern und Blumen, Stroh und Pilzen macht sich bemerkbar. Im ersten Haus gedeihen 22 verschiedene Tomatensorten; im zweiten Möhren und Zwiebeln unter Stangenbohnen oder Zuckererbsen, an den ungenutzten Enden sogar Feigensträucher und Weinreben; im dritten unter anderem Gurken und Basilikum.

Mulch aus Hackschnitzeln haben die Landwirte und Gärtnerinnen mit Pilzkulturen geimpft, sodass sie im Vorübergehen auch noch leckere Austernsaitlinge oder Braunkappen ernten können. Franzosenkraut und Taubnessel, anderswo »Unkraut«, lassen sie bewusst stehen oder pflücken es als Wildsalat. Weitere Kräuter wachsen im Garten hinter der Kantine. »In den Häusern haben wir

Permakulturbeet mit Nutzbäumen und mehr als 200 mehrjährigen Gemüsesorten im Ökodorf Tempelhof. *Foto: Stefan Schwarzer*

mehr Möglichkeiten als auf dem Feld, Kulturen zu mischen«, erklärt Maya Lukoff, die ein Landwirtschaftsstudium mit einer Demeter-Ausbildung kombiniert hat. Die meiste Arbeit erledigen sie mit der Hand. Den Rest im Gewächshaus und auf Freiflächen übernimmt eine Einachsfräse, mit der sie bequem durch Pflanzreihen fahren können. Mit solch einem Leichtgewicht laufen sie kaum Gefahr, den Boden zu stören und zu verdichten.

Rund ums Dorf soll in den nächsten Jahren eine vielfältige Permakulturlandschaft entstehen. Mit essbaren Beeren und Blüten am Wegesrand. Mit holistischem Weidemanagement, rotierenden Weideflächen und Obstbauminseln für die Ziegen. Mit Baum- und Strauchreihen, die in Äcker integriert sind. Mit Wald- und Kräutergärten. Und einer ganzen Kette von Teichen. Ein Teil ist schon gepflanzt: Zwischen 25 Birnbäumen wachsen Erlen, Sibirische Erbsensträucher und Ölweiden als natürliche Stickstofffixierer. Die Pflege der Sträucher ist einfach: »Äste abschneiden und liegen lassen«, beschreibt Stefan Schwarzer das Prinzip einer schnellen Düngung der Obstbäume. Auch einen Teil der Dorfwege hat er »mundläufig« gestaltet, mit Erd-, Him-, Mai-, Stachel- und Heidelbeeren, die die Kinder mit Freude naschen. Dazwischen wiegen sich knallrote Mohnblumen, weiße Margeriten, zartblaue Jungfern im Grünen.

Mehrjähriges Gemüse für den Garten

Welches mehrjährige Gemüse kennen Sie? Vielen fällt hier nur Spargel oder allenfalls Rhabarber ein, der mehr als Obst verwendet wird. Dabei gibt es viele, auch für kleinere Gärten interessante Sorten.

Ihr großer Vorteil: Statt jedes Jahr Samen säen, pikieren, umtopfen, einpflanzen, wässern und aufpäppeln zu müssen, muss man das Gleiche bei den mehrjährigen Pflanzen nur einmal machen, um dann über viele Jahre ohne viel Aufwand zu ernten.

Und: Mehrjährige Pflanzen sind resistenter gegen Trockenheit, weil sie ein tieferes Wurzelwachstum haben, und auch gegen Schnecken, weil diese feine Salate bevorzugen und die Mehrjährigen schneller wachsen. Sie setzen sich zudem gegen »Unkraut« besser durch.

Unsere einjährigen Pflanzen sind oft aus mehrjährigen Ahnen gezüchtet worden, sind allerdings meist nicht so produktiv wie die einjährigen, die über Hunderte und Tausende von Jahren auf Höchstleistungen gezüchtet wurden.

Für Kohlliebhaber

* Der **Ewige Kohl** *(Brassica oleracea var. ramosa)*, wächst munter immer weiter und kann viel Raum einnehmen. Dafür kann man regelmäßig und auch noch im Winter geschmackvolle Blätter ernten.
* Wer im Frühjahr noch nicht genug von Kohl hat, dem sei der von der Küste kommende **Helgoländer Kohl** *(Brassica oleracea ssp. oleracea)* empfohlen, welcher im Frühjahr wächst.

Weniger saure Ampfersorten

* Der **Gemüseampfer** *(Rumex patientia)* gehört dazu. Er hat eine leicht saure Note, mit einem sanften Hauch Spinat. Zu verwerten ist er wie dieser: in kleineren Mengen roh zum Salatmix, sonst gekocht als Lasagne, in der Gemüsepfanne oder auch als Suppe.
* Der **Schildampfer** *(Rumex scutatus)* ist eine wunderbar schmackhafte Ergänzung zu jedem Salat und wächst prima.

Schmackhafter Wildwuchs

Manch nützliche und schmackhafte Pflanze breitet sich gerne aus – was von Vorteil sein kann, aber mitbedacht werden muss:
* Die **Brennnessel** *(Urtica dioica)* – welcher Gärtner fürchtet sie nicht? – gehört dazu. Ein Tausendsassa für die Küche. Mit Kartoffeln und Möhren zusammen als Eintopf: ein Traum.
* Die (nicht brennende) **Taubnessel** *(Lamium album)* schmeckt würzig.

Essbar und gesund: Sauerampfer (o. l.), Schildampfer (o. M.), Gundermann (o. r.), Süßdolde (u. l.), Teefenchel (u. M.), Taglilie (u. r.). Foto: Wikipedia

* Der **Gundermann** *(Glechoma hederacea)*, ein guter Bodenbedecker, hat ebenfalls einen kräftig-würzigen Geschmack.
* Der **Ausdauernde Buchweizen** *(Fagopyrum cymosum)* ist spinat-ähnlich in Aussehen und Geschmack und hochwachsend.
* Die **Süßdolde** *(Myrrhis odorata)* ist standorttreu und schmeckt nach Lakritze.
* Ebenfalls der **Teefenchel** *(Foeniculum vulgare)*: Seine Samen sind bekannt, seine Blüten schmecken vorzüglich, mit süß-lakritziger Note; sein im Frühjahr kräftig wachsendes Grün ist eine Delikatesse in jedem Salat.

Das Auge isst mit

* Die **Malven** sind allseits bekannt. Weniger bekannt ist, dass Blätter und Blüten essbar sind.
* Die **Taglilie** *(Hemerocallis fulva Kwanso)* ist besonders schmackhaft. Die Knospen wie Grünspargel kurz in der Pfanne angebraten, oder die gelben, orangen oder roten Blüten auf dem Salat: eine Köstlichkeit!

Buchempfehlung:

Alexander Heil: *Der Paradiesgarten*, Martin Crawford: *Perennial Vegetables*.

Kreisdemokratie in der Gemeinschaft Tempelhof. *Foto: Schloss Tempelhof*

Schönheit als Seelennahrung ist ebenfalls wichtig in der Permakultur – und essbar ist sie auch, im Salat oder Tee.

Was aber nicht heißt, dass weniger Schönes beseitigt wird. Im Sinne von Kreislaufwirtschaften und Ressourcenschonung riss die Gemeinschaft selbst die hässlichsten Häuser nicht ab, sondern setzte sie instand. 2015 entstand obendrein ein »Earthship«, ein Haus aus Lehm und Recyclingmaterial wie Flaschen und Altreifen, das einigen als Bade-, Wohn- und Esszimmer dient. Ein anderes Gebäude wurde holzverschalt und fröhlichblau gestrichen: die Freie Schule.

Im September 2013 genehmigten die Behörden endlich die Grund- und Werkrealschule nach einem langwierigen Antragsverfahren. Inzwischen beherbergt sie 60 Kinder und Jugendliche, die, unterstützt von ihren »Lernbegleitern«, unbenotet selbst entscheiden können, was sie lernen wollen. Etwa das Pikieren von Tomaten. Als im Frühjahr 2.000 junge Tomatenpflanzen auf ihr Umsetzen warteten, entschieden die Kinder, das weitestgehend selbst zu erledigen. »Einfach so«, erklärt Stefan Schwarzer. »Weil sie es wollten, weil es ihnen Spaß macht.«

»Für die Erziehung eines Kindes braucht es ein ganzes Dorf«, besagt ein afrikanischer Spruch, der in Tempelhof noch mal umgedreht wurde: Der ganze Dorfkreis wurde zur Schule. Alle Betriebe stehen den Kindern offen: Gewächshäuser, Käserei, Gemeinschaftsküche, Wohnwagenbau ebenso wie Schlosserei, Schreinerei und Näherei und alle Yoga- und Therapieräume. »Wir haben hier auch Jugendliche aufgenommen, die als extrem schwierig galten und richtig aufgeblüht sind«, erzählt Agnes Schuster mit leuchtend blaugrünen Augen. »Sie finden es toll, Ziegen zu füttern oder Quellwasser zu schöpfen.«

Ein »großartiges Spielfeld« nennt auch Roman Huber das Dorf, obwohl er schon erwachsen ist. Er wollte »keine Altersvorsorge auf Zinsbasis«, also baute er lieber Schloss Tempelhof mit auf. Gründe, warum er gerne in Gemeinschaft lebt, fallen ihm viele ein: unter anderem weil er dort »tiefe Freundschaften« erleben, Natur genießen, Großes bewegen könne und »die Welt nicht allein retten« müsse.

Roman Huber ist Aufsichtsrat von Schloss Tempelhof und Vorstandsmitglied des bundesweiten Vereins Mehr Demokratie. Der energiegeladene Macher hat hier sein Büro, vollgepackt mit Unterschriftenlisten gegen das Freihandelsabkommen TTIP, an der Wand Fotos des Aktionskünstlers Joseph Beuys. Ist es Zufall, dass Mehr Demokratie sich ausgerechnet in der Kreisdemokratie von Schloss Tempelhof angesiedelt hat? Jedenfalls hofft Roman Huber, die verkrustete Parlamentsdemokratie könne sich durch Gemeinschaftsbildung in urdemokratischen Kreisen erneuern und zu direkter Demokratie mit Volksabstimmungen erweitern.

Sein zweites großes Thema ist solidarökonomischer Gemeinschaftsbesitz. Ihr Projekt bestehe aus drei Grundelementen, erläutert er. Das erste ist die »grund-stiftung«, die Grund und Boden der Spekulation entzieht. Mit großen Beträgen der Gründergruppe samt Freunden kaufte sie das gesamte Gelände, sodass sie von Beginn an banken- und spekulationsfrei wirtschaften konnten. Die Stiftung vergab das Gelände in 99-jähriger Erbpacht wiederum an die Genossenschaft Tempelhof, das zweite Element. Wer Mitglied der Lebensgemeinschaft werden will, muss ein Probejahr absolvieren und 30.000 Euro für Investitionen und Renovierungen in die Genossenschaft einzahlen. Das dritte Element ist der Verein Tempelhof, der Bildungsveranstaltungen anbietet oder auch bundesweite Treffen der Solidarischen Landwirtschaft ermöglicht.

Die Konstruktion habe sich sehr bewährt, meint Dorfgründer Roman Huber. Wer von den Dorfbetrieben lebt, erhält ein »Bedarfseinkommen« nach dem Grundsatz: »Ich bekomme, was ich brauche, und gebe, was ich kann.« Eltern steht damit meist mehr zu als Kinderlosen. »Wir sorgen füreinander. Wenn ich in Not bin, werde ich getragen. Ich habe keine Existenzangst mehr«, sagt er. Und erzählt, wie positiv es den Bürgermeister ihrer Acht-Dörfer-Gemeinde Kreßberg beeindruckt habe, dass hier niemand von Sozialhilfe lebt – so wie es ihm die Gründer anfangs versprochen haben.

Für den Permakultur-Designer Stefan Schwarzer spielt eine wichtige Rolle, »dass ich hier Landschaft rundum frei mitgestalten kann«. Den Stein ins Rollen brachten vor ein paar Jahren Feldsteine, die ihn beim Umgraben immer ärgerten. »Bis ich über die Permakultur darauf kam, dass Steine kein Problem sind, sondern eine Lösung! In einer Kräuterspirale, am Beet- oder Waldesrand aufgeschichtet, ergeben sie wunderbare Lebensräume für seltene und hilfreiche

Tiere oder auch Wärmespeicher.« Je mehr man solche und andere Elemente einbaut, desto stabiler wird das System, desto weniger hat man später zu tun, besagt ein Grundsatz der Permakultur. Jedenfalls in der Theorie.»›Gärtnern aus der Hängematte‹ nennen das manche. Ich wünschte, ich läge schon drin.«

Gegenüber dem »Earthship« hat er in fleißiger Arbeit einen essbaren Garten aus Obstbäumen, Nuss- und Beerensträuchern sowie über 200 nahrhaften mehrjährigen Pflanzen angelegt. Es duftet. Bienen umschwirren blaue Malven und orange leuchtende Taglilien. Von A wie Anis-Ysop bis Z wie Zuckerwurzeln ist alles vertreten, was in Mund und Kochtopf wandern kann. Blüten und Blätter schmecken süß, säuerlich, pfeffrig, würzig, krautig, herb – so intensiv, wie es nur Wildpflanzen können. Auch Kartoffeln und Topinambur sind vertreten, die unter Heu-Mulch und alten Pappkartons zum Unterdrücken von Quecke, Ampfer & Co. mehrwöchige Trockenperioden fast problemlos überleben.»Was hier gut gedeiht, wandert in den Waldgarten«, sagt der Permakulturist und zeigt schräg nach oben auf einen Hügel.»Genau genommen ist das hier eine Versuchs-, Forschungs-, Demonstrations-, Bildungs- und Produktionsstätte.« Also eine runde Sache.

Dort, auf dem Hügel vor dem Waldesrand, wächst jetzt ausschließlich mehrjähriges Gemüse: Winterheckenzwiebeln, Wiesenknöterich, Gemüseampfer, Teefenchel, Taglilien, Topinambur, Brennnesseln, Barbarakresse, Zuckerwurzel, Wildrucola, Taubnessel, Süßdolde. Das Pilotprojekt baut Stefan Schwarzer zusammen mit dem Agroforstberater Burkhard Kayser auf. Zwischen das Gemüse setzen sie Sträucher und Bäume – unter anderem Erlen, die Stickstoff liefern und rankenden Kiwis als Spalier dienen. Die Zwiebeln hat er frisch beschnitten, den austretenden Saft lutschen Bienen aus den Kästen am Waldrand. Er freut sich an ihrem Anblick.»Einen Teil der Blüten lasse ich bewusst für sie stehen. Und den ganzen Honig nehmen wir ihnen zum Winter hin nicht weg. Überschüsse teilen, das ist einer der ethischen Grundsätze der Permakultur.«

Entlang der Höhenlinien hat der Permakulturist nach Keyline-Art kleine Gräben gezogen, um den Wasserhaushalt im Gleichgewicht zu halten. Wenn es gießt, sammelt sich darin abfließendes Wasser, was Bodenerosion begrenzt; durch langsame Versickerung können längere Trockenzeiten überstanden werden. Die feuchte Talseite der Gräben bepflanzte er:»Die Vegetation wächst hier besonders gut.« Jedes Jahr soll der Waldgarten nun ein Stück weiter Richtung Tal wachsen, bis er etwa einen Hektar groß ist.»Ich möchte die Waldenden organisch verbinden und das Land sukzessive in einen Hain verwandeln.«

Die dynamische Kreisdemokratie von Schloss Tempelhof zieht immer größere Kreise. Es ist auch eine Demokratie der Natur: Die ganze Fülle der Biodiversität darf sich darin ausdrücken.

KAPITEL 4

Wie David den Boden pflegt

*»Ich staune einfach immer wieder, wie all die Myriaden
von Bodenlebewesen genau wissen, was zu tun ist.
Das großartige Zusammenwirken, das letztlich
fruchtbare Erde ermöglicht, kann für mich nicht einfach
verächtlich Zufall genannt werden. Da ist schlicht
Ehrfurcht angesagt.«*

Martin Köchli, Biobauer in Buttwil, Schweiz

Die Modenschau der Bodenlebewesen

Herzlich willkommen, liebes Publikum, auf dem Pfad des Lebens, dem Weg der Absonderlichkeiten, dem Exploratorium der unglaublichen Vielfalt jener kleinen bis winzigen Lebewesen, die mit ihrer Fress- und Wühltätigkeit im Boden für unser aller Überleben sorgen. In den nächsten Minuten werden wir diese staunenswerte Biodiversität auf unserem öffentlichen Laufsteg vorführen und damit hoffentlich auch Sie zum Staunen bringen.

Das Paradies, in dem Adam und Eva lebten, war nicht zufällig ein Garten: der Garten Eden mit seiner Überfülle an Pflanzen und Bäumen, Blüten und Früchten, Schmetterlingen und Vögeln und allem, was da kreucht und fleucht. Der hebräische Name von Adam leitet sich von *adamah* ab – das bedeutet Erde oder Ackerboden. Adam wurde der Bibel zufolge aus einem Erdklumpen geschaffen und wird als Toter wieder zu Erde werden. Die lateinischen Wörter *Humus* und *humanus* – Letzteres bedeutet »menschlich« und »fein gebildet« – stammen aus derselben Wortwurzel, man könnte schon fast sagen: aus derselben Pflanzenwurzel. Der oberirdischen Überfülle des Garten Edens entspricht die noch viel größere unterirdische: Am Anfang war wohl nicht das Wort, sondern der Mutterboden. Oder MutterErde.

In einer Handvoll fruchtbaren Bodens befinden sich Abermilliarden Lebewesen in so ungeheurer Vielfalt, dass bis heute nur ein Bruchteil der Arten bekannt ist. In der nüchternen Sprache des Bodenkundlers Georg Muggenberger klingt das so: »Der Boden ist nun mal so komplex wie kein anderes Ökosystem. Von den organischen Verbindungen kennen wir noch immer nur 10 bis 20 Prozent. Man weiß immer noch nicht, wie viele Spezies darin wirklich leben. Aber die aktuelle Schätzung von einer Million mikrobieller Spezies ist wahrscheinlich nicht übertrieben.« Das Gewicht der Organismen pro Hektar, so das Bodenforscherpaar Franz und Margareth Sekera, entspreche in etwa dem Gewicht der Nutztiere, die sich von einem Hektar ernähren. Sie alle zusammen bilden das sogenannte Edaphon, die Gesamtheit der Bodenorganismen.

Wir begrüßen nun herzlich die Kleinsten, die zugleich die Wichtigsten sind, die Basis der Lebenspyramide. In jedem Gramm gesunden Bodens leben Millionen von Bakterien. Kugelförmig, stäbchenförmig, schraubenförmig kullern sie nun über unseren Laufsteg. Manche haben regelrechte Stiele oder andere Anhänge. Sie sind alle gerade mal 0,1 bis 20 Mikrometer groß – über den Daumen gepeilt, hundertmal kleiner als der Durchmesser eines Menschenhaares. Dabei leisten sie den größten Beitrag zum Umbau der organischen Substanz in einer perfekten Kreislaufwirtschaft. Sie zersetzen organische Abfälle mit ihren Enzymen zu Wasser, Mineralsalzen und Kohlensäure. Jawoll, Sie hören richtig, manche von ihnen produzieren so etwas wie Sprudel. Andere sind als einzige Lebewesen überhaupt in der Lage, Stickstoff aus der Luft zu binden und Pflanzen zur Verfügung zu stellen: die Knöllchenbakterien, die sich an den Wurzeln von Leguminosen wie Klee, Bohnen und Lupinen bilden. In humusreicher Erde leben besonders viele von ihnen. Eine Symbiose zu beider Nutzen: Pflanzen erhalten organischen Stickstoff und beschenken Bakterien im Gegenzug mit Kohlehydraten und anderen Lebensstoffen. In kunstgedüngten Böden allerdings sterben diese Helferlein aus. Wir bitten um Applaus für ihre ungeheure Arbeitsleistung!

Ja, danke, danke. Beachten Sie nun den nächsten Auftritt auf unserem Laufsteg, und wundern Sie sich nicht, dass sich ein unfassbares Wirrwarr aus kilometerlangen Fäden über ihn ergießt. Nein, wir sind nicht in einer Spinnfabrik – es handelt sich um Pilze und ihre Fäden, die sogenannten Hyphen. Mykorrhiza-Pilze, die sich symbiotisch mit Pflanzenwurzeln verbandeln, sind in Landökosystemen absolut unersetzlich. Ohne sie könnten Pflanzen und Bäume nicht leben. Seit Milliarden von Jahren bilden sie das World Wood Web – das Internet ist nichts dagegen. Wir bitten um Beifall!

Nun folgen die Algen. Beachten Sie bitte die Pracht an Farben und Formen auf dem Laufsteg! Sie sehen hier Grün-, Gelbgrün- und Kieselalgen, allesamt kleiner als 0,2 Millimeter. Anders als Sie vielleicht glauben, leben sie nicht nur

im Wasser, sondern auch auf und in Böden, knapp unter ihrer Oberfläche. Wie Pflanzen betreiben sie Photosynthese mit grünem Chlorophyll. Mikro-Solaranlagen, wenn Sie so wollen. Applaus, bitte schön!

Und nun – Vorsicht! Die Geißelpeitschen kommen! Die Flagellaten oder Geißeltierchen besitzen Tausende fadenförmiger Geißeln, mit denen sie sich fortbewegen und Nahrung in den Schlund strudeln. Sie gehören zu den Protozoen oder Urtierchen – Urformen des Lebendigen. Beachtenswerte Gestalten!

Wir kommen nun zu den Chamäleons des Bodenlebens, die ihre Form fortwährend ändern können. Es ist unfassbar, wie sie jetzt über den Laufsteg trippeln – hier ein Füßchen bildend, dort eines zurückziehend. Lassen Sie sich

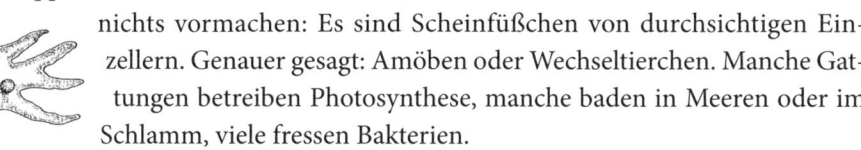

nichts vormachen: Es sind Scheinfüßchen von durchsichtigen Einzellern. Genauer gesagt: Amöben oder Wechseltierchen. Manche Gattungen betreiben Photosynthese, manche baden in Meeren oder im Schlamm, viele fressen Bakterien.

Und wer kommt da geschwommen? Verehrtes Publikum, es handelt sich hier um echte Ruderer, Lebewesen mit eingebauten Paddeln. Wimperntierchen, die in dünnen Wasserfilmen rund um Bodenteilchen leben und gerade mal 50 bis 300 Mikrometer groß sind. Diese Einzeller können auf ihren Paddeln oder Wimpern regelrecht laufen, manche springen sogar. Bakterien sind ihre liebste Nahrung, die sie in ihren maulähnlichen Schlund hineinstrudeln.

Meine Damen und Herren, nach der Mikrofauna präsentiert sich nun die Klasse der Mesofauna, der mittelkleinen Bodentierchen, aber was heißt schon mittelklein? Weniger als zwei Millimeter groß. Was jetzt über den Laufsteg gleitet, schwimmt, kriecht, strudelt und auf den eigenen Wimpern läuft, sind die wahren Meister der Fortbewegung. Rädertierchen haben lange vor den Menschen das Rad erfunden: An ihrem Kopf sitzt wie ein Kranz von Wimpern das Räderorgan, das ständig in Bewegung ist. Rädertierchen fressen mit Vorliebe Bakterien und Algen.

Und das, was sich hier zu einem Gewirr von Schläuchen und Fäden kringelt, ist die artenreiche Klasse der Nematoden oder Fadenwürmer. Nicht alle sind nett und friedlich, manche betätigen sich – jedenfalls aus Sicht von uns Menschen – als fiese parasitäre Plagegeister, so wie die Spulwürmer. Andere aber sind nützliche Bakterienfresser.

Bedenken Sie bitte: Das, was Sie hier auf dem Laufsteg sehen, ist ein Blick in die Urgründe der Evolution, auf Lebewesen, die Jahrmilliarden auf dem Buckel haben. So wie hier diese panzerähnlichen Wesen, echte Darsteller planetarischer Urzeiten: Milben, die zu den Spinnentieren gehören. Sie haben vier Laufbeinpaare, die wie gefiedert aussehen. In ihrer Maulgegend sind Messer, Gabel, Nadel und Zange zu praktischen Mundwerkzeugen zusammengewachsen. Stellen Sie sich mal vor, wir Menschen hätten das! Die Erfinder des Schweizer Taschenmessers hätten keine Chance. Vor allem die Hornmilben, diese braun-schwarzen kugeligen Gebilde hier, sind überaus nützliche Primärzersetzer und Humusbildner.

Die heuschreckenartigen Springschwänze, die jetzt mit langen schlanken Beinen über den Steg hüpfen, gehören zu den sogenannten Urinsekten. Sie sind wunderbar bunt, von graublau bis gelblich, besitzen aus vielen Einzelaugen zusammengesetzte Komplexaugen und eine Art Sprunggabel. Sie fördern die Humusbildung, indem sie sich von verwesenden Stoffen ernähren.

Ihr Beifall wird dünner. Haben Sie langsam genug? Wir hoffen nicht, denn wir kommen nun zu jenen Tierchen, die Sie etwas besser kennen, weil Sie diese über 20 Millimeter große Makrofauna mit bloßem Auge erkennen können.

Hier zum Beispiel der Ringelpiez der Ringelwürmer, zu denen auch die Borstenwürmer und Wenigborster gehören. Sie haben ein einzigartiges Sexleben: Manche befruchten sich als Zwitter gegenseitig, andere lassen ihren Körper einfach in einzelne Fragmente zerfallen, wenn sie sich vermehren wollen. Wenn wir Menschen das so machen würden, hätten wir keine Probleme mehr zwischen Männlein und Weiblein ... aber auch weniger Spaß. Wenigborster sind extrem wichtige Humusbildner, manche sagen sogar: wichtiger als Regenwürmer. Sie fressen Kot von Springschwänzen, graben Gänge und scheiden wertvolle Substanzen aus.

Ihnen folgen jetzt die Asseln, kleine rundliche Krebse mit Miniantennen, die mit ihren Beinchen atmen und sich begatten können. Land- und Kellerasseln fressen Laub, Holz, Algen, Kadaver und Verwesendes aller Art und scheiden wertvolle Ton-Humus-Komplexe aus. In trockenen Gegenden ohne Regenwürmer, etwa in Nordafrika, übernehmen sie die Funktion jener Würmer.

Wollen wir Ameisen auch zu den Bodentieren zählen? In gewisser Weise ähneln sie uns Menschen. Denn sie spielen Polizei und Hygieneamt, indem sie Kadaver fressen. Sie sind Sammler und Jäger, weil sie Samen verbreiten und Insekten vertilgen. Und perfekte Architekten, die unterirdische Gänge und Vorratskammern bauen. Sie sind Hoteliers, die Spinnen oder Käfern Herberge bieten. Sie bilden ganze Staatsgebilde mit strikter Arbeitsteilung – mit Königinnen, Arbeiterinnen, Jägerinnen, Trägerinnen, Wächterinnen und Straßenbauerinnen, die sich allesamt per Duftsprache verständigen.

Und viele Arten sind sogar als Landwirte tätig – indem sie zwar keine Kühe, aber Läuse melken oder auf abgeschnittenen Blättern Pilze züchten und an ihre Larven verfüttern.

Den Fleißigsten folgen nun die Vielfüßigsten: Doppel-, Hundert- und Tausendfüßer. Wobei ich Sie etwas enttäuschen muss: Nicht mal der Tausendfüßer hat 1.000 Beine, es sind nur 750. Dafür haben die Vielfüßer andere beeindruckende Fähigkeiten: Sie sind wahre Rasenmäher. Sie ernähren sich vorzugsweise von abgestorbenen Pflanzenresten und Streu, ihre Larven weiden Pilz- und Algenrasen ab. Tausendfüßer können ungeheure Mengen Laub und organische Abfälle zersetzen, wobei sie ähnlich wie Regenwürmer Ton-Humus-Komplexe ausscheiden. Der Rambo oder Rammtyp unter ihnen nutzt seinen Kopf als Rammbock und gräbt sich damit durch den Boden. Der Kugeltyp oder Saftkugler rollt sich bei Gefahr ein und scheidet ein fieses Sekret aus. Der Bohrtyp betätigt sich gerne als Bohrer und Graber, und der Keiltyp – na klar, der schiebt sich wie ein Keil zwischen Laub und Streu.

Zum Inventar eines ordentlichen Bodens gehören natürlich auch Spinnen und Schnecken. Ja, wird's bald da hinten auf dem Laufsteg! Meine Damen und Herren, wir müssen uns entschuldigen, es sind halt Schnecken. Sie sind zwar bei Gärtnern unbeliebt, aber oft zu Unrecht: Viele fressen Verfaulendes und Verwesendes. Auch vor Spinnen haben Menschen Angst, obwohl nur sehr wenige Arten uns durch Gift schaden können. Hier ist offenbar viel mythische Spinnerei zugange. Dafür aber graben diese Tiere Gänge in den Boden, manche wie die Tapezierspinne kleiden sie auch aus. Die meisten fressen Insekten und fügen der Erde durch Ausscheidungen stickstoffreiche Substanzen zu.

Wir nutzen die Zeitverzögerung, die die Schnecken verursacht haben, um Ihnen eine der vielfältigsten Tierklassen überhaupt vorzustellen: Käfer. Weltweit gibt es über 350.000 Arten in 179 Familien, jährlich werden Hunderte neue beschrieben. Für das Bodenleben wichtig sind unter anderem die Mist- und Aaskäfer, die genau das tun, was ihr Name sagt, und durch ihre Ausscheidungen Boden fruchtbarer machen. Andere wie die Larven der Rosen- und Nashornkäfer helfen dabei, Komposthaufen in fruchtbare Erde umzuwandeln. Was hier in allen Farben und Formen über den Laufsteg krabbelt, kreucht und fleucht, kann man im Einzelnen gar nicht mehr beschreiben – schauen Sie einfach selbst.

Natürlich gibt es noch viele andere interessante Insekten, etwa den Ohrkneifer oder Ohrwurm. Anders als der Mythos es will, kriecht er weder in menschliche Gehörgänge, noch verwandelt er sich dort zum musi-

Wie David den Boden pflegt

kalischen Ohrwurm. Er lebt und frisst lieber im Boden Pflanzenteile, Früchte und Samen, aber er jagt auch Insekten und gehört zu den Nützlingen.

Und jetzt, meine Damen und Herren, nähern wir uns dem Ende unserer Modenschau. Manche würden auch sagen: dem Höhepunkt. Wir präsentieren den König der Unterwelt – wir bitten um starken Beifall – seine Majestät, *Lumbricus terrestris*, den Regenwurm! Schon Charles Darwin widmete ihm ein ganzes Buch. »Es ist wunderbar«, schwärmte er, »wenn wir uns überlegen, dass die ganze Masse des oberflächennahen Humus durch die Körper der Regenwürmer hindurchgegangen ist und alle paar Jahre wiederum durch sie hindurchgehen wird ... Man darf wohl bezweifeln, dass es noch viele andere Tiere gibt, die so eine bedeutungsvolle Rolle in der Geschichte der Erde gespielt haben wie diese niedrig organisierten Geschöpfe.« Letztlich ist all unsere Nahrung und damit auch unsere Menschenkörper durch die unermüdliche Tätigkeit dieser Würmer mit hervorgebracht worden.

Der Regenwurm durchlüftet die Erde, wobei seine Röhren Pflanzenwurzeln als Wachstumsbahnen dienen. Vor allem aber wandelt dieser kleine Schwarzenegger mit der Kraft seiner ringförmigen Muskeln und den Mikroorganismen in seinem Darm organische Abfälle in hochwertige Erde um – das 70-Fache des eigenen Gewichts in einem einzigen Jahr. Im Vergleich zu normalem Boden finden sich in seinen Exkrementen durchschnittlich doppelt so viel Kohlenstoff, fünfmal so viel Stickstoff und siebenmal so viel Phosphor. Verzeihen Sie den Vergleich: Das ist, als würden Sie mit Ihrem Körpergewicht von etwa 70 Kilogramm jährlich etwa 5 Tonnen Schokolade ausscheiden.

Wir bitten nochmals um einen Extra-Beifall für *Lumbricus terrestricus*, den das naturbegeisterte Fräulein Brehm einen »Weltverbesserer« und »ungekrönten König von Edaphonien« nannte. Und wir danken jenen, die Erkenntnisse hierfür beigesteuert haben.[1] Aber wissen Sie: Vielleicht ist es auch falsch, die Einzelexemplare dieser wunderbaren unterirdischen Welt zu beklatschen. Im Grunde sind es die Kooperationen und Symbiosen dieser unzähligen Winzlinge, dieser Billiarden von Davids, die die Erde geschaffen haben und zusammenhalten. Sie alle gemeinsam bilden die lebendige edaphonische Symphonie. Tätetätä, Tusch und Paukenschlag!

Der Boden als Lebensgemeinschaft

Bleiben wir noch einen Moment auf oder im Boden. Das Erdreich ist, wie wir gesehen haben, eine äußerst komplexe Lebensgemeinschaft. Wenn man Humus aufbauen und Bodenfruchtbarkeit fördern will, muss man das Bodenleben füttern, von dem sich wiederum die Pflanzen ernähren.

Das ahnten oder wussten schon die ersten Forscher, die sich damit beschäftigten. Etwa Albrecht Thaer (1757–1828), Begründer der Landwirtschaftslehre, der vom Arzt zum Bodenarzt wurde und Humus als etwas Ganzheitliches beschrieb. Oder der Deutsche Raoul Francé (1874–1943) und seine Frau Annie Francé-Harrar (1886–1971), die als Erste das Bodenleben beschrieben und ihm den Namen »Edaphon« gaben. Oder Hans Peter Rusch (1906–1977), der schon als Frauenarzt und später als Vordenker einer ökologischen »Ganzheitswissenschaft« über das Phänomen Fruchtbarkeit nachdachte. In seinem Buch »Bodenfruchtbarkeit« vertritt er die These, dass das Erdreich als lebendiger Organismus betrachtet werden müsse, denn es zeige »dessen Spezifika: Lebendigkeit, Nahrungsbedürfnis, Stoffwechsel, Atmung«. Humus sei nicht auflösbar in Biochemie, sondern »Ausdruck der tätigen Beziehung zwischen dem Mutterboden und allen anderen Organismen«.[2]

1951 publizierte Rusch erstmalig »das Gesetz von der Erhaltung der lebendigen Substanz«. Bakterienflora sei allem Lebendigen gemeinsam, und Bakterien könnten sich unendlich teilen und seien deshalb nicht sterblich. Das einzelne Lebewesen sterbe und verwese zwar, aber Zellen könnten sich aus bakterieller Nahrung neue Erbsubstanz einverleiben, sodass biologische Regeneration immer wieder neu beginne. Die lebende Substanz bleibe immer lebendig, und Humuswirtschaft sei die »Kreislaufwirtschaft der lebenden Substanz«. In jedem Wesen stecke ein Stück Unsterblichkeit.

Die moderne Biologie habe seine Annahme bestätigt, schreibt Bodenforscher Herwig Pommeresche im Nachwort zu Ruschs Buch: Pflanzen nähmen über den Prozess der sogenannten Endocytose Großmoleküle und Mikroorganismen als lebendes Protoplasma in sich auf. Sie ernährten sich also genauso wie Tiere und Menschen von lebendigen Symbionten, vom Edaphon, vom »Plankton des Erdbodens, das die Humussphäre aufbaut und in Ordnung hält«.[3] Nur Leben erzeugt Leben.

Kunstdünger, also tote Chemie, ist aus dieser Sicht eher Zwangsernährung. Er treibt nur den oberirdischen Teil der Pflanze zum Wachstum an, während ihr Wurzelwerk verkümmert. Die Folge: Entlebung der Ökosysteme, Abnahme der Bodenfruchtbarkeit, letzlich zum Schaden von Pflanzen, Tieren und Menschen.

		Pflanzliche Mikroorganismen	
	50 g	Bakterien	1 000 000 000 000
	50 g	Strahlenpilze	10 000 000 000
	100 g	Pilze	1 000 000 000
	1 g	Algen	1 000 000
		Tierische Mikroorganismen	
		Geißeltierchen	500 000 000 000
	10 g	Wurzelfüßer	100 000 000 000
		Wimpertierchen	1 000 000
	Kleintiere		
	0,01 g	Rädertiere	25 000
	1 g	Fadenwürmer	1 000 000
	1 g	Milben	100 000
	0,6 g	Springschwänze	50 000
	Größere Kleintiere		
	2 g	Borstenwürmer	10 000
	1 g	Schnecken	50
	0,2 g	Spinnen	50
	0,5 g	Asseln	50
	4,5 g	Vielfüßler	300
	1,5 g	Käfer und Larven	100
	1 g	Zweiflüglerlarven	100
	1 g	übrige Kerbtiere	150
	40 g	Regenwürmer	80

Im Boden steckt Leben: Allein die obersten 30 Zentimeter enthalten Milliarden Organismen – die meisten davon sind für uns unsichtbar. *Grafik aus: Eckhard Jedicke, 1993*

Zu Ende gedacht, könnte man behaupten, Chemiegaben seien Pflanzenquälerei, weil man sie zum Einbau toter Substanzen zwingt.

Dass »bio« und »nicht-bio« einen substanziellen Unterschied ausmachen, kann man heutzutage auch mikroskopisch belegen. Ein Forschungsteam der Schweizer Biomarke Soyana ließ Lebensmittel tröpfchenweise auskristallieren und unter dem Mikroskop fotografieren.[4] Die Differenzen waren frappierend. Ökolebensmittel demonstrierten eine harmonische innere Ordnung: Kristallierter Bio-Apfelsaft etwa zeigt ein Muster, das an fruchtbar verzweigte Apfelbäumchen erinnert. In konventionellen oder genetisch manipulierten aber war diese natürliche Ordnung gestört, sie wiesen Löcher und Defekte auf. Auch die Biophotonen-Analyse des Physikprofessors Fritz-Albert Popp vom Internationalen Institut für Biophysik (IIB) in Neuss zeigt, dass »bio« und »nicht-bio« physikalisch messbar sind. Eier aus Legebatterien und Freilaufhaltung können mit dieser Methode voneinander unterschieden werden.[5] Was auf der feinstofflichen Ebene passiert, wenn wir harmonische oder gestörte Ordnungsinformation über das Essen in uns aufnehmen, weiß niemand.

Andere Bodenforscher dachten in eine ähnliche Richtung, etwa Franz Sekera (1899–1955) und seine Frau Margareth. »Humuswirtschaft ist die planmäßige Fütterung der Bodenorganismen«, schreibt sie. Um einen garen Boden zu erhalten – ein altes Bauernwort für krümelige Erde mit unzähligen groben, mittleren und feinen Poren, die viel Sauerstoff und Wasser aufnehmen –, sei die Durchwurzelung von zentraler Bedeutung. »Je dichter der Boden durchwurzelt ist, umso günstiger wird die Ernährung der Pflanze und umso vollkommener die Humus- und Garebildung.« Ihre Schlussfolgerung: »Nicht die Fläche, sondern der durchwurzelte Bodenraum ist der Grundbesitz.« Umgekehrt führten weniger Wurzeln zu »Gareschwund«, Bodenverdichtung und Erosion. Auf vielen Äckern sei eine »Entsozialisierung des Bodenlebens« feststellbar, was zu Pflanzenkrankheiten und Bodenmüdigkeit führe. Gesunder Boden aber enthalte genug natürliche Antibiotika, um sich selbst zu entseuchen.[6]

Auch für Erhard Hennig (1906–1998) spielt die Durchwurzelung des Bodens eine zentrale Rolle für Fruchtbarkeit und Humusbildung. Die Wurzeln einer Luzerne reichten im Einzelfall bis 12 Meter tief, von Bäumen bis 14 Meter, und eine einzige Roggenpflanze habe 13 Millionen Würzelchen von 600 Kilometer Gesamtlänge, staunte er.[7] Noch wichtiger aber ist die Rolle der Mykorrhiza, deren zentrale Bedeutung erst nach Hennigs Tod entdeckt wurde. Laut Rodale Institute fixiert sie den Bodenkohlenstoff über lange Zeit und in einem so hohen Ausmaß, dass sie relevant ist für den globalen Kohlenstoffzyklus. Bestimmte Mykorrhizae scheiden Glomalin aus – ein Protein, das erst 1996 entdeckt wurde und hauptverantwortlich ist für die Bildung stabiler Bodenaggregate, die das Erdreich vor Kohlenstoffverlust schützen. Wenn ihre Fäden zerfallen, bleibt Glomalin als stabile Form des organischen Kohlenstoffs für Jahrzehnte im Boden erhalten.[8]

Die Pilze und das Wood Wide Web

Mykorrhiza – was genau ist das? Unsere Reise geht nach Tübingen zum Pilzexperten Michael Weiß vom Steinbeis-Innovationszentrum Mykologie und Mikrobiologie.

• • • Herr Professor Weiß, wie sind Sie auf die Pilze gekommen?
In Tübingen, wo ich Mathematik und Biologie studiert habe, gab es eine international sehr angesehene Gruppe um den Pilzsystematiker Franz Oberwinkler. Pilze sind eigentlich die Stiefkinder der Biologie, viel weniger erforscht als Tiere, Pflanzen oder Bakterien. Früher wurden sie der Botanik zugeschlagen, obwohl man sie besser bei den Tieren einordnen sollte. Denn sie spielen eine entscheidende Rolle in der Evolution: Pflanzen werden über Pilze ernährt! Das war wahrscheinlich schon beim sogenannten Landgang vor etwa 500 Millionen Jahren so, als sich aus Algen die ersten Landpflanzen entwickelten und in Symbiose mit Pilzen lebten. Man weiß das aus Fossilienfunden aus dieser Zeit. Die Riesenvielfalt an Landpflanzen wäre nicht möglich ohne diese enge, aber verborgene Symbiose.

Warum waren oder sind Pilze Stiefkinder?
Pilze gelten hierzulande weitläufig als »böse«, als Zersetzer und Vergifter oder Parasiten. In Asien dagegen haben sie eine ähnliche Bedeutung wie bei uns Heilpflanzen, dort werden jede Menge Pilze gegessen oder als Heilmittel verwendet. Je weiter man nach Osten kommt, so könnte man vereinfachend sagen, desto mycophiler werden die Menschen, nach Westen zu sind sie eher mycophob. Wie viele Pilzarten es gibt, kann niemand genau sagen. Der größte Teil ist noch gar nicht wissenschaftlich beschrieben, die Zahl hängt auch vom verwendeten Artbegriff ab. Neueste Forschungen legen aber nahe, dass es weit mehr als 10-mal so viele Pilz- wie Pflanzenarten auf der Erde geben könnte. Danach wären es mindestens 6 Millionen Pilzarten.

Warum haben die Biologen die Rolle der Bodenpilze so lange unterschätzt?
Wir können erst mit heutigen modernen Techniken sozusagen ins Innere von Zellen blicken, die DNA von Mikroorganismen sequenzieren und die ungeheuer komplexen Pilz-Pflanze-Beziehungen genauer erforschen. Wir sind da erst am

Anfang. Für die Praxis kann man sich an eine einfache Regel halten: Je vielfältiger das Bodenleben, desto besser der Boden.

Wie funktioniert die Symbiose zwischen Pilzen und Pflanzen?

Mit molekularen Sonden kann man in den Feinstwurzeln von Landpflanzen oder auch in Moosen immer Pilze nachweisen. Grob gesprochen, liefern Pilze Nährstoffe und Wasser an die Pflanze und erhalten im Gegenzug Zucker. Aber es gibt hier eine Vielfalt an Symbioseformen und viele Ausnahmen.

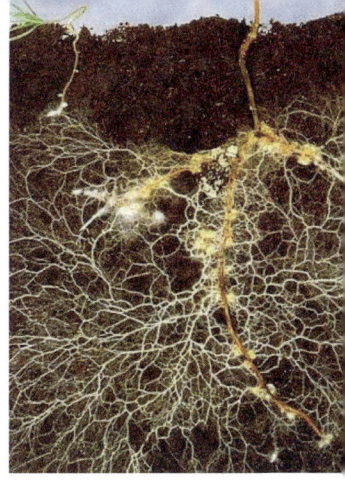

Mykorrhiza-Wurzeln.
Foto: Hans-Peter Schmidt

Seit wann kennt man diese Symbiosen zwischen Pflanzen und Pilzen?

Erst seit etwa 140 Jahren. Mykorrhiza, übersetzt »Pilzwurzel«, hat der deutsche Biologe Albert Bernhard Frank (1839–1900) zum ersten Mal im Jahr 1885 so beschrieben: Der ganze Körper sei »also weder Baumwurzel noch Pilz allein«, sondern »eine Vereinigung zweier Wesen« zur »wechselseitigen Hülfeleistung«. Aber die ungeheure Bedeutung der Mykorrhiza ist heute selbst vielen Botanikern noch nicht voll bewusst. Bei den meisten Waldbäumen – Buchen, Eichen Kiefern, Tannen – werden die feinsten Wurzeln förmlich von Pilzen eingewickelt. Das Mycel, die Gesamtheit der Pilzfäden, strahlt weit ins Erdreich hinaus, sodass Pflanzen eine viel größere Oberfläche für die Stoffaufnahme zur Verfügung steht. Das ist die sogenannte Ektomykorrhiza. »Ekto« heißt »außen«, die Pilzfäden umhüllen die Pflanzenwurzeln, aber dringen auch in deren Rinde vor. Ektomykorrhiza-Pilze bilden oft ausgeprägte Fruchtkörper, etwa bei Reizkern, Pfifferlingen oder Steinpilzen.

Ein Pilzmycel kann Bäume miteinander verbinden. So bilden die Mykorrhizen in Wäldern das »Wood Wide Web«, ohne das die meisten Bäume nur sehr kümmerlich wachsen würden. Unter dem Mikroskop sieht man, dass schon eine junge Kiefer nach dem Keimen über feinste Pilzfäden oder »Hyphen« von 10 bis 20 Mikrometer Durchmesser verfügt, die mit bloßem Auge kaum sichtbar sind. Sichtbar sind im Boden oder morschem Holz hingegen die Zusammenlagerungen von parallel verlaufenden Hyphen, die Rhizomorphen. Die sehen aus wie feine weiße Wurzeln und dienen dem effektiveren Stofftransport. Sie können sich nicht nur verzweigen, sondern auch zusammenlaufen. Jungbäume werden auf diese Weise mit dem großen unterirdischen Netzwerk des Wood Wide Web verbunden und mitversorgt.

Gibt es weitere Mykorrhizaarten?
Ja, die Endomykorrhiza, »endo« heißt innen. Eine Untergruppe davon ist die arbuskuläre Mykorrhiza. »Arbor« heißt Baum, die Pilzhyphen verzweigen sich im Inneren von Wurzelzellen zu filigransten Bäumchen. Aber selbst wenn sie die Wand einer Pflanzenzelle durchdringen, bleiben sie immer auf der Außenseite des von seiner Zellmembran weiterhin geschützten Zell-»Sacks«. Wenn ich mit meiner Hand in einen Luftballon greife, schließt sich das Ballongummi an jeder Stelle um meine Finger. So ähnlich muss man sich das vorstellen. Die Membran der Pflanzenzelle wächst den Pilzfäden hinterher, und so haben die Pilze eine riesige Interaktionsfläche mit der Zelle. Und es gibt noch weitere Typen. Pflanzenwurzeln ohne Mykorrhiza sind selten.

Wie lange leben Pilze?
Bei vielen Pilzgruppen gibt es keine Beschränkungen, solange äußerliche Bedingungen stimmen. Wenn genügend Feuchtigkeit und Nahrung vorhanden sind, können manche Mycelien immer weiter wachsen und auch Fruchtkörper bilden. Aufsehen erregt hat vor ein paar Jahren ein Hallimasch-Mycel in Oregon, dessen Alter man auf 1.500 Jahre schätzt und das eine Waldfläche von 80 Hektar durchsetzt hatte! Das konnte man durch DNA-Untersuchungen nachweisen.

Wenn Pilze so wichtig für Pflanzen sind, warum werden sie dann nicht im Pflanzenanbau verwendet?
Mykorrhizaprodukte gibt es heute durchaus schon. Aber es ist nicht ganz einfach, solche Pilze zu vermehren, weil sie nur zusammen mit Pflanzen gedeihen. Die meisten Unternehmen, die das betreiben, infizieren krautige Pflanzen mit Mykorrhiza und ernten später die Wurzeln mit ihren Sporen. Das ist aufwendig.

Was passiert mit Mykorrhiza, wenn man Kunstdünger aufs Feld gibt?
Die Pilze lösen Nährstoffe aus dem Humus und transportieren ihn zu den Pflanzen. Aber vom Mineraldünger können sie sich nicht ernähren, sie verhungern. Das gesamte Bodenleben hat ohne Humusquelle praktisch nichts mehr zu futtern. Die Biodiversität im Boden nimmt drastisch ab. Das beschleunigt auch die Bodenerosion. In nur 20 Gramm humusreichem Boden befindet sich ein ganzer Kilometer an Pilzfäden, die die Bodenteilchen miteinander verbinden. Wenn die wegsterben, zerbröselt der Boden.

Welche Pilze erforschen Sie zurzeit?
Die sogenanten endophytischen Pilze. Das sind Pilze, die unscheinbar im Inne-

ren von Pflanzen leben. Sie können Pflanzen abhärten gegen Trockenstress oder Schadpilze. Im Zuge eines anderen Forschungsprojekts bin ich auf eine Gruppe solcher Pilze gestoßen, die vorher übersehen worden waren. Nachdem ich DNA-Sequenzen verwandter Arten in einer Online-Genbank veröffentlicht hatte, meldeten sich Kollegen aus aller Welt, die ähnliche Sequenzen in Pflanzenwurzeln gefunden hatten. Wir haben für diese Pilze eine neue Ordnung beschrieben, die Sebacinales. Heute wissen wir, dass es Hunderte von Arten davon gibt. Zurzeit beschäftige ich mich besonders mit Sebacinales-Arten der Gattung *Serendipita*. Der Name bedeutet »Zufallsfund«, ein Kollege hat ihn eingeführt. Das Besondere ist, dass man sie im Labor vermehren kann. In vielen Studien wurden ihre positiven Wirkungen auf das Pflanzenwachstum dokumentiert. Und wenn man sie in das Substrat von Tomatenpflanzen gibt, können sie die Wirkung von parasitischen Fusarienpilzen neutralisieren. Die Tomaten wachsen dann ganz normal. Das ist faszinierend: Diese Pilze dringen in die Wurzel ein und stärken über molekulare Signalwege das Immunsystem der ganzen Pflanze.

Und was machen Sie mit Ihren Zufallsfundpilzchen?
Ich versuche sie aus dem Labor über pflanzenkohlebasierte Substrate in die Anwendung zu bringen. Wenn man Jungpflanzen über endophytische Pilze auf natürliche und ungefährliche Weise widerstandsfähiger gegen Stress machen kann, wäre das großartig – eine Form der regenerativen Agrikultur. Längerfristig kann ich mir auch vorstellen, Saatgut mit solchen Pilzen zu beizen. Pilze statt Pestizide, das ist doch eine schöne Perspektive! • • •

Lob der Pflanzenintelligenz

Lassen wir unsere Blicke weiter schweifen: Nicht nur in der Welt der Pilze gibt es heute revolutionäre neue Erkenntnisse, auch in der Welt der Pflanzen. In ihrem Buch *Die Intelligenz der Pflanzen* schreiben der Florentiner Professor Stefano Mancuso und die Wissenschaftsjournalistin Alessandra Viola, die Zeit sei reif für einen »Paradigmenwechsel« in der Biologie, weil Pflanzen über ausgeprägte Sinne verfügten und intelligent seien.[9] Sie können sehen (Licht wahrnehmen), hören (Schwingungen spüren), schmecken (Mineralstoffe aufspüren), riechen (Duftmoleküle wahrnehmen) und fühlen (Vibrationen spüren). Natürlich völlig anders als Tiere und Menschen, weil ihre Wahrnehmungsorgane über den ganzen Körper verteilt sind.

Ähnliche Geschichten erzählt auch Florianne Koechlin bei ihren *Streifzügen durch wissenschaftliches Neuland* oder der Förster Peter Wohlleben.[10] Pflanzen besitzen offenbar fünfzehn Sinne und können elektromagnetische Felder oder Feuchtigkeit berechnen oder chemische Stoffe analysieren. Sie verständigen sich mit Duftstoffen, warnen so vor Fressfeinden oder locken Nützlinge herbei. Sie senden Nachrichten von der Baumkrone zur Wurzel. Sie sind sozial, »stillen« mit Nährstoffen ihren Nachwuchs oder alte Baumstümpfe und helfen dabei sogar Artfremden.[11] Sie manipulieren Vögel und Insekten für ihre Dienste, zum Beispiel Samentransport. Und sie können leiden, etwa unter Wasser- oder Giftstress. Ein wichtiger Teil ihrer Intelligenz sitzt in ihren äußerst empfindsamen Wurzelspitzen. Kappt man diese, können sie keine Schwerkraft mehr wahrnehmen, keine Bodendichte mehr analysieren und sich deshalb auch nicht mehr »entscheiden«, in welche Richtung ihr Wurzelwerk weiterwachsen soll.

Die neuen Erkenntnisse werfen auch neue moralische Fragen auf: Wenn Pflanzen zur subjektiven Wahrnehmung fähig sind und leiden können, müssen wir ihnen dann auch ein von uns unabhängiges Lebensrecht und Würde zuerkennen? Die Schweiz hat daraus als weltweit einziges Land Konsequenzen gezogen: Seit 1992 schreibt ihre Bundesverfassung Tieren und Pflanzen als »Kreaturen« eine eigene »Würde« zu. Was folgt daraus alltagspraktisch? Ein menschlicher Hungerstreik kann es ja wohl nicht sein, wir müssen sie essen. Aber wir können Pflanzenquälerei mit Gift und Gentech vermeiden. Vielleicht lautet die wichtigste Schlussfolgerung: Wir sollten Pflanzen und natürlich auch Tieren ein gutes und artgemäßes Leben verschaffen, bevor wir sie verspeisen.

Dies gilt auch im wohlverstandenen eigenen Interesse. Dass schlechte Lebensmittel Krankheiten auslösen, ist bekannt. Umgekehrt können vital aufwachsende Pflanzen Heilmittel sein. Im Laufe eines sechzigjährigen Lebens nimmt der Mensch ungefähr 60.000 Mahlzeiten zu sich – und damit einen Riesenberg lebendiger Substanz. Oder aber, wie in der hochverarbeiteten Fertignahrung der Moderne, jede Menge toter Chemiezusätze oder gar Gifte.

Wenn es Pflanzen, Tieren und Menschen gut gehen soll, muss es zuerst dem Boden gut gehen, aus dem die allermeisten Lebewesen hervorgehen. Schon Aristoteles vermerkte, dass er der Magen und Darm der Pflanzen sei. Auch Hans Peter Rusch fielen die Parallelen zwischen den Verdauungsorganen von Mensch und Tier und den »Verdauungsorganen« des Bodens auf. Beide enthalten eine ähnliche Flora, ähnliche bakterielle Symbionten, beispielsweise Lactobazillen, Milchsäurekokken und Escherichia coli mit ihren zahlreichen Varianten, die Krankheitskeime erledigen.[12] Der Boden ist offenbar das Verdauungssystem der Natur. »Man muss den Boden heilen, um nicht die Krankheiten der Tiere und Menschen kurieren zu müssen«, schrieb schon der französische Forscher André Voisin (1903–1964).[13]

Wer bin ich und wieso so viele?

Doch dieses Wissen um belebte Böden und ihre Vorzüge spielt auch heute noch eine oftmals nur untergeordnete Rolle. Viele Naturwissenschaftler in der Denktradition von René Descartes (1598–1650) glauben, Lebewesen seien Maschinen, allein durch ihren Gencode bestimmt. Aber eine Maschine bleibt materiell immer gleich, angetrieben durch äußerlichen Brennstoff, während lebende Körper sich Zelle für Zelle und Molekül für Molekül beständig erneuern. »Leben ist ein Prozess, in dem sich eine Identität selbst erzeugt«, sagt der Naturphilosoph Andreas Weber.[14] Das ist, als ob eine Software das Computergehäuse selbstständig immer wieder ersetzen würde. Seltsamerweise hat diese Erkenntnis bisher kaum Spuren hinterlassen, weder im Alltag noch in Schulen und Universitäten.

Wenn wir essen, machen sich im Darm zwischen 10 und 100 Billionen Mikroorganismen daran, unsere Nahrung unter anderem in Glukose zu verstoffwechseln. Das, was wir als unseren Körper, unser Bewusstsein, unsere Identität wahrnehmen, ist in Wahrheit ein billionenfaches Wir. Ein unfasslich komplexer Zusammenschluss von ungefähr 100 Billionen Körperzellen, die auf unserer Haut oder im Darm noch einmal mit noch mehr Mikroorganismen kooperieren. Würde man die im Schnitt nur ein vierzigtausendstel Millimeter kleinen Zellen aneinanderreihen, ergäbe das vier Millionen Kilometer, und man könnte damit hundertmal die Erde umwickeln.[15]

Von jenen Bestandteilen, die uns bei unserer Geburt ausmachten und unsere Eltern motivierten, uns Namen und Identität zu verleihen, ist in Wahrheit längst nichts mehr übrig. 98 Prozent der Atome in unseren Körpern werden jedes Jahr ersetzt. Wassermoleküle bleiben höchstens zwei Wochen in uns. Mit am längsten, nämlich ein paar Monate bis Jahre, verbleiben die Teilchen in Knochen und Gehirn. Die allermeisten Bestandteile unseres Körpers sind längst veratmet, über die Toilette in Klärwerke, Flüsse und Meere gespült oder anderswie über die Erde verteilt worden. Wir sind in der ganzen Welt, und die ganze Welt ist in uns.

Alles, was unsere Identität ausmacht, ist nicht materiell. Jedes Jahr wandern ungefähr 1,5 Tonnen Materie in Form von Essen, Trinken und Luft durch uns hindurch. Menschenkörper sind wie winzige Rinnsale in einem gigantischen Strom des Lebens, in dem alle mit allen verbunden sind. »Ununterbrochen kleiden wir unsere Persönlichkeit in neues Fleisch. Ich halte meinen Geist lebendig, indem ich ihn von Atom zu Atom springen lasse. Ein konstanter Fluss. Niemals dieselben Atome, immer derselbe Fluss«, schreibt der Wissenschaftsautor Tor

Norretranders, der dieses Phänomen staunend »permanente Reinkarnation« nennt.[16] »Ich ernähre mich von dem, was zu meinem Körper wird, und was mein Körper war, atme ich in die Luft aus. Ich *bin* das Korn aus dem Feld, das für mich starb, und ich *sterbe* beständig und verwandle mich in das, was Pflanzen einatmen, damit daraus, also aus dem, was mein Körper ist, ihr neuer Körper wird«, schreibt Andreas Weber. »Ein Kohlenstoffatom im stillen Grashalm der Wiese war eben noch Teil der Luft, davor ein Insekt, davor Frucht, davor vielleicht ein menschlicher Körper, menschlicher Atem, vielleicht ich selbst.«[17]

Und der Terra-Preta-Experte Rainer Sagawe formuliert poetisch: »Zellen meines Körpers gebe ich in den Gartenkreislauf, die Bodenorganismen nehmen davon etwas auf, über die Symbiose mit den Pflanzen kommt etwas zu mir zurück, ich gebe das wieder in den Garten, und wieder kommt etwas zurück – zumindest auf der seelischen Ebene fühle ich mich mehr und mehr meinen Gartenlebewesen verbunden, sie sind wie Familienmitglieder für mich. Die Amsel gräbt Löcher in den Mulch und findet Regenwürmer, schon ist etwas von mir auch in der Amsel. Sie setzt sich auf den Baum überm Beet und lässt einen weißen Klacks fallen – schon ist etwas von der Amsel im Beet, im Kohlrabi, in mir. Alles, was lebt, ist geschwisterlich miteinander verbunden, ich finde das wunderbar und bin dankbar für die große Verwandtschaft.«

Früher wurden Menschen ausschließlich aus lokalen Materialien »produziert«: Jede Ernährung war zu 100 Prozent lokal, und für arme Menschen in südlichen Ländern ist sie das immer noch. Heute dagegen bestehen wir Menschen aus den reichen Ländern des Nordens, stofflich gesehen, aus Molekülen rund um den Globus. Wir ernähren uns buchstäblich von aller Welt. Umso wichtiger ist, dass dieses Essen gesund ist.

Bio-Essen muss nicht teuer sein

»Bio« sei nur etwas für Reiche, wird gern behauptet. Stimmt aber nicht, wenn man intelligent einkauft. Öko-Lebensmittel direkt von Bauern unter Ausschaltung des Zwischenhandels sind billiger. Und die Kosten sinken auch, wenn man auf Fertigprodukte und extravagante »Superfoods« verzichtet. Und wenn man Fleisch und Fisch reduziert, würden die Mehrkosten im Schnitt auf nur noch 22 Cent pro Tag und Person schrumpfen.[18] Selbst Sozialhilfeempfänger können sich »bio« leisten, wie die Autorin Rosa Wolff in ihrem Blog www.arm-aber-bio.de zeigt.

Guter Boden riecht gut

Kommen wir nach unserem kurzen Ausflug in die Welt des Philosophischen zurück auf den Acker. Es gibt noch nicht so viele Forscherinnen und Praktiker in Deutschland, die sich um regenerative Agrikultur kümmern. Einer der bekanntesten ist Dietmar Näser mit seiner kleinen Beraterfirma »Grüne Brücke« im sächsischen Neustadt, der den Boden fest im Blick hat.

• • • Herr Näser, was kennzeichnet guten Boden, und wie erkennt man ihn?
Ein guter Boden ist vor allem ein belebter Boden, den man erstens an einer Krümelform erkennen kann, welche zwei bis vier Millimeter große runde Aggregate, sogenannte Krümel, formt. Zweitens an einer netzartigen Struktur aus Krümeln und Wurzeln, welches das gesamte Gefüge zusammenhält. Drittens an einem angenehmen Braunton und einem in der Regel gleichmäßigen Farbverlauf von oben nach unten ohne Flecken. Ein weiteres Merkmal ist der Geruch: Ein belebter Boden riecht immer, während unbelebte Böden geruchlos sind. Dieser Geruch ist von Süße geprägt, duftet nach Karotten oder Walderde. Auf einem guten Boden breitet sich nur wenig Unkraut aus, ebenso wie Krankheiten und Schaderreger nur in geringem Maße vorkommen. Durch die gute Struktur und erhöhte Humusgehalte kann er viel Wasser speichern. Gute Böden sind nicht abhängig von der ursprünglichen mineralischen Zusammensetzung, sondern vom Bodenleben. Es kann sie also überall geben, sie sind das Produkt des Landwirts und – ganz wichtig – damit weitgehend unabhängig von der Bodenkennzahl, also der Bewertung der Ertragsfähigkeit nach definierten Kriterien.

Wie unterscheiden sich Wald-, Wiesen- und Ackerböden?
Wald- und Wiesenböden sind unbearbeitet und damit deutlich anders geschichtet als Ackerböden. Waldböden sind in der Regel locker, man spürt beim Laufen ein leichtes Einsinken oder Federn. Wiesenböden sind nicht so locker, da sie sich aufgrund der Bewirtschaftung und durch anderes Wurzelwachstum der Gräser verdichten. Sofern es sich nicht um extreme Bodenstandorte handelt, etwa stark versauerte Böden im Wald oder von Nässe geprägte Wiesen, weisen beide Böden einen gleichmäßigen Farbverlauf von oben nach unten auf, von dunkel nach hell. Dies unterscheidet sie von Ackerböden, die deutliche Bearbeitungshorizonte aufweisen. Diese sind farblich und durch Verdichtungen zu erkennen. Ackerböden neigen durch vielfache Bearbeitungen dazu, Verdichtungshorizonte auszubilden, eine Pflugsohle zwischen 15 und 30 Zentimeter Tiefe und einen Sämaschinenhorizont zwischen 5 und 15 Zentimetern.

Wälder weisen deutlich höhere Humusgehalte auf als Wiesen und Äcker, die heute meist unter zwei Prozent liegen. Das ist die Grenze, die einen Boden von einem anorganischen Mineralstoffgemisch unterscheidet. Die oberste Schicht ist auf vielen Äckern durch Erosion so geschädigt, dass es diesen sogenannten A-Horizont im Grunde nicht mehr gibt. Sie beginnen stattdessen mit einem B-Horizont – dem eigentlichen Unterboden.

Wie erreicht man Bodenfruchtbarkeit?
Ein Boden, der lebt, ist auch fruchtbar. Wir müssen uns also um das Bodenleben kümmern. Die Mehrheit der Praktiker glaubt gemeinhin, der Boden sei ein Gefäß, dem ständig Nährstoffe entzogen werden, welche man wieder nachfüllen muss. Das blendet komplett aus, dass Mikroorganismen und Pflanzen über ihre Wurzeln Nährstoffe freisetzen können. Durch diese biogenen Prozesse stehen in der Regel sogar mehr Nährstoffe zur Verfügung als über Düngemittel. Gründüngung und Zwischenfrüchte sind hier deutlich leistungsstärker als eine klassische organische Düngung.

Sie raten zu einer »grünen Brücke«. Was ist das, wieso ist das wichtig?
Die grüne Brücke ist die Bodenbedeckung zwischen den Hauptkulturen, wodurch man die Bodenbiologie ernähren kann – durch herkömmliche Zwischenfrüchte, die vor der nächsten Hauptkultur eingearbeitet werden, oder durch Untersaaten. Eine andere Möglichkeit sind Beisaaten in den Kulturen. Bodenlebewesen und Pflanzen sind eine Gemeinschaft, Pflanzen stellen Mikroorganismen Energie als Futter zur Verfügung. Wir bekommen den Boden ohne Pflanzen nicht fruchtbar.

Welche Rolle spielen die verschiedenen Mineralstoffe im Boden?
Die Lebensprozesse im Boden benötigen Mineral- und organische Stoffe. Die Ton-Humus-Komplexe des Bodens können Kationen binden, vor allem Kalzium, Magnesium, Kalium sowie einige andere. Das Verhältnis dieser Kationen zueinander verändert die Bodenstruktur, vor allem die Porenverhältnisse, weswegen mineralische Gleichgewichte im Boden so wichtig sind. Nur dadurch können wir eine gleichmäßige Verteilung der Grob-, Mittel- und Feinporen erreichen, in denen sich Bodenleben und Wurzeln optimal entfalten können.

Sind viele Mineralstoffe grundsätzlich gut? Oder woran erkennt man ein Zuviel?
Ein natürlicher Boden mit vielen Mineralstoffen hat kein Problem, im Gegenteil – das ergibt ordentliche Erträge. Aber Kunstdünger verursachen immer Un-

gleichgewichte zwischen den einzelnen Mineralstoffen im Boden, da nicht alles zugefügt wird, was er braucht. Das hat zur Folge, dass es weniger Grob- und Mittelporen und zu viel Kleinporen gibt. Der Boden verschlämmt, wird ungar. Es können auch Mangelerscheinungen auftreten, da ein Zuviel eines bestimmten Mineralstoffes immer zu einem Mangel seines »Gegenspielers« führt; zwischen Kalium und Kalzium gibt es beispielsweise »Aufnahmeantagonismen«.

Kann auf einem guten Boden Mais, Getreide, Gemüse oder Beerenobst gleich gut wachsen? Oder brauchen die unterschiedliche Böden?
Abseits von Extremen, die es in der Natur auch gibt, ernähren belebte und im Gleichgewicht stehende Böden so ziemlich alle Kulturen. Entscheidend werden dann die klimatischen Bedingungen. Selbst »säureliebende« Pflanzen wie Heidelbeeren gedeihen auf Böden, die man nicht als »sauer« ansprechen würde. Anspruchsvolle Kulturen gedeihen auf nährstoffarmen Böden aber natürlich weniger gut als auf nährstoffreichen. • • •

Humus macht Leben. Leben macht Humus. *Foto: wikipedia*

Terra-Preta-Substrat selbst gemacht

Es gibt viele unterschiedliche Wege zur Produktion klimafreundlicher Schwarzerde. Sie hängen von den örtlichen Bedingungen, der Grundstücksgröße und den vorhandenen Ressourcen ab.

Folgende Zutaten sind obligatorisch:
* organische Abfälle
* Pflanzenkohle (Herstellung siehe Seite 110 f.)
* Milchsäurebakterien (Herstellung siehe Seite 156 f.).

Empfehlenswert sind zudem:
* Gesteinsmehl
* Urin
* Tierdung.

Für Menschen mit kleinem Garten oder nur einem Balkon empfehlen sich **Stapelkisten**; für diejenigen mit Garten am Haus wartungsarme **Stapelkomposte**; für entferntere Gärten ist **Küchenbokashi** geeignet, der auf Komposthaufen weiter vererdet.

Für große Flächen füttern kluge Landwirte ihre Tiere mit Pflanzenkohle – ein uraltes Heilmittel bei Verdauungsstörungen – und/oder überlassen ihnen die Tretarbeit, welche die Fermentation von Stallstroh und Tierdung in Gang bringt.

Stapelkompost

* Man vermenge zerkleinerte Küchenreste mit kleingeschnittenen Gartenabfällen und bestreue sie im Verhältnis 10:1 mit feuchtem Pflanzenkohlepulver.
* Ähnlich wie bei der traditionellen Sauerkrautherstellung stampfe man die Menge mehrere Minuten lang fest, mit einem Flachbrett oder den Füßen.

Der Unterschied zum normalen Kompost liegt in der Fermentation oder Milchsäurevergärung, die nur unter Luftabschluss in Gang kommt. Im Stapelkompost (Bild l. u.) laufen dabei anaerobe Prozesse (ohne Sauerstoff) und aerobe Prozesse (mit Sauerstoff) gleichzeitig ab. Normalerweise reichen die an Gemüseresten anhaftenden Milchsäurebakterien aus, um die Fermentation zu starten, man kann diese aber auch mit verdünnten Effektiven Mikroorganismen (EM-aktiv) beschleunigen. Zugaben von mineralhaltigem Gesteinsmehl, phosphor- und stickstoffhaltigem Urin und Kuh- oder Pferdemist machen das herzustellende Substrat fruchtbarer.

Es ist ratsam, eine gute Terra-Preta-Streu vorher anzumischen, indem man
* feine Pflanzenkohle mit etwa 10 Prozent Gesteinsmehl versetzt sowie mit
* 1 Liter Urin und 1 Liter EM-aktiv pro 20 Liter anfeuchtet.

Die anaerobe Fermentierung benötigt ungefähr einen Monat, die weitere aerobe Vererdung je nach Klima und Wärme etwa drei bis sechs Monate.

Küchenbokashi

Bokashi heißt auf Japanisch »Allerlei«. In einem luftdichten Behälter (Bild rechts) werden allerlei Küchenabfälle gesammelt, mit dem oben beschriebenen Terra-Preta-Streu bestreut und verpresst, sodass die Fermentation beginnt. Die Behälter sollten etwa einen Monat an einem Ort von 20 Grad Celsius oder mehr stehen, danach kann man ihren Inhalt im Kompost, in Stapelkisten oder direkt im Beet binnen zwei bis sechs Monaten vererden lassen.

Stapelkisten

In kleinen Gärten oder auf dem Balkon kann man sehr gut Gemüse in 60 × 60 × 40 Zentimeter großen ausrangierten Bäckerkisten ziehen (Bild S. 146).
* In die untere, mit druckfarbenfreier Pappe abgedichtete Kiste wird etwa 10 Zentimeter Gartenerde gefüllt, darauf kommt eine Schicht Pflanzenkohle-Bokashi, gefolgt wieder von einer Erdschicht, bis die Box voll ist.
* Auf die untere stelle man die obere Kiste mit fertigem Terra-Preta-Substrat und säe darin oder pflanze Setzlinge hinein. Deren Wurzeln wachsen in die untere Box und fördern dort den Vererdungsprozess.
* Ist die obere Box im Herbst abgeerntet, werden die Boxen getauscht: Die Gemüsekiste wandert nach unten, die Erdkiste nach oben, und der Prozess beginnt von vorne.

Genereller Tipp

Wer kleine Mengen Pflanzenkohle so effektiv wie möglich einsetzen will, kann dies per **Wurzelapplikation** tun – mittels maschinellem Furchenziehen oder per Hand erstellten Pflanzlöchern.

* Dort gebe man Pflanzenkohle hinein, die man vorher im Verhältnis 1:1 mit Kuh- oder Menschenurin getränkt hat, durchmische sie mit etwas Erde und schließe das Loch.
* Anschließend säe man oder pflanze Setzlinge, wobei die Saatkörner nicht direkt mit dem Substrat in Kontakt kommen sollten, da es die Keimung behindern kann.

Mehr Informationen dazu auf *www.ithaka-journal.net*

Was machen mit all dem Wissen – FAQs zu regenerativer Agrikultur

Sie fragen sich vielleicht nun, was Sie selbst tun können, falls Sie einen Garten oder Land haben. Hier einige Antworten auf oft gestellte Fragen.

• • • **Kann ich regenerative Agrikultur auch im Garten und Kleingarten anwenden?**
Natürlich, etwa indem Sie den Boden mit Mulch bedecken und ihm guten Kompost zufügen, der das Bodenleben füttert. Und indem Sie die Vielfalt der Pflanzen bewusst fördern. Vielfalt bedeutet Stabilität im System: Ein gefräßiges Insekt, welches Ihre Möhren liebt, wird sich nicht so weit verbreiten können, wenn seine natürlichen Feinde vor Ort sind. Nützlinge können Sie durch das Anlegen von Hecken, Sträuchern oder Insektenhotels unterstützen. Einschlägige Tipps geben gute Bioratgeber.[19]

Wie kann ich Kohlenstoff über Humusaufbau speichern?
Kohlenstoff im Boden ist umgewandelte und gespeicherte Biomasse. Diese entsteht, indem Sie die Wurzeln geernteter Pflanzen im Erdreich belassen. Bodenorganismen verkomposteren sie und arbeiten sie weiter in den Boden ein. Dadurch entstehen Hohlräume, in die Wasser und Pflanzenwurzeln besser eindringen können. Oder Sie führen organische Masse von oben zu: Mulchmaterial wie Stroh, Heu, Blätter, Hackschnitzel, Bioabfälle oder Kompost. Den können Sie über die Terra-Preta-Technik noch optimieren, indem Sie darin Pflanzenkohle biologisch mit Nährstoffen aufladen.[20]

Gibt es regenerative Methoden beim Säen und Pflanzen?
Das Wichtigste ist, mechanische Eingriffe wie Umgraben, Pflügen, Hacken, Grubbern und Säen zu minimieren. Im Kleingarten können Sie vieles schonend per Hand erledigen, etwa mit einem Grabstock oder mit einem Jab-Planter, der Pflanzlöcher macht und Samen dort einlegt. Auf großer Fläche ist das schwerer. Bei Direktpflanzung und -saat wird in eine Gründecke oder Heuschicht eingepflanzt oder gesät. Dafür bedarf es aber kleiner teurer Spezialmaschinen, die passionierte Tüftler entwickelt haben. In abgeerntete Felder kann man Unter- oder Zwischensaaten einbringen, um das Bodenleben zu fördern, bevor zum Beispiel Winterweizen gesät wird. Einsaaten in vorhandene Bestände stellen hohe Ansprüche, sind aber möglich – etwa mit dem WEco-Dyn-Gerät von Friedrich Wenz.

Wieso sind Fruchtfolgen so wichtig?
Jede Pflanze ernährt sich unterschiedlich. Wenn mehrere Jahre hintereinander die gleiche Pflanze angebaut wird, benötigt sie die gleichen Nährstoffe, die immer weniger zur Verfügung stehen. Schädlinge können sich darauf einstellen und schneller vermehren. Manche haben einen Entwicklungszyklus von einem Jahr, und wenn die Pflanze danach dort nicht mehr steht, verhungern sie. In der Natur finden wir nirgendwo Monokulturen. Dort findet immer ein Werden und Vergehen statt; jede Pflanze hat eine bestimmte Aufgabe. Hat sie diese erfüllt, verschwindet sie. Führende Bodenkundler wie Elaine Ingahm oder Neil Kinsey sind der Ansicht, dass bei guter Bodenbiologie Fruchtfolgen kein Muss sind. Grundsätzlich gilt: Je mehr Arten in einer Mischkultur, desto weniger Fruchtfolgen sind nötig. Wenn alle Pflanzen einer zehnjährigen Fruchtfolge zusammen angebaut würden, würde diese überflüssig.

Welche Mischkulturen empfehlen sich?
Das hängt von den lokalen Bedingungen ab. Manche Pflanzen mögen sich, manche drehen ihre Köpfe beim Wachsen voneinander weg. Je gemischter der Anbau, je belebter der Boden, desto weniger spielt all dies eine Rolle. Bei Mischkulturen auf großer Fläche können Landwirte etwa Hafer mit Linse anbauen, Senf mit Buchweizen, Soja mit Lein, Senf mit Sommerwicke, Dinkel mit Leindotter oder Roggen mit Wicke. Das Futtermittel Leindotter verhindert Beikraut, ist äußerst anspruchslos und führt beim Erbsenanbau zu etwa einem Drittel Mehrertrag. Wicke oder Erbse sind stickstofffixierende Leguminosen, die dem Roggen im Wachstum helfen. Umgekehrt bietet Roggen der rankenden Wicke oder Erbse Halt. Es geht also um Synergieeffekte, die Produktivität steigern und Krankheiten verhindern. Der Mehraufwand im Mischanbau besteht lediglich in der Siebung.

Wie bringe ich Nährstoffe ins Gleichgewicht?
Durch gute Beobachtung und entsprechende Düngung. Sie können etwa an der Färbung von Blättern oder am Pflanzenwuchs sehen, ob Magnesium oder Stickstoff fehlt, und das Fehlende zum Beispiel durch Komposttees oder Brennnesseljauche hinzufügen. Oder Sie warten einfach ab. Mit der Zeit siedeln sich Pflanzen an, die das Ungleichgewicht wieder in Ordnung bringen. Aber wer hat schon so viel Zeit außer die Natur?

Wie kann man den Stickstoff- und Phosphorkreislauf wieder schließen?
Durch Nutzung des eigenen Urins, der Stickstoff und Phosphor zurück in den Bo-

den bringt. Im Internet kann man anatomisch an Männlein und Weiblein angepasste Urinbehälter kaufen. Eins zu zehn verdünnt, ist das ein prima Dünger für Kompost, Wiesen, Zimmer- und Nutzpflanzen. Für Fortgeschrittene eignen sich Trockentrenntoiletten mit Pflanzenkohle. Perspektivisch müssen wir aufhören, Nährstoffe aus unseren Ausscheidungen mit Trinkwasser in die Meere zu spülen.

Wie kann ich mikrobielle Prozesse lenken?
Die Bodenbiologie wird durch Zugabe von Nährstoffen, Kompost, Komposttees, Fermenten, biodynamischen Präparaten beeinflusst. Die Rhizosphäre – also der Bereich um die Wurzeln – ist bis zu zehnmal stärker belebt als der Rest des Bodens. Die Pflanze aktiviert über ihre Wurzelsekrete Mikroorganismen, die ihr beim Wachstum helfen. Zu einer genauen Lenkung bräuchte es Laborergebnisse des Bodens und sehr fein gesteuerte Zugaben. Fachliteratur hilft hier weiter, etwa *Der Biogarten, Beinwelljauche, Knoblauchtee & Co.* oder *Hands-on Agronomy*.

Woran erkenne ich »garen« Boden?
An den runden, lebend verbauten Krümeln, an der Feinkrümeligkeit. Eckige Bruchkanten oder plattiges Gefüge sind Zeichen eines schlechteren Bodenzustandes. Landwirte pflügen meist im Herbst, weil der Boden um den Gefrierpunkt herum durch Frost feinkrümeliger wird, was die Frühjahrssaat vereinfacht. Aber durch mechanisches Einwirken verliert Boden den Zusammenhalt und erodiert. Eine gute Gare entsteht durch biologische Prozesse, etwa Regenwurmkot. Gut entwickelter Boden hat fast 50 Prozent Poren, von denen die großen vor allem durch die Tätigkeit von Regenwürmern entstehen. Man kann durch Spatenproben sehen, wie tief sie reichen und wo die Durchwurzelung aufhört. Sind Wurzeln und Poren gut verteilt? Knicken Pfahlwurzeln ab? Gibt es Unterschiede im Gefüge? Verändert sich die Farbe des Bodens? Wie riecht er? Wenn faulig, ist das kein gutes Zeichen.

Wie kann ich Kulturen vitalisieren?
Immer noch wird unterschätzt, welche Rolle das Bodenleben für die Vitalität und den Geschmack der Pflanzen spielt. Zur Stärkung bieten sich Komposttees an, biodynamische Präparate, Effektive Mikroorganismen (EM) oder Jauchen mit Brennnessel, Ackerschachtelhalm und Beinwell. Meist werden diese als Blattspritzungen direkt auf die Pflanze gegeben. Den Erfolg können Sie mit einem Brix-Messgerät kontrollieren, welches den Zuckergehalt der Pflanze messen kann.

Wie schütze ich eine Fläche vor Austrocknen und Erosion?
Grundsätzlich durch ständige Bodenbedeckung. Das kann im Acker Kleegras sein oder im Garten Bodendecker wie Walderdbeere oder Gundermann. Für Äcker eignen sich Erntereste wie Stroh nach dem Drisch, für Gärten alte Salatblätter oder Mulch aus Heu oder Laub. Ein gut entwickelter Boden hat eine hohe Festigkeit und widersteht damit Wind und Regen deutlich besser. Humusreicher Boden kann auch deutlich mehr Wasser speichern: pro Prozentpunkt Humus und Quadratmeter 16 Liter.

Wie funktioniert Gründüngung?
Die Gründüngung, die weniger düngt als vielmehr die Bodenstruktur verbessert, lässt sich im Garten wie auf dem Acker einfach umsetzen. Ihre Wurzeln lockern den Boden tiefgründig und können sogar Verdichtungen aufbrechen. Dies durchlüftet den Boden und aktiviert Bodenleben. Abgestorbene Wurzeln und Pflanzenreste führen zu einem höheren Humusanteil, was wiederum – mit zusätzlichen Poren durch Wurzeln – zu erhöhter Wasserspeicherung führt. Durch Pflanzendecken wird Beikraut unterdrückt und der Boden befestigt, was Verschlämmung und Erosion entgegenwirkt. Leguminosen reichern zusätzlich den Boden mit Stickstoff an – was alle Pflanzen erfreut. Blühmischungen bieten Bienen und anderen Insekten Nahrung.

Wie funktioniert Flächenrotte?
Die Flächenrotte oder -kompostierung sorgt dafür, dass Zucker, Eiweiße und Lignine der Grünmasse auf dem Acker auf direktem Wege in Humus umgesetzt werden. Erntereste werden in den Boden eingefräst und mit einem Rotte-Lenker besprüht. Dieser verhindert Fäulnis in den Abbauprozessen.

Was mache ich mit stinkendem Tierdung?
Am besten verhindern Sie schon im Stall, dass es zu Fäulnis kommt. Pflanzenkohle im Futter oder das Sprühen von Effektiven Mikroorganismen (EM) können helfen. Generell gilt: Wenn es stinkt, ist was faul. Und das mag die Natur auch nicht. Solcher Dung sollte durch Kompostierung mit Pflanzenkohle und EM aufbereitet werden.

Was tue ich, wenn eine Fläche abgeerntet ist?
Nackter Boden ist unnatürlich – oder haben Sie in unserem feuchten und milden Klima schon mal welchen gesehen? Am besten also gleich wieder bepflanzen oder mit Mulch bedecken. Masanobu Fukuoka, einer der Vordenker der Perma-

kultur, säte sogar schon vor dem Abernten und schuf damit fließende Übergänge zwischen zwei Kulturen. Auch im Winter schützt und nährt eine Gründecke den Boden. Im Garten reicht Laub.

Welche Rolle spielen Hecken, Bäume, Gewässer?
Regenerative Agrikultur bedeutet immer auch, Lebensräume für Tiere zu schaffen mit Hecken, Bäumen und Gewässern – was letztlich auch der Gärtnerin oder dem Landwirt nutzt. Das sind Paradiese für Insekten und Vögel – Nützlinge, die gefräßige Lebewesen in Schach halten. Sie liefern zudem Tierfutter, Kompostmaterial und Bauholz. Laut einer Vielzahl von Studien verändern Hecken und Bäume das Kleinklima auf dem Acker positiv und erhöhen den Ernteertrag. Und natürlich haben sie auch einen ästhetischen Wert: Wer mag schon ausgeräumte, monotone Landschaften?

Wie viel soll ich Tieren und Mitgeschöpfen überlassen?
Wir Menschen können ohne Tiere und Pflanzen nicht leben. Deswegen gehört zum achtsamen Umgang mit der Erde auch, dass wir Tiere an »unseren« Produkten teilhaben lassen und nicht alles alleine verzehren. Also Obstbäume nicht komplett abernten oder Beeren für hungrige Vögel im Winter am Strauch lassen. Wir Menschen haben schon viel zu viel »uns untertan« gemacht und viel Leben dabei zerstört. In »essbaren« Landschaften dürfen auch andere mitessen.

Welche Rolle spielt Landschaftsgestaltung? Gibt es regenerative Landschaften?
Natur an sich ist regenerativ: Das ist die große Lektion, die wir zu lernen haben. Korallenriffe, Wiesen und Wälder sind ressourcenaufbauend. Überall entsteht mehr Leben und mehr Vielfalt. Regenerative Land(wirt)schaften zu gestalten ist die neue Aufgabe. Die Permakultur bietet hier viele interessante Methoden: Mit dem Ziehen von Höhenlinienrillen nach dem Keyline-Konzept kann man Wasserläufe anlegen, Wasser speichern, Böden in der Tiefe lockern und damit in kurzer Zeit erstaunlich fruchtbare Landschaften schaffen (siehe Seite 114 ff.).

Was mache ich mit Beikräutern?
Essen. Viele Wildpflanzen sind aufgrund ihrer Vitalstoffe äußerst gesund. Etwa Vogelmiere, Labkraut, Rote Taubnessel oder Ehrenpreis, die im Salat oder grünen Smoothies schmecken. Ansonsten hilft frühzeitiges Jäten von Hand oder per Hacke, auf größeren Flächen mit der Radhacke. Eine dicke Mulchschicht

verhindert Keimung. Beikräuter haben jedoch auch eine Funktion, die wir uns bewusst machen sollten: Sie fördern Bodengare, indem sie Boden zwischen den Kulturpflanzen durchwurzeln und schützen.

Was können Beikräuter anzeigen?
Beikräuter können auf die Bodenbiologie oder bestimmte Standortfaktoren hinweisen. Ackerkratzdistel, Stumpfer Ampfer, Löwenzahn und Quecke wachsen gern auf verdichteten Böden. Brennnesseln, Klettenlabkraut, Melde und Vogelmiere zeigen stickstoffreichen Boden an, Ackerschachtelhalm, Huflattich und Ackerminze Staunässe. Meist ist es weniger die einzelne Art als die Artenkombination, die eine Interpretation des Standorts erlaubt.

Ich habe nur einen Balkon in einer Stadtwohnung, kann ich trotzdem etwas tun?
Ja, natürlich – Kleinvieh macht auch Mist, Kleinpflanzen produzieren auch Humus. Zudem können Sie dort in einer Wurmkiste Regenwürmer mit Ihren Küchenabfällen füttern und so Ihre private Schwarzerdefabrik unterhalten. Bei der (R)Evolution hin zu einer aufbauenden Landwirtschaft geht es auch um Bewusstseinsbildung und um einen anderen Umgang mit der Natur. Ob auf dem Balkon, im Garten oder auf dem Feld: Jeder Schritt zählt. • • •

KAPITEL 5

Wie David in Wäldern, Weiden und Wüsten agiert

»Hallo, Leute. Wisst ihr, wer oder was ich bin? Ich bin die Geomembran der Erde. Ich bin euer Schutzfilter, euer Puffer, euer Unterhändler für Energie, Wasser und biogeochemische Stoffe. Ich bin euer Erhalter produktiven Lebens, eure ultimative Quelle für Elemente und der Lebensraum für die meisten Lebewesen. Ich bin das Fundament, das euch unterstützt, die Wiege eurer Mythen und der Staub, zu dem ihr zurückkehren werdet. Ich bin Boden.«

Richard Arnold, Bodenforscher

Sepp Braun – der Philosoph auf dem Waldacker

Wir setzen unsere Reise nun in Bayern fort, um uns einen Wald-Weide-Ackerhof anzuschauen. Reich strukturiert, mit Wäldchen, Wiesen, Weiden und Hecken, erstrecken sich in der Nähe von Freising bei München die Flächen des Biolandhofs von Josef und Irene Braun. In der Mitte ein altes Wohnhaus mit Bauerngarten, Hofladen und Käserei, dahinter Kuhstall, mehrere Wirtschaftsgebäude, mobile und stationäre Hühnerställe unter Streuobst- und Waldbäumen. Auf den ersten Blick ein normaler Ökobetrieb. Auf den zweiten aber ein ganz und gar ungewöhnlicher. Die Bauersfamilie hat als eine der ersten in Deutschland Baumstreifen angelegt, konsequent die Stoffkreisläufe des Hofes geschlossen und durch sorgfältige Bodenkultur Hunderte Regenwürmer pro Quadratmeter herangezüchtet. In 54 Hektar braunem Untergrund der Brauns tummeln sich hochgerechnet ungefähr 25 Millionen Tierchen, die jährlich fast 3.000 Tonnen wertvolle Ton-Humus-Komplexe ausscheiden.

Die Würmer bringen über ihren Kot 280 Kilogramm organischen Stickstoffdünger auf den Ackerhektar, wenn man sie nur stetig füttert. Sie graben bis zu zwei Meter tiefe Röhren, die den Boden durchlüften und pro Quadratmeter und Stunde 150 Liter Starkregen aufnehmen können. Auf einem Hektar produzieren drei Tonnen Regenwürmer jährlich bis zu 600 Tonnen fruchtbarste Erde. Was für ein produktives Mitarbeiterteam!

Dass es ihnen hier so gut geht, liegt daran, dass Sepp Braun völlig anders denkt als herkömmliche Landwirte. Nämlich vom Boden her, von den natürlichen Kreisläufen. Ihm liegt das Wohlergehen aller Lebewesen am Herzen. Die Fragen, die ihn umtreiben, lauten: »Wie kann ich die Bodenlebewesen füttern? Was mögen sie gern? Was kann ich tun, damit sich die Pflanzen und Tiere wohlfühlen?« Auch die Pflanzen wohlgemerkt. Er ist überzeugt: Wenn Menschen und Tiere Pflanzen essen, die sich auf reichem Bodenleben wohlfühlten, dann geht deren Gesundheit auf sie über. Und das ist auf dem Hof auch zu spüren. Alles ruhig und friedlich, sauber und aufgeräumt, angenehm duftend nach Heu und Kräutern, Kuh und Käse. Als wohne hier die Gelassenheit persönlich, was nur manchmal kurz unterbrochen wird, wenn die Hündin mit den kleinen roten Katern streitet.

Der nachdenkliche Mann, der übers grüne Gelände führt, ist ein gefragter Berater und Vortragsredner. Ein Film wurde über ihn gedreht, Journalisten wollen ständig wissen, wie er seine üppigen Ernten erzielt. Er baut Getreide stets mit Untersaaten an, meist stickstofffixierenden Leguminosen. Zudem vermehrt er Saatgut von Gemüse oder Kerbel, Liebstöckl und Flockenblume. Den Hof erbte er von seinen Eltern, seit 1988 bewirtschaftet er ihn nach Bioland-Richtlinien. Bodenständig im wahrsten Sinne des Wortes ist er, ein Philosoph in Gummistiefeln, der sich fragt, »wie wir als Menschen wegkommen von der Schädlingsrolle«.

Oder auch: »Wie kann ich meinen Tieren eine schöne Wohnung bieten?« Seine 22 »Schwarzbunten« leben mit Stier und Kälbern in einem Tretmiststall und können selbst entscheiden, wann sie auf die Weide wollen. »Solange sie morgens und abends zum Melken kommen, ist das in Ordnung«, lacht er. Ganz ohne Getreide und »Kraft«futter, nur übers eigene Heu, geben sie etwa 6.500 Liter Milch pro Jahr und werden dabei ungefähr acht Jahre alt. Aufs Lebensalter gerechnet, ist das etwa gleich viel Milch, wie konventionelle Turbokühe geben, aber bei wesentlich besserem und längerem Kuhleben. Tanninhaltige Pflanzen wie Luzerne oder Wilde Möhre im artgemäßen Futter bewirken, dass sie bis zu 50 Prozent weniger Methan rülpsen und ihre Heumilch einen hohen Anteil ungesättigter Fettsäuren enthält, der Herz-Kreislauf-Krankheiten vorbeugt.

Die Kühe von Sepp Braun können selbstständig auf die Weide, wenn ihnen danach ist.
Foto: Stefan Schwarzer

Seinen Legehennen hat der Biobauer gerade zwei neue Ställe gebaut. Im Grunde Fünf-Sterne-Hühnerhotels, finanziert durch »Genussrechte« seiner Kunden. Riesengroß, gut isoliert und durchlüftet, aus schönem warmen Holz, wohlduftend, mit überdachtem »Wintergarten« und Sommergarten draußen, wo je 250 Hennen abwechselnd unter Obstbäumen und Agroforststreifen picken und Dung verteilen. Drinnen bekommen sie eine selbst angebaute, vorgekeimte Mischung aus Getreide und Kichererbsen. Draußen können sie selbst ihr Menü wählen. Regenwürmer etwa, von denen es ja genug gibt. Sepp Braun hätte die Hühner gerne mit seinen sechs Schweinen zusammen gehalten, damit sie sich gegenseitig pflegen und schützen, vor Parasiten und dem Habicht. Aber das Veterinäramt erlaubte es ihm wegen angeblicher Krankheitsgefahr nicht. Überhaupt, die Behörden, wie viel Innovation die in Deutschland schon verhindert haben …

Gleich hinter dem Hühnerstall erstrecken sich eine blühende Bienenweide und ein Agroforststreifen. Den betreibt er seit sieben Jahren als Forschungsprojekt zusammen mit der Universität Weihenstephan. Sepp Braun hat als einer der Ersten verstanden, wie sehr Bäume Äcker und Wiesen bereichern. In seinem Waldstreifen hat er 4,6 Prozent Humus im Boden gemessen. Je drei Doppel-

Effektive Mikroorganismen

Die Kunst der Bodenbelebung durch Effektive Mikroorganismen (EM) hat der japanische Gartenbauprofessor Teruo Higa bereits Mitte der 1980er Jahre entwickelt.
Seitdem bieten Hersteller EM-Produkte unter verschiedenen Namen an. Einige machen aus kommerziellen Gründen ein Geheimnis um die Inhaltsstoffe, was der wissenschaftlichen Nachprüfbarkeit und damit der Sache nicht nutzt.
In der gängigen und vielverkauften Startermischung EM-aktiv (EMa) befinden sich hauptsächlich Milchsäurebakterien, zudem Hefepilze, grüne und purpurne Photosynthesebakterien. Diese Mischung kann man über das Internet preiswert kaufen, ein Liter kostet ab 3 Euro.
Wer großen Bedarf an EM hat, über einen Raum mit konstanter Temperatur und Behälter aus lebenmittelechtem Plastik verfügt, kann die Grundsubstanz EM1 zu EMa selbst vermehren.

Einsatzmöglichkeiten

Grob gesprochen, bewirken EM milchsaure Fermentation und verhindern Fäulnis. Sie kommen in Garten und Landwirtschaft zum Einsatz (für Terra Preta, zum Beizen von Zwiebeln, als Schutz vor Pilzen etc.), als Putzmittel im Haushalt, in Naturschwimmbädern, Kläranlagen und industriellen Prozessen, in Beton, Estrich, Mörtel und Wandfarben, bei der Gesundheits- und Körperpflege und in der Zahnkeramik.

Das Grundrezept

Die EM werden zusammen mit Wasser und Bio-Melasse aus Zuckerrohr in einem luftdichten Kanister oder Behälter mit Überdruckventil vermehrt.
Um einen Liter EMa zu produzieren, benötigt man:
* 30 Milliliter EM,
* 30 Milliliter Melasse (s. Bild links) und
* 940 Milliliter ungechlortes Leitungswasser.

Die mittels Heizstab oder einer anderen Wärmequelle auf konstante 35 Grad warm gehaltene Mischung erreicht nach 7 Tagen einen pH-Wert von etwa 3,4 und ist jetzt EMa – bitte mit Lackmus-Testpapier nachprüfen. EMa sollte angenehm säuerlich riechen und schmecken.

Bokashi statt Kompost: Mit EM wird aus organischem Material, etwa Rasenschnitt, innerhalb weniger Wochen hochwertiger Dünger.

EM als Desodorant für Gülle und Stall

Immer mehr Landwirte behandeln ihre stinkende Gülle mit EM und Pflanzenkohle, was diese in einen fast geruchlosen, wertvollen Dünger verwandelt:
* Hierfür muss die Güllegrube bis zu einem Bodensatz von maximal 25 Zentimetern geleert werden.
* Diesen Bodensatz impfe man mit 0,2 bis 0,5 Prozent EM oder Sauerkrautsaft sowie 1 Prozent Melasse zur Vermehrung der Milchsäurebakterien. Hinzu kommen 2 Prozent feine Pflanzenkohle zur Fixierung von Nähr- und Giftstoffen. Sobald neue Gülle hineinkommt, wiederhole man die Behandlung.
* Alternativ dazu kann man EM oder Sauerkrautsaft direkt im Stall versprühen, was ebenfalls Gestank neutralisiert und ein gesundes Raumklima für die Tiere erzeugt.
  Daumenregel: pro 100 Kühe alle 4 Stunden 2 Liter EM oder Sauerkrautsaft vernebeln.

Fotos: Shutterstock

Pflanzenwurzeln können tief in den Boden eindringen, Nährstoffe und Wasser aus tieferen Schichten hochbringen. *Foto: Sepp Braun*

reihen Weiden, Erlen, Ahorn und Ulmen – insgesamt rund 50.000 Alt- und Jungbäume – schützen und stabilisieren das Mikroklima. »Mit Bäumen, Hecken und Singvögeln wächst mein Weizen besser«, sagt der Waldbauer.

Seine schweren Landmaschinen hat er abgeschafft, damit er seine Würmer und die Billionen anderer Lebewesen nicht unter verdichtetem Boden erdrückt, und zusätzlich auch noch Luft aus seinen Reifen gelassen. So kommt er auf nur noch »0,8 Bar Luftdruck und 5 Tonnen Achslast«. Männer neigten dazu, Probleme mit immer größerer Technik lösen zu wollen, aber in seinem Haushalt mit Frau und vier Töchtern habe er umgelernt, lächelt er. Der Pflug ist schon lange abgeschafft. Wenn er nach der Getreideernte Stoppeln einarbeitet oder seine Kleegraskräutermischung in gefrorenem Boden aussät, fahren die Grubberzinken nur sechs Zentimeter in den Boden.

Er lernte auch, auf die Vielfalt der Bäume zu vertrauen. Nicht zufällig seien Luftkurorte immer von Mischwäldern umgeben, die gesundheitsfördernde Duftstoffe produzierten, sagt er. Und: Mit mehrjährigen Pflanzen könne man wesentlich mehr Humus aufbauen. Zudem böten Mischwälder, Agroforstsysteme und Waldgärten einen hohen »Blattflächenindex«: Die Sonnenenergie wird durch eine »mehrgeschossige« Blätteranzahl optimal ausgenutzt, mehr als doppelt so viel wie bei Mais, was sehr viel Kohlenstoff über Baumwurzeln in den Boden befördert. Nicht nur in dieser Hinsicht, sagt er, bewege er sich immer mehr »Richtung Permakultur«.

Das Geheimnis der Bodenfruchtbarkeit liegt für ihn im Bodenleben und der optimalen Durchwurzelung. Pflanzen mit unterschiedlich langen Wurzeln baut er bewusst zusammen an, etwa Hafer, Leindotter und Wicke. Der Mischanbau stabilisiere das Ökosystem und sei »Vollwertnahrung für die Bodenlebewesen.« Wenn man Tierfutter von Silomais auf Kleegras umstellen würde, so hatte er bereits 2008 auf einer Fachtagung vorgetragen, könne man durch die enorme Wurzelmasse weltweit zusätzlich 1,8 Gigatonnen CO_2 im Boden speichern.[1]

Bäume wurzeln tief, und ihr Holz verarbeitete er im Winter 2015/16 zum ersten Mal zu Hackschnitzeln für seinen Holzvergaser mit angeschlossenem Blockheizkraftwerk. Die Anlage liefert ihm Strom und Heizwärme, Pflanzenkohle und Asche. Die Asche düngt den Acker. Die Pflanzenkohle kommt in den Stall, wo sie Gerüche und Stickstoff bindet und von den Kühen zu einem Terra-Preta-Vorprodukt breit getreten wird. Zusammen mit Mist und Erde wandert sie in die Kompostanlage mit selbst gebautem Wender. Auch hier zeigt er sich als echter »ReforMist«. Der Kompost bringt alle Nährstoffe zurück aufs Feld, zur Freude der Regenwürmer, und die Pflanzenkohle hilft beim Humusaufbau und verhindert Lachgasemissionen.

In einem ähnlich durchdachten Kreislauf funktioniert auch die 2007 gebaute Solaranlage auf dem Scheunendach. Sie liefert Strom und erhitzte Luft unter den Modulen, die wiederum das Heu trocknet. Ihre Effizienz wurde so um zehn Prozent gesteigert, der Hof ist energetisch komplett autonom.

»Landwirtschaft«, sagt der Philosoph auf dem Acker, »ist Gesellschaftspolitik.« Er erinnert daran, dass im niederbayerischen Ort Simbach im Juni 2016 durch Hochwasser ein Schaden von über einer Milliarde Euro entstand, auch weil degradierter Boden den Starkregen nicht mehr aufnehmen konnte. Hätten dort genügend Regenwürmer Löcher gebohrt und wäre der Boden wie bei ihm dauernd bedeckt gewesen, wäre das nicht passiert. Deshalb sein hartes Urteil: »Die Agrarwissenschaft ist gescheitert, sie hat die Klimakrise gesteigert, Böden degradiert, Nitrat in die Brunnen geschwemmt. Die Agrarpolitik ist gescheitert, sie hat bäuerliche Existenzen in Europa und weltweit zerstört. Der Naturschutz ist auch gescheitert, er verhindert das Artensterben nicht.«

Sein Gegenmodell ist die Entwicklung eines »Betriebsorganismus, bei dem alles ineinandergreift«. Die Kreislauf- und Synergieeffekte seien »hochwirtschaftlich« und machten den Hof viel stabiler als einen spezialisierten Betrieb.

»Das macht schon Spaß«, sagt er zum Abschied.

Bäume auf dem Acker: Agroforstsysteme

Weiten wir den Blick noch mal und werfen ihn auf die Vergangenheit. In den letzten Jahrzehnten der fortschreitenden mechanisierten Bearbeitung schlug die Landwirtschaft nur eine Richtung ein: größer, schneller, breiter. Damit sich der wachsende Maschinenpark rentieren konnte, brauchte es einfach zu bearbeitende Felder. Bäume, Sträucher und Hecken standen im Wege. Also wurden ganze Landschaften ausgeräumt und viele seit Jahrhunderten bestehende Hecken und Wäldchen entfernt, in Deutschland regional bis zu 90 Prozent.[2] Vor allem auf den riesigen ehemaligen LPG-Flächen Nordostdeutschlands hat Goliath alle Bäume und Sträucher absäbeln lassen. Die Böden werden ungeschützt Wetter und Erosion preisgegeben.

Doch langsam beginnt ein Umdenken – aus ökologischen wie ökonomischen Gründen. In Deutschland ist jemand wie Sepp Braun Pionier; in Südfrankreich und Großbritannien wird Agroforstwirtschaft seit den 1980er Jahren verstärkt praktiziert; in südlichen Ländern ist sie eine alte Tradition. Bäume und Sträucher werden dabei auf Äckern und Weiden verstreut oder in Reihen stehend angepflanzt, je nach Nutzungsziel und Maschineneinsatz. Ein wenig beachteter Umstand macht Agroforstsysteme zu einem gewinnbringenden Element in einem landwirtschaftlichen Organismus: Bäume können deutlich mehr Sonnenenergie speichern als einjährige Pflanzen.

Der Nutzen ist vielfältig: Holz kann geschlagen, als Bau- oder Brennmaterial verkauft oder auf dem eigenen Hof energetisch genutzt werden. Obst und Nüsse können geerntet werden. Bäume bieten Schatten, Windschutz und Frischlaub für Weidetiere. Ackerkulturen werden besser gegen Wind und Erosion geschützt. Das Mikroklima verbessert sich. Die Flächenproduktivität erhöht sich, weil Baumwurzeln aus tieferen Bodenhorizonten Nährstoffe holen, die über die Laubstreu in den Nährstoffkreislauf fließen. Weniger Stickstoff versickert aus dem Wurzelraum. CO_2 wird über Baumwurzeln gebunden. Die Artenvielfalt erhöht sich durch natürliche Schädlingsregulierung. Die Landschaft wird schöner – und essbar. In vielen Ländern Europas stehen Kastanien- oder Walnussbäume, die Hunderte, ja Tausende von Jahren alt sind, deren Wert und Schönheit aber bisweilen völlig übersehen werden. Bauern und Gärtnerinnen haben keine Arbeit damit und ernten trotzdem regelmäßig Nüsse. Der Boden wird durch die abfallenden Blätter, Baumwurzeln und Mykorrhiza sogar mächtiger.

Legt ein Landwirt Baumstreifen an, dann als Energie- oder Wertholzstreifen. Energieholzstreifen sind dicht bepflanzte Bestände aus Balsampappeln, Weiden und Robinien, aber auch aus Aspe, Erle, Linde, Eiche, Hainbuche und Ahorn.

Alle fünf bis sieben, maximal zehn Jahre erntet er sie – das ist die sogenannte Umtriebszeit. Dadurch entsteht ein kleiner beständiger Kapitalrückfluss für einen Betrieb. Wertholzstreifen mit Wildobst, Walnuss, Ahorn und Robinie bedürfen einer deutlich längeren Umtriebszeit von 50 bis 70 Jahren. Dies führt zwar zu einer langen Kapitalbindung ohne Rückfluss, aber auch zu sehr geringen jährlichen Produktionskosten.

Verglichen mit Ackerflächen, weisen Baumstreifen eine deutlich höhere Biodiversität auf, ähnlich wie junge Hecken. Sie bieten Lebensraum für Vögel, Käfer und Schadinsekten fressende Fledermäuse. Agroforstsysteme helfen auch dabei, Wasservorräte stabil zu halten, Bodenversalzung zu vermeiden und -versauerung zu reduzieren. Sie sorgen für das Funktionieren der kleinen Wasserkreisläufe und für höhere Hitzeresistenz. Zwar benötigen sie Platz und stehen somit in gewisser Konkurrenz zu Ackerpflanzen. Doch in ihrem Windschatten ist der Boden feuchter, das Wasser verdunstet langsamer. Auf mittleren bis schlechten Böden sind Agroforstsysteme deshalb reinem Ackerbau überlegen: In Südfrankreich erbringen Baumstreifen in Kombination mit Getreide bis zu 20 Prozent höhere Ernteerträge.

Agroforstwirtschaft weltweit

Global gesehen, betreiben rund 1,5 Milliarden Menschen Agroforstwirtschaft auf ungefähr einer Milliarde Hektar, was in etwa der Größe Europas entspricht. Die meisten von ihnen sind Kleinbauern in den Tropen. Weltweit gibt es Hunderte von Praktiken: Manche pflanzen einjährige Feldfrüchte unter Bäumen an, andere lassen ihr Vieh auf Waldweiden grasen, wieder andere pflegen Waldgärten. Agroforstsysteme erbringen auf 100 Hektar im globalen Schnitt so viel Ernte wie 130 bis 140 Hektar Monokulturen und speichern dabei enorme Mengen CO_2. Das World Agroforesty Center, abgekürzt ICRAF, sieht weitere Vorteile: Agrowälder steigerten das Gemeinwohl und erlaubten den Nutzenden »Landschaftsdemokratie«, Partizipation und Selbstbestimmung.[3]

Wie Bäume ökologisch und ökonomisch im Landbau genutzt werden können, zeigt Mark Shepard in den USA. Er pflegt auf seiner 43 Hektar großen Farm in Wisconsin einen Ansatz, der schon vom Namen her höchst ungewöhnlich ist: S.T.U.N. – Sheer, total, and utter neglect. »Schieres, totales und völliges Vernachlässigen«. Er pflanzt eine Reihe von Stecklingen und über-

Agroforstsysteme in klein und groß

Das Anpflanzen von Bäumen in Gärten, Wiesen oder Äckern sollte vorher gut durchdacht werden.

Folgende Fragen sollte man sich vorher stellen:
* Gibt es gesetzliche Vorgaben oder Einschränkungen für mein Vorhaben?
* Welche Abstände zu meinem Nachbarn muss ich einhalten?
* Welche Nutzung will ich erreichen: Produktion von Obst oder Nüssen oder Energie- oder Wertholz?
* Wieviel Pflege- oder Ernteaufwand bedeutet dies für mich jedes Jahr?
* Welches sind Sorten, die unter den lokalen Bedingungen von Boden, Niederschlag, Minimal-Temperaturen gedeihen?
* Wie groß sind die ausgewählten Bäume in 20, 50 oder 100 Jahren?
* Wie soll der Bereich unter den Bäumen genutzt werden?

Vor dem Pflanzen

In größeren Gärten ist eine heterogene Pflanzung unterschiedlich hoher und breiter Bäume oft sinnvoll. Auf Wiesen und Äckern hingegen erleichtert eine homogene Reihenanpflanzung identischer Bäume die Bearbeitbarkeit mit dem Traktor.
* Der Untergrund sollte per Spaten oder Traktor gelockert werden; bei einer größeren Pflanzung hilft eine Fräse, den vorhandenen Bewuchs einzudämmen.
* Die Einsaat von stickstofffixierenden mehrjährigen Pflanzen wie Lupinen oder Klee fördert den Baum und hilft, unerwünschte Gräser zu unterdrücken.

Beim Pflanzen zu beachten

Zwar fällt es dem Gärtnerherzen meist schwer, einen noch jungen Baum von nur zwei bis drei Jahren zu kaufen. Jedoch ist dieses zarte Alter für dessen Wachstum und Entfaltung seiner Wurzeln vorteilhaft, schon in wenigen Jahren kann er ältere gepflanzte Semester überholen.

* Den Pflanzabstand dabei unbedingt beachten – die maximale Breite des Baumes plus Abstand zwischen den Bäumen für den Lichteinfall, wenn die Bereiche unter den Bäumen genutzt werden sollen.
* Im kleinen Garten den Wurzelballen, auch von oben, mit Kaninchendraht großzügig vor Wühlmäusen schützen. Den Stamm auch vor Hasenfrass sichern.
* Im Schatten der späteren Krone können jetzt Sträucher wie Johannisbeeren mitgepflanzt werden. Wenn der Baum groß ist, ist das Lebensalter der Beeren erreicht.
* Gut wässern und mulchen (mit Heu, Stroh oder anderem Material).

Bei einer größeren Anzahl von Bäumen lohnt sich die Investition in eine Tröpfchenbewässerung, die einige Jahre später woanders wiederverwendet werden kann.

Ähnlich wie bei Menschenkindern sind die ersten zwei, drei Jahre die wichtigsten für einen jungen Baum – also ein Auge auf den Setzling und Boden werfen, wässern, mulchen, kein Gras aufkommen lassen.

Buchempfehlung

Bücher von Martin Crawford und Helmut Pircs *Enzyklopädie der Wildobst- und seltenen Obstarten*.

Foto links: Ute Scheub, oben: Burkhard Kayser

Agroforstsysteme in klein und groß

Höhenparallele Agroforstpflanzung von Nussbäumen kombiniert mit Kartoffeln, Getreide, Spargel bei Mark Shepard. Foto: Midwest ARS

lässt sie sich selbst. Und will damit gleichzeitig unser Ernährungssystem revolutionieren.

Vor gut 15 Jahren fragte er sich: Warum soll ich jedes Jahr wieder von Neuem säen und den Kampf mit Wetterwidrigkeiten aufnehmen, wenn wir tausend Jahre lang von demselben Baum ernten können? Seitdem pflanzt er Esskastanien, Pinien, Walnuss-, Haselnuss-, Pekannuss- und andere Nutzbäume, die energiereiche Nahrung liefern, inzwischen fast 250.000 Stück.

Damit löst er die bei uns seit Jahrhunderten gepflegte strikte Trennung zwischen Land- und Forstwirtschaft auf. Doch wer jetzt dabei an Agroforstsysteme als Mischung von Baumreihen und Getreide denkt, hat nur teilweise recht: Mark Shepard geht noch viel weiter. Seine Baum- und Strauchreihen, die er höhenparallel anlegt, hat er in einem Abstand angelegt, der immer kleiner wird, je größer sie wachsen. Diese Streifen nutzt er in den ersten Jahren für den Anbau von Getreide, Mais oder Gemüse. Oder er lässt seine Rinder, Schweine, Schafe, Truthähne und Hühner darin herumlaufen, die gleichzeitig seine Hygienepolizei spielen. Die Getreideernte auf dem schmaler werdenden Streifen wird jedes Jahr geringer, aber der Ertrag der Baum- und Strauchreihen immer größer.

Die Auswahl an »essbaren Bäumen« im rauen Klima von Wisconsin ist gering – und ganz bewusst überlässt er diese der Natur. Nach einigen Jahren schaut er, welche Stecklinge überlebt haben und ob sich welche durch besonders frühes oder spätes Blühen oder Früchtereichtum auszeichnen. Diese werden dann sehr eng gepflanzt, viel enger als in einer normalen Plantage. Auch hier lässt er die Natur selektieren: »Warum soll ich einen Baum pflegen, der ganz offensichtlich nicht zurechtkommt?«

Wie viele der »neuen« Hofbetreiber ist Mark Shepard breit aufgestellt: Er verkauft Getreide, Gemüse, Spargel, viele Sorten Nüsse, Obst, Apfelsaft und Cidre sowie das Fleisch seiner Tiere. Zudem betreibt er eine eigene Baumschule, gibt Workshops und schreibt Bücher.[4]

Dass man von Bäumen und ihren Produkten gut leben kann, zeigt auch Stefan Sobkowiak im kanadischen Quebec. Er hat eine Obstbaumplantage als konventionelle Farm übernommen und einen Teil davon zu einer Permakultur-Obstplantage umgestellt. Mindestens jeder dritte Baum ist ein Stickstofffixierer, dadurch braucht er kaum mehr zu düngen. Zwischen den Obstbäumen wachsen vielblütige, zum großen Teil essbare Pflanzensorten, die Bestäuber anlocken und dem Öko-Gleichgewicht der Plantage dienen. Überall hängen Nistkästen für Vögel und Insektenhotels. Die Baumreihen sind nach ihren Erntezeitpunkten geordnet, was den Arbeitseinsatz deutlich verringert. Sobkowiak verkauft Biokisten an Kunden und Läden und lässt Menschen auch selbst pflücken. Seine Ernte ist konstant erfolgreich. Teilausfälle werden durch andere Sorten ausgeglichen. Das System ist so stabil, dass er mit vergleichsweise wenig Arbeit immer sein Auskommen hat und gleichzeitig Ökosysteme pflegt und heilt.[5]

Laguna Blanca – eine der schönsten Farmen der Welt

Eine der schönsten Farmen der Welt liegt im Nordosten Argentiniens am Zusammenfluss der beiden Ströme Feliciano und Parana, und auch hier setzen Bäume wichtige Akzente. Laguna Blanca ist ein rund 3.000 Hektar großer Vorzeigebetrieb des Ökounternehmers Douglas Tompkins mit Baumreihen, Hecken, Wäldchen, Viehweiden und Äckern. Eine Vielzahl von Obst-, Nuss- und Wildbäumen strukturiert das Gelände, dazwischen Schafsweiden und Felder mit Getreide- und Wildgrassorten, Sonnenblumen, Lupinen, Wildblumen und Kräutern. Die höhenparallele Bearbeitung des Geländes mit Gras- und Blühstreifen verhindert Erosion und bietet zugleich Zuflucht und Nahrung für Vögel und Insekten. Der Boden der Äcker wird großflächig mit Gründüngung belebt und ernährt; die Einsaat erfolgt zunehmend per Direktsaat.

Land Art in Laguna Blanca: Höhenparallele Bewirtschaftung vielfältiger Kulturen mit Streifen als Erosionsschutz, Naturrefugien und natürlichen Baumbeständen. *Foto: Luis Franke*

Der 2015 bei einem Kajakunfall verstorbene US-Unternehmer Tompkins hatte mit seinen Ökotextilien Millionen gemacht. In den 1990ern erwarb er über seine Stiftung rund 10.000 Quadratkilometer Land in Patagonien und schuf dort mehrere Nationalparks. Die monokulturell betriebene Hacienda Laguna Blanca, die unter starker Bodenerosion litt, kaufte er 2007. Sein Team von Traktorfahrern, Ökobäuerinnen, Landschaftsplanern und Architektinnen baute das Anwesen zu einer atemberaubend ästhetischen Polykulturfarm um. Hier ist sinnlich erfahrbar, dass Vielfalt auch Schönheit, Genuss und Erholung bedeutet – nicht nur für Menschen, sondern wohl für alle Lebewesen.

Die Traktorfahrer bekamen Spaß daran, »Land Art« mit Streifen und Figuren aus Grassorten, Feldfrüchten, Wildblumen und Heckensäumen zu gestalten. Terrassen wurden angelegt, die Erosion gestoppt, neue Gebäude einschließlich Hotel aus Holz und Naturmaterialien geschaffen. Tompkins fand es »ungerecht, Menschen und Tieren ihren Lebensraum wegzunehmen«, und überließ bewusst etwa die Hälfte der Fläche der Wildnis. Füchse, Damhirsche, Wildkatzen, Reiher, Papageien, Adler und zahllose Insekten kehrten zurück.[6]

Waldgärten

Ähnlich funktionieren auch Waldgärten, von denen indigene Gemeinschaften in Lateinamerika seit Tausenden von Jahren leben. Sie wissen trotz oder gerade wegen ihrer fehlenden Agrarausbildung, dass »mehrgeschossige« Gärten mit Bodendeckern, Sträuchern, niedrigen und hohen Bäumen die Energie des einfallenden Sonnenlichts optimal ausnutzen. Erst jetzt begreifen westliche Wissenschaftler die ökosoziale Dimension: Am Amazonas lebten sie innerhalb riesiger Gartenstädte auf menschengemachter fruchtbarster Erde. Mango, Papaya, Moringa, Süßkartoffeln und Zitronengras unterstützen sich auf kleiner Fläche gegenseitig. Und widerlegen eindrucksvoll den Glauben, dass Monokulturen höhere Ernten einbringen. Waldgärten sind produktiv, erhalten und erhöhen die Artenvielfalt. In Mittelamerika sind bis zu 350 Pflanzenarten pro Hektar keine Seltenheit.[7] In Brasilien speichern Polykulturen mit Ölpalmen, Frucht- und Holzbäumen, Kakao, Leguminosen, Passionsfrucht und Pfeffer die enorme Menge von 25 Tonnen Kohlenstoff pro Hektar und Jahr – mehr als benachbarte nachgewachsene Naturwälder und jedes andere System.[8]

Eine moderne Form von Waldgärten stellt der ökologische Kaffee- und Kakaoanbau dar. Nach den Richtlinien etwa der hiesigen Biomarke Naturland

Mamá José Gabriel vor dem Berliner Haus der Kulturen der Welt. *Foto: Luly Gléz*

müssen mindestens zwei Baumschichten schützend über den Kaffee- und Kakaopflanzen wachsen und eine Beschattungsdichte von 40 Prozent aufweisen. Je nach Größe der Schattenbäume sind das 70 bis 120 Bäume pro Hektar.[9]

Gibt es heute noch Indigene, die völlig im Einklang mit der Natur wirtschaften? Und wie sehen sie unsere Wirtschaft? Der kolumbianische Kogi-Älteste José Gabriel weilte 2015 in Berlin und gab Auskunft.

Der 73-Jährige ist ein »Mamá«, ein geistiges Oberhaupt der knapp 22.000 Kogi, die zusammen mit drei weiteren indigenen Ethnien in der Sierra Nevada de Santa Marta in Kolumbien leben. Ungefähr so groß wie das Saarland, steigt diese von der Küste steil über 5.500 Meter hoch. Auf vergleichsweise winzigem Raum finden sich dort fast alle Klimazonen der Welt. Im Schutz der schneebedeckten Berge gelang es den Kogi, sich seit nunmehr über 500 Jahren von europäischen Eroberern fernzuhalten und ihre Kultur zu bewahren. Auf Schrift verzichteten sie bewusst, weil diese das Denken verknöchere und dogmatisiere, wie sie sagen. Sie haben keine Fernseher, die vom Klimawandel berichten, aber sie sind sehr beunruhigt, weil ihre Gletscher schmelzen. Die Kogi gehören zu den letzten Völkern der Erde, die, auf dem eigenen Gebiet lebend, ihre Traditionen fast gänzlich bewahrt haben. Bis heute dürfen Weiße ihr Kerngebiet nicht betreten, nur die tiefer gelegenen Randzonen, wo rund 1.600 Familien Wildkaffee zwischen Urwaldbäumen ernten und auf Eselrücken zu einer Rösterei bringen. Sie sehen sich als die Hüter von »Mutter Erde«, ihre Rituale dienen ihrem Erhalt. Den von ihnen produzierten »Café Kogi« sieht Mamá José Gabriel weniger als Handelsgut denn als Verbindung von Produzenten und Konsumentinnen sowie als Mittel, um ihren Alarmruf zu verstehen.

• • • Mamá José Gabriel, wer sind die Kogi?
Wir nennen uns selbst Kággaba. Wir sind die großen Brüder, ihr seid die kleinen. Vor Tausenden von Jahren gab es kein Gebiet, keine Bäume, keine Steine, gar nichts, nur pure Gedanken. Aus Gedanken entstand die Erde, erst als kleiner Punkt, dann wuchs sie. Heute, 500 Jahre nachdem Christoph Kolumbus kam, gibt es in Kolumbien noch 86 indigene Stämme, doch nur die Kogi in der Sierra Nevada, dem Herzen der Erde, haben ihre Kultur und ihr Wissen bewahren können. Die Erde gleicht dem menschlichen Körper. Sie hat ein Herz, Augen, Ohren, Glieder, früher war sie gesund. Aber dann erkrankten ihre Organe, die Flüsse sind krank, die Berge, die Lagunen. Als die Konquistadoren durch das Gebiet zogen, töteten sie viele Indigenas. Warum? Weil wir Indigenen der Sierra Nevada ein so gutes Leben hatten. Wir kannten kein Geld, waren aber reich an Land und auch an Gold, welches für uns heilig ist und nur für Opfer benutzt wird. Die Kolonisatoren begannen vor 500 Jahren, die Erde auszubeuten und uns das Gold zu rauben. Die jüngeren Brüder haben es schlecht gemacht. Aber nicht alle kleinen Brüder sind schlecht – darum bin ich hier in Deutschland.

Was meinen Sie mit schlecht?
Heute erleben wir Dürren und verschiedene Krankheiten. Das ist nicht Gottes Werk, sondern Menschenwerk, sie beuten die Erde aus. Das sieht man in der Sierra Nevada genauso wie in Deutschland. Und es soll noch mehr herausgeholt werden aus unserem Gebiet, in der Nähe unserer heiligen Stätten. Die Regierungen verstehen das alles nicht. Und weil sie nicht verstehen, wird es ununterbrochen Sommer geben mit einer vierjährigen Dürre und danach vier Jahre Regen ohne Unterlass. Der Boden trocknet aus, die Bäume, die Flüsse. Die Erde wird nicht verschwinden, die Sonne auch nicht, aber die Flüsse. Und wir. Ich rede mit vielen, um diese Nachricht zu den Menschen zu bringen, damit der kleine Bruder es versteht und um die Gefahr weiß.

Warum sind Sie hier?
Wir haben Kaffee mitgebracht, um unsere Botschaft zu transportieren. Wir produzieren ihn, es gibt ihn jetzt überall. Es ist der beste Kaffee. Mit den Einnahmen

können wir unsere Arbeit machen und unsere heiligen Stätten zurückkaufen, die wir brauchen, um die Erde zu heilen. Doch der Verkauf ist nicht so wichtig. Uns geht es um die Botschaft, dass die Erde austrocknet. Darum sind wir hier. Ich möchte, dass unsere Botschaft sich verbreitet, dass die Menschen die Erde in Ruhe lassen und keine Rohstoffe mehr aus ihr herausholen. • • •

www.urwaldkaffee.de

Holistisches Weidemanagement

Wiesen, Weiden, Steppen und Savannen machen ungefähr 40 Prozent der globalen Landflächen aus – die größte Kohlenstoffsenke der Kontinente. Aber ein Großteil des Graslandes ist durch Übernutzung degradiert, ein Drittel gar von Verwüstung bedroht. Regen läuft oberflächlich ab, versickert viel zu schnell oder verdunstet, weil der Pflanzenbestand zu gering ist und Humus fehlt. Doch es ist möglich, solche Böden wieder zu regenerieren und einer Milliarde Viehzüchtern und Hirtinnen neue Lebensmöglichkeiten zu schaffen. Viele sind abhängig von ihren Herden, weil in ihrer Heimat nur Gras wächst.

Regenerativ bewirtschaftetes Grasland könnte laut der in Kapitel 2 erwähnten Studie des US-Instituts PlanetTech Associates gigantische Mengen Kohlenstoff im Gigatonnenbereich aufnehmen und den atmosphärischen CO_2-Gehalt um 41 bis 99 ppm senken.[10] Das sei binnen 25 bis 30 Jahren möglich, so die sehr optimistische Schätzung. Das größte Potenzial habe dabei die Wiederherstellung von Böden in Halbwüsten und Buschland. Mit der Speicherung von 50 Tonnen Kohlenstoff pro Hektar könne hier ein neues selbsterhaltendes Gleichgewicht im Boden geschaffen werden, glaubt der Autor. Womöglich ist das zu hochfliegend – doch jede regenerierte Landschaft ist ein Gewinn, unabhängig von der Menge des aufgenommenen Kohlenstoffs, eine Wohltat für Mensch und Natur, und sie regt Nachahmer an. Bilder der Studie zeigen das »Vorher« und »Nachher« von Landschaften in Südafrika, Simbabwe und Mexiko, die mittels »Holistisch geplanten Grasens« binnen weniger Jahre begrünt wurden.

Während kontinuierliches Weiden an immer derselben Stelle Grasland verkümmern lässt, ahmt »Holistisches Grasen« das Verhalten wilder Herden nach. Dichte Gruppen von Bisons, Gnus, Antilopen, Guanakos, Wisenten und Wildpferden zogen seit jeher durch globale Steppen und Grasländer – und erschufen in einer symbiotischen Beziehung mit Gras die fruchtbarsten Böden der Welt. In der Savanne der Serengeti ziehen zweimal im Jahr Millionen Tiere durch das Land und knabbern alles kurz. Die Angst vor Fressfeinden und der Druck der Gruppe lässt sie eng beieinanderstehen und stetig weiterziehen. Ihre wertvollen

»Mob Grazing«: Viele Tiere weiden für kurze Zeit auf kleiner Fläche. *Foto: Tom Chapman*

Ausscheidungen werden durch nachfolgende Tiere in den Boden eingetreten, ihre Hufe brechen Bodenkrusten auf. Vertrocknetes Gras wird beigemischt und kleine Löcher im Boden hinterlassen, in denen sich Wasser sammeln kann, wodurch wiederum Samen besser keimen. Abgefressenes Gras hat einige Monate Zeit für die Regeneration, bevor die Tiere hier wieder vorbeikommen. Diese Kombination führt zu stetigem Humusaufbau. Weltweit.

Initiator des »Holistisch geplanten Grasens« und »Holistischen Weidemanagements« war Allan Savory, ein 1935 in Simbabwe geborener Farmer, Ökologe und Gründer des gleichnamigen Savory Institute, das diese Form von Steppenregeneration inzwischen weltweit propagiert und begleitet. Mit einem Internet-Talk unter dem Titel »Wie man die globalen Wüsten begrünen und den Klimawandel rückgängig machen kann« erregte Savory 2013 international Aufsehen.[11] Als junger Wissenschaftler habe er gelernt, dass Verwüstung durch Überweidung entsteht, und deshalb das Töten von 40.000 Elefanten empfohlen, begann er seine Rede. »Das war die schlimmste Sünde meines Lebens, ich habe daran bis zu meinem Tod zu tragen.« Deshalb habe er nach anderen Lösungen gesucht – und sie in der Nachahmung der Natur gefunden: »Böden und

Vegetation entwickeln sich durch grasendes Vieh! Die Herden müssen sich aber bewegen, als ob sie gejagt würden.« Solches Weidemanagement könne »genug Kohlenstoff aus der Atmosphäre und in Grasland für Tausende Jahre sicher speichern, und wenn wir das auf ungefähr der Hälfte der weltweiten Grasflächen machen, kann uns das auf einen vorindustriellen CO_2-Gehalt bringen und gleichzeitig Menschen ernähren.«

Manche preisen Savory seitdem als Genie und Visionär, andere – vor allem Veganer – waren empört. Oder auch besorgt, dass Goliaths Fleischindustrie diese Argumentation missbrauchen könnte. Einige Wissenschaftler kritisierten Savory: Eine Evaluation seiner Methoden in den USA habe keine Öko-Effekte ergeben, auch Huftiere würden Weiden und Steppen schaden.[12] Andere hielten dem entgegen, dass Holistic Planned Grazing inzwischen auf 16 Millionen Hektar weltweit mit Erfolg praktiziert werde, unter anderem in Australien, Patagonien, Kanada und den USA. Der Humusaufbau sei nachweisbar.[13]

Etwa bei Tom Chapman im britischen Sussex: Er lässt 125 Mutterkühe mit 100 Kälbern und 4 Bullen auf nur 0,6 Hektar weiden. Einmal pro Tag teilt er den Tieren eine neue Fläche zu. Chapman ist von dem System überzeugt, da sich sein Grünland deutlich besser entwickelt und er seine Weideperiode um zwei Monate verlängern konnte.[14]

Manche afrikanischen Hirtenvölker wirtschaften schon lange so. Die ostafrikanischen Borana etwa regeln mit komplexen Aushandlungen den Zugang zu Wasser und Weiden. Ihre Herden verweilen immer nur kurz an einem Ort, die Vegetation kann sich regenerieren. Solche traditionellen Systeme brechen heute aber immer öfter zusammen, etwa wegen großflächigem Getreideanbau oder bewaffneter Konflikte. In Westafrika unterstützen Regierungen deshalb »Korridore« für Hirten: Bauern bepflanzen abgeerntete Felder mit Viehfutter oder lassen Hirtinnen dort weiden, was wiederum ihren Boden düngt. Auch Simbabwe und Namibia haben eine »geplante Beweidung« entwickelt: Alle Menschen aus einem Ort versammeln ihr Vieh und lassen es gemeinsam ein Gebiet nach dem anderen abgrasen.[15]

Joel Salatin – der Hohepriester der Weiden

Ähnlich wie Savory geht auch der US-Amerikaner Joel Salatin ganz neue Wege. Dickköpfig und charmant, tatkräftig und redegewandt, Bauer und Autor, Rebell und begnadeter Redner – Salatin bewegt sich zwischen seiner Farm und Vortragssälen in aller Welt. Seine Rinderfarm Polyface ist seit über 40 Jahren im Familienbesitz.[16] Da seine Eltern bei ihrem Kauf kaum Geld hatten, langte

Joel Salatin mit seinen Tieren und mobilen Hühnerställen. *Foto: Nick V, Wikimedia*

es nur für ein Stück heruntergewirtschafteten Landes; die Wiesen waren mager, Böden erodiert. Heute strotzt die bunte Vielfalt der Wiesen vor Kraft, der Boden ist tiefgründig und fruchtbar.

Wer seine Farm besucht, sieht viele Tiere. Rinder, Hühner im Gras, Truthähne, Schweine und Kaninchen. Und genau darin liegt das Geheimnis der fruchtbaren Wiesen – korrekter eigentlich: Böden. Ähnlich wie Savory ahmt Joel Salatin das natürliche Verhalten von Tierherden nach. Er hält seine Rinder mit flexiblen Elektrozäunen eng zusammen und versetzt den Zaun jeden Tag. Die Tiere freuen sich über neue Weiden. Ihnen auf den Huf folgen Truthähne, danach Hühner. Letztere picken Larven in den Kuhfladen und Krankheitserreger weg. Hühner hinterlassen zudem eine Art Flächendüngung, da sie Kuhdung auseinanderscharren und eigenen Kot zurücklassen. Jeder Quadratmeter Wiese sollte laut Salatin mindestens 40 verschiedene Pflanzen aufweisen – die »Salatbar« für seine Tiere. Die Farm produziert so jährlich 30.000 Dutzend Eier, über 10.000 Fleischhühner, 100 Rinder, 250 Schweine, 800 Truthähne und 600 Kaninchen. Die Stammkundschaft ist begeistert.

Joel Salatin ist Landwirt, Businessman und Erfinder, der seinen komplett eigenen Weg geht. Er wendet sich gegen das Establishment – gerne auch mal

Wiesenpflanzen haben unterschiedlich lange Wurzeln, hier ein Beispiel aus den USA. Im Gegensatz zu den metertiefen Wurzeln der natürlichen Wiesenvegetation sind die des ausgesäten Futtergrases *(Poa pratensis)* gerade mal wenige Zentimeter kurz (im Bild ganz links). *Grafik: Conservation Research Institute*

gegen »überregulierte Bio-Zertifizierung«. »Alles, was ich machen will, ist illegal« heißt eines seiner Bücher. Konsequent verteidigt er die Local-Food-Bewegung. Anstatt seine heiß begehrten Produkte per Internet und Postzustellung landesweit zu verkaufen, baute er einen florierenden Laden auf und beliefert Restaurants und Einkaufsgruppen der Umgebung. »Lokal« bezieht sich für ihn auch auf den Verkauf.

Für den Winter hat er sich ein besonders effizientes System der Kreislaufwirtschaft ausgedacht: Die Kühe haben nach außen offene Ställe, in denen sie sich nach Belieben bewegen können. Regelmäßig fügt er Heu hinzu, Sägespäne, Hackschnitzel und Maiskörner. Das eingestreute Material ergibt ein langsam kompostierendes »Bett«, das einen angenehm süßlichen Geruch abgibt und die Tiere warm hält. Zum Ende des Winters kommen Schweine in den Stall und durchwühlen diesen ganzen Haufen begierig nach den leicht fermentierten Maiskörnern. Ergebnis: ein wundervoller Kompost, der fast ganz von alleine entstanden ist und im Frühjahr ausgebracht werden kann.

Gras ist ein Klimaretter

Klingt alles prima. Aber lässt sich das generalisieren? Das wollten wir von Anita Idel wissen, Mitautorin des Weltagrarberichts und Autorin des Buches *Die Kuh ist kein Klimakiller*.

• • • **Frau Idel, Allan Savory behauptet, Holistisches Weidemanagement könne die Klimakrise lösen. Teilen Sie das?**
Ja! Nachhaltige Beweidung hat das weltgrößte Potenzial zur Klimaentlastung, denn sie fördert das Wurzelwachstum von Gras und damit den Humusaufbau. Wurzeln von heute sind Humus von morgen. Genialer können natürliche Kreisläufe nicht sein: Bodenfruchtbarkeit entlastet die Atmosphäre durch Speicherung von CO_2. Der Tierbesatz muss aber immer flexibel an das Graswachstum angepasst werden.

Kühe rülpsen doch Methan?
Der Klimakiller ist immer der Mensch. Das Design vieler Studien beschränkt sich erschreckend simpel auf Emissionen, statt Agrarsysteme als Ganzes zu bewerten. Weidetiere können Gras in Milch, Fleisch, Arbeitskraft und letztlich Humus umwandeln. Aber Soja-»Kraftfutter« benötigt Äcker, dafür wird Urwald abgeholzt und Grasland umgebrochen – hauptsächlich diese Landnutzungsänderungen verursachen den Klimawandel.

Wieso ist das Rotieren der Weiden so wichtig?
Gras braucht Zeit zum Regenerieren, wenn die Halme kürzer als etwa fünf Zentimeter abgeweidet werden. Denn dann verfügt das Blattgrün nicht mehr über genug Energie zum Start der Photosynthese. Beim Auto reicht Benzin allein auch nicht, der Anlasser zapft Energie von der Batterie. Die einzelnen Gräser zapfen ihre Wurzelmasse an und bilden mit der frei werdenden Energie oberirdisch Blattgrün. So lange, bis es je nach Grasart für den Start der Photosynthese wieder reicht. Kommt das Tier immer wieder, ehe sich die Wurzelmasse regeneriert hat, führt das zur Überweidung. Um Kühe davon abzuhalten, das nach ein paar Tagen wieder sprießende leckere Gras zu fressen, brauchen wir Hirtinnen und Hirten, oder der Zaun muss mit der Herde wandern. Ansonsten kommt das Gras unter Stress – auf Kosten der Bodenfruchtbarkeit.

Wieso ist das nicht seit 100 Jahren schon bekannt?
Es interessiert nicht – wegen des Ackerbaublicks! Kaum ein Agrarwissenschaft-

ler hat sich um Grasland gekümmert. Dabei hieß es sprichwörtlich: »Die Wiese ist die Mutter des Ackerlandes.« Denn die Tiere erzeugten im Winter mit dem Heu organischen Dünger, der im Frühjahr dem Acker zugutekam.

Warum gibt es überall Gras, aber nicht überall Bäume?
Gras wächst auch da, wo es Bäumen zu kalt oder zu trocken ist. Es überlebt Nässe und Dürre, extreme Kälte oberhalb der Baumgrenze und extreme Hitze wie in der Serengeti. Ob in den Alpen oder im Kaukasus: Bei Sonnenschein wächst Gras sogar bei fast null Grad auf 2.000 Meter Höhe. Gräser arbeiten im Team und sind durch biologische Vielfalt flexibel: Während die einen bei Überschwemmung verfaulen, beginnen andere zu keimen. Statt um Monokulturen geht es um Grasgesellschaften mit unterschiedlichen Fähigkeiten. Das bedeutet weniger Risiko und mehr Potenzial. Gras »weiß«, dass Beweidung ihm nützt, sonst würde es Stacheln oder Giftstoffe entwickeln. Ohne das Offenhalten durch Beweidung oder Mahd wachsen Büsche oder Bäume. Hingegen entsteht natürliche Biodiversität nur mit Tieren, weil sie zu verschiedenen Zeiten unterschiedliche Gräser und Kräuter bevorzugen.

Wo sind die fruchtbarsten Grasebenen?
Dazu zählen die Prärien in Nord- und die Pampas in Südamerika oder Schwarzerdeböden wie in der Ukraine, Rumänien und in den deutschen Tieflandbuchten. Sie alle sind in Koevolution durch jahrtausendelange Beweidung entstanden. Etwa 50 bis 60 Millionen Bisons grasten auf der Prärie, bevor sie fast ausgerottet wurden. Rund 40 Millionen Guanakos waren vor der Conquista in der Pampa unterwegs. Wisente und Auerochsen in Europa waren hingegen schon vor der Römerzeit durch Bejagung dezimiert und gen Osten verdrängt worden.

Die natürliche Vegetation Mitteleuropas war oder ist nicht Wald?
Mit der Erwärmung konnte sich nach der letzten Eiszeit wieder Wald entwickeln, aber nur wo nicht geweidet wurde. So schufen Weidetiere parkähnliche Landschaften: Wälder mit Waldweiden ebenso wie von Wäldchen unterbrochene Weideflächen mit Solitärbäumen. So entstanden an den endlosen Waldrändern strukturreiche Übergangszonen mit hoher Biodiversität auf und im Boden: die Apotheke der Natur. Viele der bei den Germanen dominierenden flächendeckenden Wälder konnten somit entgegen der Lehrmeinung erst sekundär entstehen: durch Verdrängung und Ausrottung der Weidetiere.

Woher kommt die zusätzliche Biomasse, doch nicht von den Tieren?
Genau, hinten kann nicht mehr herauskommen, als vorne gefressen wurde. Die zusätzliche Bodenfruchtbarkeit kommt weitgehend aus der Luft. Das Zauberwort heißt Photosynthese. Jede zusätzliche Tonne Humus entlastet die Atmosphäre um 1,8 Tonnen CO_2.

Wird Gras als Klimaretter also unterschätzt?
Ja, dramatisch. Sein Potenzial zur Wurzel- und Bodenbildung ist enorm. Denn Dauergrasland ist eine permanente Kultur mit besonders langer Vegetationszeit. Spätestens ab März oder April wächst Gras, während Bäume noch blattlos sind. Den Zuwachs an Biomasse im Boden nehmen wir aber meist nicht wahr.

Brauchen wir also mehr Grünland?
Ja! Dennoch geht es nicht darum, die ganze Welt in Grasland zu verwandeln, sondern dauerhaft nur Böden, die nicht ackertauglich sind. Äcker müssen temporär zu Grasland werden, wie es früher zur Regeneration verbreitet war. Statt Monoackerbauern brauchen wir Vielfaltsgärtnerinnen. Auf Dauer können wir nur so Bodenfruchtbarkeit erhalten und die Welt ernähren! • • •

Soil Carbon Cowboys in den USA und Australien

Wie Anita Idel sehen das auch die Soil Carbon Cowboys in den USA. »Wir arbeiten mit der Natur statt gegen sie«, lachen sie fröhlich in die Kamera eines Vimeo-Films.[17] Allen Williams, Gabe Brown, Neil Dennis und weitere freuen sich, weil sie mit neuen Methoden gesunde Böden, Pflanzen und Tiere generieren und dabei auch noch Zeit und Geld sparen. Ihre Herden grasen ständig woanders, ihre Weiden reichern sie mit Leguminosen oder Sonnenblumen und anderen Pflanzen an. Sallie Calhoun von der Paicines Ranch in Kalifornien hat in ihre Rinderweide Sorghum und Präriegräser mit extralangen Wurzeln gesät, die weit mehr Kohlenstoff festsetzen als ihre einjährigen Verwandten. Manche Graswurzeln reichen vier Meter und mehr in den Boden und fungieren als »Kohlenstoffpumpe«. Das Marin Carbon Project, ein Netzwerk von Forschern, Ranchern und Politikerinnen, fördert zusammen mit dem Carbon Cycle Institute solche regenerativen Praktiken. Seine Studien ergaben, dass sich der Bodenkohlenstoff dadurch um bis zu 70 Prozent erhöht.[18]

In Australien hat die Farm von Familie Seis in Winona mit einer verwandten Methode Furore gemacht. Die früher konventionell betriebene Schaffarm in den Central Highlands war 1979 in katastrophalem Zustand: die Böden erschöpft und versalzen, tote und sterbende Bäume, Insektenattacken, Pflanzen- und Tierkrankheiten, hohe Kosten für Pestizide; den Rest erledigte ein Buschfeuer. Heute produziert der Ökohof Wolle und Getreide auf gesunden Böden und hat dabei jährlich 120.000 Dollar weniger Betriebskosten. Sein Geheimnis: Ackerweiden.

Colin Seis und Daryl Cluff entwickelten das »Pasture Cropping« 1993 als Kombination und Synthese zwischen wärmeliebenden Gräsersorten und kälteliebendem Getreide. Wenn das Gras bei kälteren Temperaturen »schläft«, säen sie Roggen, Hafer und Weizen in kleine Pflanzlöcher auf der Weide. Im milden Winter reift Getreide, im Sommer grasen dort Schafe nach den Prinzipien des Holistischen Managements. Sie halten das Gras kurz, sodass es kein Konkurrent ist, wenn Getreide keimt. Der Acker muss nie mehr gerodet werden und bleibt dank Schafdung fruchtbar, Weiden müssen nicht mehr ausgesät werden. Ernten steigen. Gras wächst vielfältiger, was das Vieh besser ernährt. Seine Wurzeln bringen Kohlenstoff ins Erdreich. Die Bodenwissenschaftlerin Christine Jones wies nach, dass dadurch 33 Tonnen CO_2 oder stolze 9 Tonnen Kohlenstoff pro Hektar und Jahr gespeichert wurden – sogar während Dürrezeiten.[19]

Die Methode wird inzwischen von rund 2.000 Bauernhöfen praktiziert und funktioniert auch auf degradiertem Boden gut. Die australienweite Organisation Soils for Life, die sich um die Regeneration von Trockengebieten und ganzer Landschaften kümmert, porträtiert auf ihrer Website *www.soilsforlife.org.au* Dutzende solcher Farmen.

Symbiotische Landwirtschaft in Herrmannsdorf

Wir kehren von unserer Reise zurück nach Deutschland und kommen zu einer anderen besonderen Form der Weidewirtschaft. Wie das sprichwörtliche Gesundschrumpfen eines Viehgroßbetriebs aussehen kann, zeigt beispielhaft Karl Ludwig Schweisfurth: einst der größte Fleisch-Goliath von Europa, heute ein Öko-David.

»Nur der Metzger ist ein guter Metzger, der die Tiere achtet«, verkündet eine Parole in den Herrmannsdorfer Landwerkstätten, in Glonn im Speckgürtel von München gelegen. Um eine uralte Linde in der Dorfmitte, unter der eifrig ein Gockel kräht, gruppieren sich drei Scheunen mit viel Holz und Fachwerk und ein Gutshaus mit Erkertürmchen, alles sorgfältig renoviert. Eine grüne Idylle mit weißblauem Maibaum. Aber ist das nicht ein Widerspruch in sich, als Metzger die Tiere achten zu wollen? Wer tötet, achtet doch nicht?

Dorfplatz mit Hahn in Herrmannsdorf. Foto: Stefan Schwarzer

Karl Ludwig Schweisfurth, 1930 geborener Begründer der Landwerkstätten, hat lange, sehr lange nicht geachtet. Als Fabrikantensohn und angehender Metzger ließ er sich 1955 von den gigantischen Industrieschlachthöfen von Chicago und New York begeistern, in denen Tiere am Fließband getötet und in Dosen verpresst wurden. Fortschritt! Fortschritt! Man müsse so was auch in Deutschland haben, verkündete er seinem Vater, wie er sich in seiner Autobiografie erinnert.[20] Um sodann mit Herta in Herten das größte europäische Fleischimperium aufzubauen, mit Filialen in zehn Ländern und einem Jahresumsatz von zuletzt 1,5 Milliarden Euro. »Herta – wenn es um die Wurst geht«, lautete der Werbeslogan, der den Metzger zum Multimillionär machte. Den Preis hatten arme Schweine zu zahlen, die zusammengepfercht in Massenställen ein kurzes saubeschissenes Leben führten.

Wie selbstverständlich ging der Patriarch davon aus, dass seine Kinder – die Zwillinge Karl und Georg sowie Tochter Anne – den Großkonzern übernehmen würden. Doch die wollten Tiere lieber streicheln als essen. Und behaupteten Unangenehmes am Esstisch: »Vater, du weißt doch gar nicht mehr, wie es da draußen zugeht!« Der, emotional getroffen, besuchte irgendwann heimlich einen seiner Fleischfabrikanten und war geschockt: Saumäßig ging

Herrmannsdorfer Schweinchen macht sich über Kleegras her. *Foto: Ute Scheub*

es den Schweinen. Doch es bedurfte noch weiterer fünf Jahre und der Lektüre von K. F. Schumachers Ökoklassiker *Small is beautiful*, bis seine »Brandmauer im Denken« fiel.

Goliath zog die Konsequenzen und schrumpfte sich zu David. 1984 stieg Karl Ludwig Schweisfurth aus, verkaufte den Konzern an Nestlé und baute mit dem Geld die Schweisfurth Stiftung mit ihren »Leuchttürmen« im In- und Ausland sowie die Herrmannsdorfer Landwerkstätten auf. Ganz neu anfangen wollte er. Ein Demonstrationsprojekt sollte es werden, wie man saugut wirtschaften kann zum Wohle aller Lebewesen. »Wir leben in einem kriegsähnlichen Zustand mit der Natur«, schrieb er. »Woran wir uns versuchen müssen – und das will ich –, ist Heilung!«

Die Herrmannsdorfer Landwerkstätten sind längst ein mittelständisches Unternehmen, geleitet von seinem Sohn Karl und dessen Frau Gudrun. 240 Menschen arbeiten dort, in der Landwirtschaft, den Handwerksbetrieben und zehn Ladenfilialen. Etwa 100 Biohöfe liefern zu, und rund 25.000 Kunden kaufen diese »Lebens-Mittel«, wie der Gründer bewusst orthografisch anders schreibt. Die ersten 15 Jahre habe sich das Ganze »nicht gerechnet«, sagt Gudrun Schweisfurth, die mit fröhlichem schwäbischen Akzent über das Gelände führt, aber jetzt sei man bei einer Rendite von 1,5 Prozent. Weiterwachsen wolle und könne man nicht. Sonst sei man bald wieder in dem Dilemma, das der frühere Wurstfabrikant so formulierte: »Wachsen, um überhaupt noch Gewinne machen zu können.«

Schweine sind intelligent, sozial, verspielt und neugierig, und zum Glücklichsein müssen sie wühlen können, erkannte der »Alte«. Seine »Glücksschweine« wachsen hier in geräumigen Ställen und auf der Weide auf, mit eigenem Eber und »Eroscenter«, wie Gudrun Schweisfurth lachend sagt. In einem der Laufställe, nach hinten offen zur Weide, können zwei Schweinchen gar nicht genug vom frischen Kleegrasschnitt kriegen, mit ganzem Körper hängen sie in der Futterkrippe. Andere spielen, schubbern sich oder dösen aneinandergekuschelt. Die zwischen Grau und Rosa changierenden Farbmuster der robusten alten Rasse »Schwäbisch Hällisches Landschwein« vermengen sich. Ein junger Flüchtling aus Eritrea schaufelt frisches Futter zu.

Im Gebäude nebenan befindet sich die Abferkelung. Früher wurden dort Muttersauen in engen Boxen fixiert, damit sie Neugeborene nicht erdrückten. Anfang 2016 veröffentlichte die Soko Tierschutz davon Fotos. Viele Ferkel seien tot geboren worden, zudem seien Antibiotika eingesetzt worden. Ein Beweis, dass Bio-Schweinezüchter nicht anders wirtschafteten als konventionelle, behauptete der vegane Tierrechtler Friedrich Mülln. »Als wir 2000 den Stall gebaut haben, waren Kastenstände das modernste System«, aber 2015 habe er »Betriebe mit freier Abferkelung« besichtigt und danach die Boxen abgeschafft, erklärte Karl Schweisfurth der darüber berichtenden »taz«. Ursache der Totgeburten seien schlechte Strohqualität mit Schimmelbefall und ungewöhnlich hohe Wurfzahlen gewesen. Der Tierarzt, der die umstrittenen Antibiotika einsetzte, wurde durch einen anderen ersetzt.[21]

Die eigentliche Innovation in den Landwerkstätten ist aber die vom »Alten« seit 2004 vorangetriebene »Symbiotische Landwirtschaft«: Tier-Wohngemeinschaften auf sieben Koppeln, auf denen sich Hühner, Enten, Schweine, Schafe und Kühe tummeln. Zum gegenseitigen Nutzen: Schweine wühlen den Boden auf, Hühner picken sich daraus Würmer, Schweine schützen Hühner vor Fuchs und Habicht, Hühner schützen Schweine vor Parasiten und Fliegen. Und das Ganze unter 300 Obstbäumen, die durch Tierkot gedüngt werden. Das Getrappel und Buddeln der Schweine lässt Wühlmäuse verzweifeln, Schädlinge in Obst- und Beerenkulturen werden von Hühnern gefressen. Wenn eine Koppel abgeerntet und von Schweinen durchgepflügt wurde, zieht ein Traktor den »Wanderzirkus« der Mobilställe weiter. Saumäßig praktisch, das Ganze.

War es zumindest. Die »erste private Versuchsanstalt« der symbiotischen Landwirtschaft endete 2014, dann verbot das Veterinäramt die gemeinsame Haltung von Legehennen und Schweinen wegen »Ansteckungsgefahr«. Erlaubt wurde sie nur noch bei Masthühnern, die nicht so alt werden. Allerdings hält man in Herrmannsdorf bewusst Zweinutzungshühner, die Eier und Fleisch geben – als Alternative zum Schreddern von Millionen »überflüssiger« männlicher Küken.

Im »Dorf für Kinder und Tiere« leben Schweine und Hühner auch mit Schulkindern zusammen. In mongolischer Jurte, indianischem Tipi und arabischem Beduinenzelt können Schulklassen nahe einem idyllischen Ententeich eine Woche lang übernachten. Pädagogische Fachkräfte verteilen morgens im Dorfrat Berufe: Wer will heute Bauer, Gärtnerin, Bäcker oder Käserin sein? Die »Bauern« füttern Schweine, die »Gärtnerinnen« ernten Gemüse, die ganze Klasse stellt zusammen ihre »Lebens-Mittel« her.

Zum Abschluss führt die Schwiegertochter in die Warmfleischmetzgerei, in der schlachtwarmes Fleisch sofort zu Spezialitäten weiterverarbeitet wird. »Das Wurstkulturerbe bewahren«, nennt Gudrun Schweisfurth das. 40 Mitarbeitende sind hier mit Schlachten, Zerlegen, Verarbeiten und Veredeln beschäftigt. Was in der Fleischindustrie auseinandergerissen wurde, wird hier wieder zusammengefügt und spart Kosten und Treibhausgase für Kühlung, Verpackung und Transport. Zudem bringt es Produzierende, Schlachter und Veredlerinnen wieder eng zusammen und steigert die Produktqualität.

Aber wie ist das nun mit dem »achtsamen« Töten? Kann es das überhaupt geben? »Das Einzige, das mich legitimiert, diesem Wesen gewaltsam das Leben zu nehmen, ist, dass es ein Leben vor dem Tod hatte. Ein richtig gutes Schweineleben. Das Bestmögliche«, schreibt der »Alte«. Schweine würden hier nicht zur Sau gemacht, sondern ohne Angst, Stress und Schreie getötet, sagen die Schweisfurths, die bisweilen auch öffentliche »Schlachtfeste« abhalten. Die Tiere verbringen ihre letzte Nacht in Strohboxen in der gewohnten Gruppe, danach wird eines nach dem anderen nebenan betäubt und entblutet. Das Wichtigste sei, ruhig und achtsam mit ihnen umzugehen, sodass sie bis zur letzten Sekunde angstfrei lebten. »Ruhig getötete Tiere entwickeln keine Stresshormone«, so Karl Ludwig Schweisfurth. »Das Fleisch hat eine bessere Konsistenz und hält länger. Aber auch der nicht-stoffliche Teil, den wir (noch) nicht messen können und den man mit Begriffen wie Energie, Kraft und Wirkung beschreiben könnte, bleibt länger ›lebendig‹.« Die Verarbeitung müsse aber schnell gehen. So könne man ganz auf Geschmacksverstärker und Zusatzstoffe verzichten.

In den Landwerkstätten wird viel Wert auf gutes Handwerk gelegt. Es gibt auch eine Bäckerei, Kaffeerösterei, Käserei und Brauerei, in der »saugutes Schweinsbräu« gebraut wird. In der 2015 von Gudrun Schweisfurth gegründeten »Akademie für gute Lebens-Mittel« kann man in Kursen das Buttern oder Wurstmachen lernen. An den Wänden hängen Fragen, die sich die Schweisfurths stellen: »Wann hört Fortschritt auf, Fortschritt zu sein?« Oder: »Dürfen wir alles, was wir tun können?«

In der Kantine ist zu schmecken, dass sich der Aufwand lohnt: Hühnersuppe vom Zweinutzungshuhn, Fleischwurst, Salate aus der betriebseigenen Gärtnerei. Alles auch im Dorfladen zu erwerben. Aber die Preise – nun ja, schon schweineteuer. Der »Alte« begründet das so: Man bezahle auch den Lieferanten überdurchschnittliche Preise. »Es ist zwar teuer, aber es rechnet sich für alle Beteiligten.« Und: »Man kann auch mit wenig Geld sich und seine Familie ökologisch gut ernähren, wenn man erstens weniger Fleisch isst, zweitens häufig selbst kocht, drittens wenig Vorgefertigtes kauft und viertens nichts wegwirft.«

Vom Sahel bis nach China – Regeneration in der (Halb)Wüste

Wir setzen unsere Reise in Afrika fort. Auch in der Sahelzone gab es ökologische Probleme mit dem lieben Vieh und seinen Weiden, wenn auch ganz anderer Art. Die Tiere überweideten magere Steppenböden. Nun wenden Bauern in Burkina Faso und andernorts Varianten von Agroforstsystemen an: etwa mit der Akazienart Faidherbia albida als »Düngerbaum«. Rund um diese ungewöhnliche Leguminose wächst Getreide deutlich besser. Freundlicherweise wirft die Akazie ihre Blätter dann ab, wenn andere Bäume ergrünen, und umgekehrt. Damit liefert sie in Trockenzeiten Stickstoff, Schatten und Nahrung für Weidetiere.

In Burkina Faso hat ein bäuerliches Selbsthilfenetzwerk unter Anführung von Yacouba Sawadogo degradierte Böden in der Größe des Saarlands in 15 Jahren mit einer Kombination von Agroforststreifen und Pflanzlöchern wieder nutzbar gemacht, den Grundwasserspiegel erhöht und Ernteerträge mehr als verdoppelt. In kompostgefüllten »Zai«-Pflanzlöchern, geschützt von halbmondförmigen Erdwällen, keimen Sorghum, Hirse und kleine Bäume. »Zai« bedeutet in der lokalen Sprache »früh aufstehen und sich beeilen, um das Land zu bestellen«. Eine andere Methode heißt »Farmer Managed Natural Regeneration« und besteht darin, Baumstrünke in der Wüste oder Steppe intensiv zu hegen und zu pflegen. Damit erzielt »Waldmacher« Tony Rinaudo in der Sahelzone und Tansania große Erfolge.[22]

Agroforstflächen in der Sahelzone nehmen jedes Jahr zu, die Wüste schrumpft. Nach einer Gesetzesänderung, wonach Bäume ihnen gehören, haben Bauern in Niger seit 1985 ungefähr fünf Millionen Hektar mit Bäumen und

Büschen wiederbegrünt. Mit der Vegetation kehrte der Regen zurück, kleine Wasserkreisläufe regenerierten sich. Das ernährt etwa 2,5 Millionen Menschen und ist die größte Umwelttransformation in der Sahelzone und vielleicht von ganz Afrika. In Mali wurden 450.000 Hektar regeneriert, nachdem 1994 das Waldgesetz demokratisiert worden war.[23] Stück für Stück könnten so noch viel mehr Steppe und Wüste wieder begrünt werden.

Das ägyptische Sekem-Projekt beweist eindrücklich, wie selbst die Wüste regeneriert werden kann. Der Name bedeutet nach einer altägyptischen Hieroglyphe »Lebenskraft aus der Sonne« und ist eine dem Sand abgerungene Oase nordöstlich von Kairo. Ibrahim Abouleish, der in Österreich und Deutschland studiert und die Demeter-Landwirtschaft kennengelernt hatte, erwarb dort 1977 ein 70 Hektar großes Stück Wüste und ließ darauf sein Sozialunternehmen erblühen; später erhielt er dafür den Alternativen Nobelpreis. Sekem ist der bedeutendste Ökopionier in ganz Nahost.

Inzwischen sind fast 700 Hektar Wüstensand mit Kompost und Demeter-Präparaten fruchtbar gemacht worden; hinzu kommen 1.700 Hektar, die von 800 Vertrags-Ökobauern bewirtschaftet werden. Schafe und Kühe grasen unter Dattelpalmen, viele Sorten Gemüse, Baumwolle, Heil- und Gewürzkräuter gedeihen dort. Rund 4.000 Menschen produzieren nach Demeter- und Fair-Trade-Standards Biolebensmittel, Gewürze, Kosmetika, Arzneimittel und Textilien aus Biobaumwolle.[24] Die Öko-Produkte werden am Hauptsitz weiterverarbeitet. Zur Sekem-Holding gehören auch eine Stiftung, ein Kindergarten, eine Schule, ein Berufsbildungszentrum, eine heilpädagogische Einrichtung, ein Forschungsinstitut, eine Klinik und die gemeinnützige Heliopolis-Universität für nachhaltige Entwicklung – die erste ihrer Art im arabischen Raum.

»Sekem hat ein neues Biotop kreiert, indem es Wüstenland mittels Kompost und biodynamischen Methoden zu fruchtbaren und lebendigen Böden machte«, schreibt der Sohn des Gründers nicht ohne Stolz.[25] Im Lauf der Jahre seien über eine Million Tonnen CO_2 in den Böden gespeichert worden. Auf der Hauptfarm sind heute wieder 60 Vogelarten und mehr als 90 Baum- und Buschsorten zu finden.

Unsere Reise endet – vorläufig – in China. Das weitläufige Löss-Plateau im Nordosten ist die Wiege der jahrtausendealten chinesischen Zivilisation und Landwirtschaft. Doch durch Entwaldung und unkontrollierte Weidewirtschaft mit Ziegen und Schafen verlor es immer mehr fruchtbaren Boden, die Erde blieb kahl und fast humuslos zurück. Sie konnte 95 Prozent der Niederschläge nicht mehr halten. Der Huang Ho oder »Gelbe Fluss« schwemmte die gelblichen Sedimente des Plateaus fort, sein zweiter Name lautete deshalb »die Sorge

Loess Plateau in China vor und nach der Regeneration. *Foto: Weltbank*

Chinas«. Hunger, Armut, Dürren, bis nach Peking reichende Sandstürme und Überschwemmungen waren die Folge.

Doch ein groß angelegtes Regenerationsprojekt hat die Landschaft seit Mitte der 1990er Jahre in staunenswertem Ausmaß wieder grün und fruchtbar gemacht. Ein Team aus einheimischen und ausländischen Forschern und Beraterinnen zog durch die Dörfer und riet den Bauern, Terrassen gegen die Erosion zu bauen, Bäume zu pflanzen und ihre Ziegen eine Weile im Stall zu lassen. Entscheidend sei gewesen, so der daran beteiligte Weltbankexperte Jürgen Vögele, dass die bitterarme Bevölkerung für diese Arbeit bezahlt worden sei und mehr Ernten einfahren und verkaufen konnte. Der US-Amerikaner John D. Liu dokumentierte ab 1995 als Kameramann die Entwicklung in seinen Filmen *Lessons of the Loess Plateau* und *Hope in a Changing Climate*. Seitdem wurde Regeneration sein Lebensziel und er ein gefragter Regierungsberater in Äthiopien, Ruanda, Jordanien und anderswo. Man müsse nur die Evolution der Natur nachahmen, sagt der Mitbegründer von Regeneration International im Film *Regreening the Desert*, dann könne man binnen weniger Jahre ganze Landschaften regenerieren.[26]

Das zeigt auch, unter noch extremeren Bedingungen, die Geschichte von Yin Yuzhen. Ein Wunder ist geschehen in der Mu-Us-Wüste in der Inneren Mongolei: Es regnet wieder. Nicht oft, aber immerhin. Wenn sich dunkle Wolken zusammenziehen und die ersten Regentropfen fallen, ist Yin Yuzhen glücklich. Der Regen ist für sie der beste Beweis, wie richtig es war, ihre ganze Kraft in die Begrünung der Wüste zu stecken. Seit über 40 Jahren haben Yin Yuzhen und ihr Mann ganz alleine Hunderttausende von Bäumen gepflanzt. Inzwischen haben sie in diesem Teil der Ordos-Wüste, die in die Wüste Gobi übergeht, ein Gebiet ungefähr von der Größe Andorras wieder ergrünen lassen. Dort stehen jetzt mehr als 300.000 Bäume auf gut 2.500 Hektar Land.

Die 51-jährige Yin Yuzhen ist eine einfache Bäuerin aus Shannxi, lesen und schreiben hat sie nie gelernt. Mit 18 Jahren, so erzählt sie, wurde sie von ihrem Vater in die baumlose und fast menschenleere Wüste verheiratet. Das nächste Dorf war viele Tagesmärsche entfernt. »Ich kam aus einem großen Dorf, ein Mädchen aus bester Gegend«, erzählt sie in dem Film *Greening the Mu Us Desert*. Die ersten Jahre waren extrem hart, das Paar überlebte nur knapp in einer winzigen unterirdischen Hütte mitten in den Sanddünen. Wasser spendete eine kleine Quelle, und Yins Mann hatte die Aufgabe, in den weit umher verstreuten Dörfern verendete Tiere einzusammeln, was ihnen ein kleines Einkommen und manchmal getrocknetes Fleisch einbrachte. Nicht nur einmal musste Yin eine Mahlzeit aus toten Ratten bereiten.

Der Sand war allgegenwärtig. Alles, was sie sahen, anfassten, drinnen oder draußen, war Sand. Der Wind blies ihnen Körner in Nasen, Ohren und Mund. »Einmal, da war ein fürchterlicher Sandsturm«, erzählt sie. »40 Tage heulender Wind ohne Unterbrechung. Ich ertrug es nicht und konnte nicht mehr essen. Sand in meinen Töpfen, auf meinem Gesicht. Wenn ich nachts schlief, überall Sand.« Sie war niedergeschlagen, aber sie sagte sich: »Ich werde durchhalten. Wenn ich hart arbeite, kann ich den Wind bezwingen. Mal sehen, wer stärker ist. Ich kämpfe lieber und sterbe dabei, als vom Sand schikaniert zu werden.« Einige Zeit später sah Yin von Ferne einen Menschen in den Dünen. »Ich bin spontan hinter ihm hergerannt«, berichtete sie Maren Haartje von den »1000 Friedens-Frauen Weltweit«, die sie mit einer internationalen Delegation 2009 besuchte. Als der Mann sie bemerkte, fing er vor Schreck ebenfalls an zu rennen – sie holte ihn nicht ein. Yin holte die einzige Schüssel aus ihrer Hütte und stülpte sie über den Fußabdruck. Sie schaute sich den Abdruck jeden Tag an, bis der Wind ihn verwehte. Daraufhin wollte sie sich das Leben nehmen, ihr Mann ebenfalls.

Aber dann entschieden sie sich anders und machten sich auf den tagelangen Weg über Sanddünen ins nächste Dorf. Ihr einziges Geld war Yins Brautgeld, sie erwarb Baumsaaten und einen Setzling. Das war der Anfang, seitdem haben sie auf gut 26 Kilometer Länge und 17 Kilometer Breite viele Oasen mit Bäumen

Yin Yuzhen. *Foto: Maren Haartje/ Peace Women Across The Globe*

und Büschen geschaffen, die sie nur noch miteinander verbinden müssen. Sie pflanzten über hundert Arten an und lernten, welche am besten gediehen. Sie beluden ihren Eselkarren mit Wassereimern und gossen damit ihre Bäume. Nur nachts und in den frühen Morgenstunden, damit das kostbare Wasser nicht sofort wieder verdunstete.

Zuerst kam der Tau zurück, dann der Regen. Auf kleinen Flächen, im Schatten der Bäume, gedeihen heute Kartoffeln, Mais und Rüben, Weinreben, sogar Wassermelonen. Das Land ist Staatseigentum, das Yin und ihr Mann gepachtet haben. Ihre unterirdische Hütte haben sie durch ein Steinhäuschen ersetzt. Insekten, Schmetterlinge und Bienen kehren zurück, mit ihnen kommen die Vögel.

»Ohne Schmerz erreicht man nichts«, sagt sie. »Wer nehmen will, muss auch geben. Ich habe die Wüste akzeptiert, heute liebe ich sie. Ohne sie hätte ich nie so viele Bäume gepflanzt. Es ist so, wie viele Kinder zu haben. Wenn ich schlecht gelaunt bin, gehe ich hinaus und sehe meine Kinder, die den Hang bedecken. Schauen Sie, wie sie mich anlachen. Es macht mich glücklich. Mein Herz wird leicht und fröhlich, wenn ich im Wald spazieren gehe. Schauen Sie, wie schön sie gewachsen sind …«

Heute hat das Ehepaar keinen Esel mehr, dafür aber eine Muttersau, zwei magere Milchkühe und eine kleine Ziegenherde, die bestimmte Sträucher kurz halten soll. Und mehrere Brunnen, mit denen sie Neuanpflanzungen wässern. Für älteres Grün reichen Tau und Regen, größere Bäume dringen mit ihren Wurzeln ins Grundwasser vor, das nicht sehr tief liegt.

Lange hat sich niemand für die Wüste interessiert. Denn die Lebensbedingungen sind extrem: im Winter bis minus 30 Grad, im Sommer 45 bis 50 Grad. Doch seit einigen Jahren fördert die Regierung ihre Begrünung, weil sie Wanderdünen aufhalten will: Sandwolken wehen bis nach Peking, verdunkeln den Himmel und versanden fruchtbares Ackerland. Deshalb erhält die Familie heute eine kleine Unterstützung. Im Laufe der Jahre bekam das Paar zwei Kinder, nahm zwei weitere verstoßene Kinder auf und brachte sie zu Yins Schwiegereltern, damit sie zur Schule gehen konnten.

Yin wurde 2005 zusammen mit den »1000 FriedensFrauen Weltweit« für den Friedensnobelpreis nominiert. Inzwischen gesundheitlich angegriffen, hat sie einen Kiefernhain für die FriedensFrauen angelegt, in dem sie Kraft tankt. Und die braucht sie, denn die Behörden ignorieren ihr großes Wissen über Nachhaltigkeit. Yin pflanzt zum Beispiel schon lange keine Pappeln mehr an. Sie verbrauchen viel Wasser und entziehen dem Boden Nährstoffe. Trotzdem fördert die Regierung Pappelpflanzungen, weil sie schnellwüchsiges Holz für die Papierindustrie liefern. Immer mehr Menschen siedeln sich in der Wüste an, um mit viel Wasser Pappeln zu züchten. Dabei weiß niemand, wie lange das Grundwasser noch reichen wird. Manchmal fordern die Behörden von Yin Yuzhen, Dokumente zu unterschreiben. Ein Grund zur Sorge, denn sie ist immer noch Analphabetin und weiß nicht, was sie da unterschreibt.

Und dennoch hat sie das Schicksal vieler Menschen verändert. Und gezeigt, wie viel Kraft ein einzelner Mensch entfalten kann. Sie hat ein Wunder in der Wüste vollbracht.

KAPITEL 6

Wie David Stadt und Land vernetzt

*»Zweifle nie daran, dass auch eine kleine Gruppe
überzeugter Menschen die Welt verändern kann.
Tatsächlich war es immer so.«*

Margaret Mead

Wir kehren zurück nach Europa, nachdem wir regenerative Agrarprojekte aus allen Kontinenten porträtiert haben. Aber sie allein können wenig ausrichten ohne städtische Abnehmer, die diese Produkte wertschätzen – ideell und materiell, indem sie mehr Geld dafür ausgeben. Und ohne strukturelle Änderungen der EU-Agrarpolitik und neue politische Regeln, um »wahre Preise« durchzusetzen. Aber wie kann man die durchsetzen? Um darauf Antworten zu finden, klopfen wir an die Tür der grünen Bundestagsabgeordneten Renate Künast, die als frühere Bundesagrarministerin über viel Erfahrung mit politischen Widersachern verfügt.

• • • Frau Künast, Sie haben Regeneration International als erste Deutsche mitunterzeichnet. Waren Sie bei der Gründung in Costa Rica dabei?
Nein, leider nicht, ich war terminlich verhindert. Aber ich kenne viele darin Engagierte seit Jahren. Wir begegnen uns immer wieder, unter anderem bei der Kampagne Save Our Soils. Für mich ist der wichtigste Punkt dieser Initiative die Stärkung des internationalen Food Movement. Noch nie war diese Bewegung so groß wie heute. Immer mehr Menschen interessieren sich für gutes, klimafreundliches, ökologisch, sozial und regional produziertes Essen. Wir brauchen eine breite gesellschaftliche Debatte über regenerative Anbaumethoden. Die Erde muss sich wieder erholen können – das ist auch für nachfolgende Generationen überlebenswichtig. Wir müssen einerseits die Agroindustrie infrage stellen – wie etwa beim Monsanto-Tribunal – und andererseits zeigen, wie es gehen kann.

Ist regenerative Agrikultur im Rahmen der EU-Agrarpolitik förderbar?
Wir müssen jetzt schon beginnen, politischen Druck aufzubauen, damit die nächste Reform der Gemeinsamen Agrarpolitik (GAP) der EU im Jahr 2020 gelingt. Das Förderprinzip wird alle sieben Jahre neu konzipiert, die letzte Reform von 2014 war leider Greenwashing. In der »ersten Säule« der Direktbeihilfen werden Betriebe weiterhin ohne ausreichende Deckelung subventioniert, sodass bäuerliche Produktionsweisen strukturell benachteiligt werden. In der »zweiten Säule« wird Geld für die Entwicklung des ländlichen Raums ausgegeben. Aber die Auflagenbindungen (»Cross Compliance«) sind viel zu bürokratisch, das muss stark vereinfacht werden. Wir sollten über ein neues Modell nachdenken, etwa ob die erste Säule vollständig zugunsten der zweiten aufgelöst wird.

Könnte man damit Agroforst- oder andere klimafreundliche Systeme fördern?
Ja, wenn man eine entsprechende Berechnungsmethode schafft: Gezahlt wird für die Erfüllung öffentlicher Interessen. Für Hecken, Ufer und Bäume gäbe es dann etwa die Summe X, für klimafreundliche Anbaumethoden die Summe Y, für konventionelle Landwirtschaft nichts mehr. Aber hier muss massiver Druck von der Zivilgesellschaft kommen, sonst bleibt die alte Systematik.

Wie wäre es mit einer Fleischsteuer oder Pestizidabgabe?
Ich habe als Ministerin gelernt, dass es besser ist, sich nicht auf ein einziges Werkzeug zu fixieren. Bei einer Fleischsteuer wäre man schnell bei der maximalen Konfrontation. Damals sah ich mich auf Veranstaltungen Landwirten gegenüber, die Plakate hochhielten wie »Ihr seid unser Tod«. Da brennt dann schnell die ganze Hütte. Aber eine Pestizidabgabe hätte eine gute Steuerungswirkung, auch beim Futtermittelanbau. Zudem ist die Giftreduzierung auch eine Frage der globalen Gerechtigkeit, etwa in Argentinien, wo Menschen und Natur durch Glyphosat infolge des Gensojaanbaus geschädigt werden.

Was kann man tun, damit die deutsch-französische Humusinitiative 4p1000 vorankommt? Der zuständige Bundesagrarminister dreht Däumchen.
Er musste der Öffentlichkeit wegen unterschreiben. Aber ohne Überzeugung. So ähnlich wie bei der deutschen Nachhaltigkeitsstrategie. Darin ist das Ziel von 20 Prozent Ökolandbau für Deutschland enthalten, daran kann er nichts mehr ändern. Bloß wird das 20-Prozent-Ziel heute nicht mit Maßnahmen ausgefüllt. Er sagt nur, er habe dieses Ziel von mir übernommen.

Wie können die externen ökosozialen Kosten der Agroindustrie in wahre Preise internalisiert werden?

Ein langer Weg! Ein Instrumentarium dafür gibt es bisher nur in Ansätzen. Nature&More kann zwar die ökologischen und sozialen Kosten für konventionelle Weintrauben oder Äpfel errechnen, aber noch nicht mehr. Wenn wir die EU-Subventionen der Großagrarier beenden können, die auch in »Billig«-lebensmitteln stecken, kommen wir den »wahren Preisen« näher. Auch die Pestizidabgabe würde das leisten. Ein CO_2-Fußabdruck auf einer Ware wäre ebenfalls gut, wirkt aber nur moralisch, nicht finanziell. Wir brauchen ein breites Sortiment an Instrumenten. Das Ziel muss sein: öffentliches Geld nur für öffentliche Güter. Also keine EU-Subventionen mehr für die Agroindustrie, sondern für den Schutz des Klimas, des Wassers, der Gesundheit und der Artenvielfalt. Und ich hoffe, dass uns bald jemand exakt vorrechnet, dass »billig« nur eine Illusion ist. Wahr ist, wir zahlen Milliarden für Gesundheits- und Umweltfolgen. • • •

Neue Bündnisse

Damit die vielen kleinen Davids dauerhaft Erfolg haben, bedarf es auch neuer regionaler Bündnisse zwischen Stadt und Land unter Ausschaltung von Goliath und seinen Zwischenhändlern. Doch selbst in Freiburg, der deutschen »Bio-Hauptstadt«, werden laut einer Studie von »Argonauten« und FiBL nicht mal 20 Prozent der dort verzehrten Lebensmittel im gleichnamigen Regierungsbezirk produziert. Und das, obwohl die regionale Versorgung bei Milchprodukten dank einer städtischen Molkerei 70 Prozent beträgt, was die Quote nach oben drückt. Gemüse indes stammt nur zu 13 und Obst lediglich zu 8 Prozent aus der nahen Region. In konventionellen Supermärkten sind gar nur 3 Prozent aller Waren regional, 97 Prozent stammen von überall her.[1] Das bedeutet auch: Das meiste Geld für Lebensmittel fließt ab, statt die lokale Wirtschaft zu fördern.

Sarah Joseph von der Hamburger HafenCity Universität zeigt in einer anderen Studie umgekehrt auf, wie sich die Millionenstadt Hamburg mit regionalen Öko-Produkten aus einem Umkreis von 100 Kilometern vollständig selbst versorgen könnte. Voraussetzung wäre allerdings, dass der Fleischkonsum reduziert würde, weil er der größte Flächenfresser ist.[2]

Um CO_2-intensive Transportwege einzusparen und Bauern vor Ort zu unterstützen, sollte die Parole lauten: »Global denken und möglichst lokal essen.« Das klingt nach sauertöpfischen Verzichtsparolen – wird aber ganz schnell zum individuellen Genuss und kollektiven Gewinn, wenn sich Produzierende und Konsumierende eng zusammentun, wenn Verbraucherinnen sehen können, wo

Solidarische Landwirtschaft: Vertrauen zwischen Bauern und Kundinnen wächst auch durch gemeinsame Ernteaktionen. *Foto: Stefan Schwarzer*

ihre Kartoffeln und Tomaten gedeihen. Viele wollen wissen, ob ihre Lebensmittel gesund heranwachsen, identifizieren sich mit ihrer Heimatregion und ihrer Küche, sonst wäre der Marktanteil angeblich oder tatsächlich regionaler Produkte in letzter Zeit nicht so in die Höhe geschnellt.

Direktvermarktung in Hofläden, auf Bauernmärkten oder in Genossenschaften (Foodcoops) ohne Zwischenhandel senkt die Preise für Kunden und erhöht Erlöse für Farmen. Eine aus Frankreich kommende Variante heißt übersetzt: »Der Bienenstock sagt Ja«; hierzulande breitet sie sich unter dem Namen »Food Assembly« aus. Das Prinzip: Kundinnen bestellen das Gewünschte per Internet und treffen die Landwirte ihrer Wahl dann auf regionalen Bauernmärkten. Noch engere Verbindungen schafft die Solidarische Landwirtschaft (SoLaWi). Hier zahlen Verbraucher Agrarbetrieben die Produktionskosten im Voraus, wofür sie in der Regel wöchentlich Erntekisten erhalten. Man trifft sich einmal jährlich, stimmt ab, was in der nächsten Saison angebaut werden soll, was das pro Nase kostet und ob ärmere oder kinderreiche Haushalte weniger bezahlen. Um den Transportaufwand gering zu halten, liefern Erzeuger ihre Kisten an wenige Verteilstellen, wo Stadtbewohnerinnen sie abholen. Beide Seiten gewinnen: Höfe genießen finanzielle Sicherheit, auch wenn ihre Ernte verhagelt, Städter und ihre Kinder bekommen neuen Bezug zum Land. Und mit dem Gemüse wachsen Gemeinschaft und Vertrauen.

Solche Erzeuger-Verbraucher-Gemeinschaften jenseits von Markt und Staat entstanden in den 1980ern auch in den USA unter dem Namen »Community Supported Agriculture« (CSA). In Frankreich heißt dasselbe Prinzip »Association pour le maintien d'une agriculture paysanne« (AMAP), auch Bec Hellouin wirtschaftet so. In Japan versorgen traditionsreiche »Teikei« (Partnerschaftshöfe) sogar ein Viertel aller Einwohner. Auch in Deutschland stieg die Anzahl der Solidarhöfe und -initiativen in den letzten Jahren geradezu explosionsartig; Schloss Tempelhof und viele andere betreiben SoLaWi und ReLaWi gleichzeitig.

Ein pfiffiges »Gesundschrumpfen« hat sich auch der Hof Englhorn ausgedacht, der zur Gemeinde Mals im Südtiroler Vinschgau gehört. Diese produziert internationale Schlagzeilen, seit sie sich im September 2014 per Volksabstimmung zur ersten pestizidfreien Gemeinde Europas erklärte.

Zinsen in Almkäs: Der Hof Englhorn ist stolz auf seinen »Rück-Schritt«

Ein Murmeln und Gluckern, ansonsten ist's still. Nach Kuhmist und Holz riecht es hier. Die Etsch, der Fluss von den Bergen, platscht am Erbhof Englhorn vorbei, den die Agethles bewirtschaften, seit 200 Jahren und mehr. Auf einer Bank im Hof sitzt der Biobauer Alexander Agethle, Mitte vierzig, bärtig, und schaut in die Landschaft. Seine blauen Augen blitzen im gesund braunen Gesicht. Hinter dem 360-Seelen-Dorf Schleis liegen sattgrüne Almwiesen, umrahmt von schneeglitzernden Dreitausendern. Nur zwölf Kühe hat er und nur zehn Hektar Land, neun fürs Vieh und einen fürs Getreide. »A Verruckt'r, a grianer Spinner!«, sagen die Leut' im Vinschgau. Und davon will er leben und seine Frau und seine zwei Kinder und seine Eltern auch, ja so was! Andere haben hundert Kühe und mehr und stecken doch bis zum Hals in Schulden.

Die alte Dorfsennerei hat er gekauft und saniert, für 350.000 Euro. Die Milchsammelstelle war das, hier trafen sich Dörfler früher zweimal am Tag und schwatzten und ratschten. Doch als der Milchtankwagen die Höfe direkt anfuhr, war's aus mit dem Dorfklatsch, mit gemeinsamer Freud' und geteiltem Leid. »Schad«, dachten sich der Agethle Alexander und seine Frau, die Sagmeister

Sonja. Und so kauften sie 2013 das Häusl. Da ist jetzt ihre Käserei drin und ihr Hofladen. Und der Käse von ihren zwölf Kühen geht weg wie nix, sie kommen nicht hinterher mit dem Produzieren. Drei Sorten gibt's, die heißen wie die Schneegipfel drumherum: Arunda, Tella und Rims. Der Rims wurde prämiert als bester Hofkäse von Südtirol.

Ja, Schulden haben die Agethles auch, aber sie tun ihnen nicht weh. Fast die Hälfte des Geldes für die Sennerei kam von Stammkunden, 160 an der Zahl, aus Italien, Deutschland, der Schweiz und Frankreich. Die kriegen dafür »Englhörner«: Gutscheine für köstlichen Käse oder Getreide und Butter. Zehn Jahre lang zum Preis von heute. Der Agethle Alexander zahlt Schulden und Zinsen mit Almkäse. Mit allen, die 500 Euro und mehr geben, macht er einen Extravertrag, korrekt nach italienischem Gesetz, das den »Verkauf von Zukunftsdingen« erlaubt. Sie können das Geld auch »aburlauben«, wie er sagt, im Gasthof Greif beim Schwiegervater. Oder im Restaurant Broeding in München mit »Englhörnern« bezahlen, und die lösen das ein in Käse. Regionalwirtschaftlicher Almkäs' statt Euro.

Der Agethle Alexander, das ist a ganz a Radikaler, sagen die Leut'. Der setzt auf Gemeinwohl statt Gewinn und will die Schöpfung bewahren, im Wohnzimmer hängen eine Kuhglock'n und das Kruzifix. Der baut sein Getreide an ohne Pflug, der will leben von dem, was der Boden hergibt. Seine Kühe sind graubraun und haben noch Hörner, die Rass' stirbt bald aus, wenn man nix macht. Drum macht er's gut: Drei Monate stehen die Tiere auf der Alm und neun im Stall, sie fressen nur Gras und Heu. Und geben bloß 5.000 Liter im Jahr, bei einem Viech mit dem Bauch voller Soja aus sonst woher ist's schnell das Doppelte. Sogar die Melkmaschine hat der Agethle Alexander abgeschafft. Die Milch fließt wieder in den Eimer, er spürt sie zwischen den Fingern, er sieht sie fließen und merkt beim Heben ihr Gewicht, und das findet der Alexander gut.

Und reden kann er wie gedruckt. Der weiß so viel und hat so viele Ideen, wie man die Region fördert und das gute Leben. Studiert hat er auch, Agronomie, die Wissenschaft vom Optimieren der Landwirtschaft. Er hat auch geforscht, am Alpeninstitut in Garmisch-Partenkirchen, er war in den USA und im Kosovo. Und danach wollte er von der Agroindustrie nix mehr wissen, als er 2002 zurückkam auf den Englhof. Und dann hat er die Sonja geheiratet, die Tochter vom Gastwirt Greif in Mals, die Köchin und Ernährungsberaterin, die so gut mit den Menschen umgeht. Und sie wollen, dass Sohn und Tochter gut aufwachsen hier, zwischen Kälbern und Schwalben, dass sie in der Etsch patschen und durch die Wies'n stampfen können.

Selbstverständlich ist das nicht mehr. Denn die Wiesen und Weiden im Obervinschgau werden eingekreist, die verschwinden. Von Meran aus, vom Untervinschgau, da wandert der konventionelle Obstbau hinauf, Stange an Stange, Baum neben Baum, die erkämpfen sich allen Platz im Etschtal. Jeden Tag stehen fremde Leut' hier und rammen neue Stangen in den Boden. Äpfel, Äpfel und Äpfel. Und Kirschen. Und sonst nix mehr. Und mit den Äpfeln kommen Gifte und Abdrifte. Pestizide. Krankheiten. Krebs und Alzheimer und Ausschläge und Unfruchtbarkeit und Depressionen, das häuft sich hier immer mehr, sagen auch die Leut'.

Auch deshalb ist der Agethle Alexander so radikal geworden. Er will, dass Milchbauern und Biolandwirte eine Zukunft haben im Obervinschgau. Dass der nicht so wird wie der Untervinschgau mit seiner trostlosen Monokultur. Deshalb hat er 2011 Adam & Epfl mitgegründet, die Bürgerinitiative, die das Paradies hier retten will, die Mals per Volksabstimmung pestizidfrei machen will. Und deshalb träumt er sich mit Leib und Seele zurück in die Zukunft, in eine alt-neue Kulturlandschaft, in der die Natur wieder sein darf, was sie ist, in der Menschen fürs Gemeinwohl wirtschaften und Kühe und Kinder bis zum Bauch in blühenden Wiesen stehen.

www.englhorn.com[3]

Schön, so ein Modell. Aber nur Nische. Noch! Direktvermarktungen aller Art blühen überall auf, weil viele Städterinnen Lebensmittelskandale satthaben, weil sie Bauern mit ökofairen Preisen unterstützen wollen, weil sie nichts mehr essen wollen, ohne Herkunft und Produktionsweise zu kennen, weil sie den Kontakt zum Land suchen. In letzter Zeit sind unzählige Projekte jenseits von Markt und Staat entstanden, denen nur die Verbindung untereinander und die öffentliche Sichtbarkeit fehlen.

Weitere Beispiele: Als 2016 jeder konventionelle Milchbauer laut Kieler Agrarministerium »pro Kuh tausend Euro minus« machte, gründete Anja Hradetzky, damals noch auf Hartz IV, im brandenburgischen Dorf Stolzenhagen einen Biomilchhof mit 30 Tieren. Ohne Land, ohne Geld. Die Weideflächen pachtete sie vom Verein der Freunde des Naturparks Unteres Oderland, die Kühe kaufte sie mithilfe potenzieller Kunden. 70 Menschen zeichneten 100 Anteile à 500 Euro. Über ihren Käse kann sie nun mit ihrem Mann 70 Cent pro Liter erwirtschaften und davon leben.[4]

Ökofaire Produkte südlicher Länder kann man ebenfalls per Direktvermarktung erstehen. Die 2003 in Frankreich gegründete Genossenschaft Ethiquable, die auch in Deutschland, Benelux und Spanien aktiv ist, fördert gezielt kleinbäuerliche Familien aus dem globalen Süden. Alle Produkte, die sie über den Onlineshop *www.ethiquable.de*, Biosupermärkte oder Weltläden vertreibt, tragen Labels des Fair Trade, der Ökoproduktion und das Kleinbauernsiegel SPP. Das Sortiment besteht aus rund 50 Produkten von etwa 35.000 Kleinbauern aus Afrika, Asien und Lateinamerika, darunter Kaffee, Tee, Schokolade und Kartoffelchips. Die peruanische Kleinbäuerin Espirita Guerrero, Mitglied der Frauengenossenschaft Agropia, schilderte 2016 in den Berliner Prinzessinnengärten, wie ihre Chips aus roten und blauen »Papas« entstehen. In Zentralperu baut sie in 4.000 Meter Höhe auf drei Hektar bis zu 80 alte Sorten in allen Farben und Geschmäckern an. Ethiquable unterstützte sie beim Aufbau der Fabrik, die lokale Weiterverarbeitung erhöhte die Gewinne der Beteiligten um 25 Prozent. »Der faire Handel hat vieles zum Positiven verändert«, befand die alte Bäuerin zufrieden.

Bioboden wird Allmende

Eine weitere Variante der solidarischen Umverteilung von der Stadt aufs Land: Zwei deutsche Genossenschaften, *www.bioboden.de* und *www.kulturland.de*, kauten Ackerland von den Einlagen ihrer Mitglieder und verpachten es an Ökobauern. Auch SoLaWi-Betriebe profitieren davon. Der Bastahof im Brandenburger Oderbruch etwa, der Gemüse für rund 300 Berliner produziert, konnte die Fläche günstig von »Kulturland« pachten. Boden wird zum Land der vielen, zum Gemeingut, zur Allmende.

An einem glühendheißen Tag im Juni 2016 kommen 117 von 2.100 Mitgliedern der Bioboden-Genossenschaft zusammen. In einer alten Scheune im Naturpark West-Havelland findet die erste Versammlung seit Gründung im Frühjahr 2015 statt. Motto: »Ackerland in Bürgerhand«. Nicht ohne Stolz berichten Vorstand und Aufsichtsrat, dass man – unterstützt von der Ökobank GLS – mit den Genossenschaftseinlagen von insgesamt gut 7,2 Millionen Euro bereits mehr als 1.300 Hektar Land gekauft und 15 Biohöfen zur Verfügung gestellt habe. Die Betriebe können die Flächen für 30 Jahre pachten. »Ein Anfang ist gemacht!«, verkündet die Parole auf der Leinwand. Das Publikum klatscht und schwitzt. Puuh.

Dass sich die meisten Partnerhöfe in Ostdeutschland befinden, im Zentrum des deutschen Landgrabbings, ist kein Zufall. Spekulanten und Großagrarier sind dafür verantwortlich, dass in Teilen Mecklenburgs und Brandenburgs die Bodenpreise in 20 Jahren um das Sechsfache in die Höhe schossen. »Gerade Biobauern können das nicht aus eigener Kraft stemmen«, berichtet der Aufsichtsratsvorsitzende Nikolai Fuchs mit Schweiß auf der Stirn. Und das, obwohl sich die Nachfrage nach Ökolebensmitteln ungefähr im selben Zeitraum vervierfacht hat. Auch deshalb werden immer mehr Bioprodukte importiert, obwohl sie mindestens genauso gut regional produziert werden könnten. Inzwischen wird jeder zweite Apfel in Lastwagen aus dem Ausland herangegurkt.

Die Bauernscheune in Buckow ist Teil eines Bioboden-Hofs, auf dem Demeter-Getreide angebaut wird – mitten im Havelländischen Luch, im Schutzgebiet für die äußerst selten gewordenen Großtrappen. Draußen glüht die Sonne, Schmetterlinge flattern, und in der abwechslungsreichen Niedermoorlandschaft kauern versteckt die seltenen Großvögel, die auf Goliaths Flächen keine Insekten mehr finden und deshalb fast ausgerottet wurden. 1940 gab es noch 4.100 Exemplare, 1995 nur noch 55, nun wächst der Bestand wieder. Aber was, wenn die Erntemaschine durchs Korn rast? Werden sie nicht niedergemäht? Bringt das Bauern nicht ins Schwitzen? Nein, sagt Stefan Decke, Vorstandsmitglied von Bioboden und selbst aktiver Landwirt, der in Kooperation mit örtlichen Ökobauern den Hof bewirtschaftet. Ins Wintergetreide würden die nicht gehen, und man wisse dank der Buckower Vogelschutzwarte immer genau, wo sie sich befänden. Eine bemerkenswert fruchtbare Kooperation von Bioanbau und Naturschutz.

Der Hof in Buckow wurde früher konventionell betrieben und stand wie so viele schließlich zum Verkauf – ein Drittel aller Landwirte in Deutschland sind älter als 55 Jahre und finden keine Nachfolger mehr. Die Stiftung des Naturschutzbundes (Nabu), die bundesweit Schutzflächen kauft, meldete sich bei Bioboden und fragte, ob man die Flächen nicht gemeinsam erwerben wolle. Aber ja! Die Kooperative bekam die Scheune und einen alten Kuhstall dazu, bald sollen 40 Rinder hinzukommen.

Die Genossenschaftsversammlung geht schnell über die Bühne, fast alle Beschlüsse werden einstimmig gefasst. Das gegenseitige Vertrauen ist groß, außerdem ist es zu heiß. Den Abschluss bildet ein leckeres Mittagessen, gesponsert von Naturkostverbänden. Die Cooperativistas mümmeln Spargel- und andere Salate. Krikäää – war das nicht ein Großtrappenmann? Nein, nur der eingebildete Hühnerhahn vom Nachbarhof.

Gemeingüter wiederherstellen

Ähnliche Modelle gibt es auch in anderen Ländern. Im US-Bundesstaat Colorado verhilft der gemeinnützige Golden Seed Land Trust Gemeinden und Gemeinschaften zu Land, wenn sie ökologische Visionen dafür entwickeln. Er vermittelt auch zwischen Farmern, die in den Ruhestand gehen wollen, und Nachwuchsbäuerinnen.

Noch visionärer ist das Projekt Buffalo Commons, das einen Teil der Great Plains wieder regenerieren und zum Gemeingut machen will, über das wie früher Bisons zu Tausenden ziehen sollen. Denn nicht mal mehr zwei Prozent der Great Plains sind heute als Naturparks geschützt. Auf riesigen agroindustriellen Flächen dominieren Rinderzucht, Weizen- und Maisanbau, was kaum Jobs schafft – junge Leute ziehen weg. Acht US-Bundesstaaten sind heute in Teilen geringer besiedelt als Ende des 19. Jahrhunderts. Zudem hat Goliath das Grundwasser aus dem riesigen prähistorischen Ogallala-Aquifer fast verbraucht, ein Ende der extraktiven Agroindustrie ist absehbar.

1987 ersann das Ehepaar Deborah und Frank Popper – sie Geografin, er Landschaftsplaner an der Rutgers University – das Konzept der Buffalo Commons. Anfangs ernteten sie Skepsis, Spott, sogar Morddrohungen, als sie vorschlugen, durch Tourismus und Büffelfleischverkauf anstelle der Riesenfarmen neue Jobs für die schwindende Bevölkerung zu schaffen. Inzwischen kaufen Naturschutzverbände und Privatleute Land auf, reißen Zäune ab und lassen Bisons grasen; auch indigene Gemeinden ziehen mit. *Carbon Farming*-Autor Eric Toensmeier träumt von riesigen Mengen Kohlenstoff, die so auf natürliche Weise zurück in die Erde gebracht werden könnten – nach seiner Schätzung 30 bis 40 Tonnen pro Hektar in einem Gebiet, das viele Millionen Hektar umfasst.[5] Aber der große Durchbruch ist dem Projekt noch nicht vergönnt – auch wenn das in Texas ansässige Great Plains Restoration Council sich stark darum bemüht.[6]

Die Wiederherstellung von Commons und Allmenden wäre wohl oft der beste Weg zur Regeneration. Beispiele rund um die Welt beweisen das.[7] Wenn lokale und indigene Gruppen Gemeinschaftswälder nutzen, sinkt die Entwaldungsrate; sie schützen auch Korallenriffe oder Gebirgsregionen besser als der Staat.[8] Allerdings stehen Indigene und Öko-Kleinbauern Großagrariern meist macht- und rechtlos gegenüber. Viele Länder bräuchten eine radikale Landreform, die Großflächen an Kleine umverteilt oder zu Gemeingut erklärt.

Zehntausende Jahre gab es nichts anderes als Gemeingüter. Sie sind eine echte Alternative zum kapitalistischen Privateigentum, das über Zinsen Reiche immer reicher macht. Und zum realsozialistischen Staatseigentum, für das sich niemand verantwortlich fühlt. Die Nobelpreisträgerin Elinor Ostrom untersuchte rund tausend Beispiele von Commons und fand heraus, dass diese gut gepflegt und nicht übernutzt werden, wenn es eine abgrenzbare Nutzergruppe, klare Verantwortlichkeiten und Sanktionen bei Verstößen gibt.[9]

Boden, Luft, Wasser und Landschaften sind ebenfalls Commons. Die Atmosphäre ist direktdemokratisch schwer zu verwalten, bei Böden, Wasser und

Landschaften ist das eher möglich. Wäre es denkbar, dass wir eines Tages jenseits kleiner Privatflächen allen Grund über Genossenschaftsmodelle wie Bioboden verwalten? Dass es ein von Städterinnen und Bauern gemeinsam getragenes Land der vielen gibt, über das jeweils regionale Gemeinschaften demokratisch bestimmen?

Rund um natürliche Gemeingüter und Open-Source-Wirtschaftsformen entstehen derzeit weltweit Modelle einer neuen natur- und menschenfreundlichen Wirtschaftsweise. In einem Kreativworkshop erfanden Silke Helfrich und Teilnehmende der Commons-Sommerschule 2016 mit viel Spaß dafür folgende neue Begriffe: *Verantwirtschaft, Resonanzwirtschaft, Füllomie, Ermöglichungswirtschaft, Weitwirtschaft, Horizontistik, Miteinanderschaft, Beitragswirtschaft, Fürsorgewirtschaft, Wachsigkeit.*[10]

Ernährungsräte

Eine neue Bewegung, die das mitunterstützen könnte, sind lokale »Ernährungsräte«. In Köln wurde unter Mitwirkung des engagierten Filmemachers Valentin Thurn 2016 der erste in Deutschland gegründet. Der Journalist hatte zuvor mit seinem Film und Buch *Taste the Waste* das Wegwerfen von Lebensmitteln zum öffentlichen Skandalthema gemacht. Er gründete die Online-Plattform *www.foodsharing.de*, deren Aktive Essen vor der Biotonne retten und verteilen, und das Portal *www.tasteofheimat.de*, das regionale Ernährung fördert. Parallel dazu entstand in Berlin ebenfalls 2016 ein weiterer »Ernährungsrat«. Seine Sprecherin Christine Pohl erklärt dessen Aufgabe.

• • • Frau Pohl, was ist ein Ernährungsrat?
Eine Plattform für alle Akteure des Ernährungssystems – Erzeuger, Stadtgärtnerinnen, Gastwirte, Verbände und Vereine, Wissenschaft, Politik. Die Idee stammt aus den USA und wanderte über Kanada und Großbritannien nach Deutschland. Die Akteure entwerfen an einem Tisch gemeinsam Ernährungsstrategien für ihre Region. Die lokale Ebene ist wichtig, weil die Bedingungen überall verschieden sind und deshalb unterschiedliche Strategien erfordern. Wir haben den Berliner Rat aber auch gegründet, weil das westliche Ernährungssystem weltweit Auswirkungen hat: Lebensgrundlagen werden vernichtet, Menschenrechte verletzt. Wir sehen uns in der Verantwortung, unsere Ernährung umzukrempeln. Es geht also nicht um nettes schickes hippes Essen, sondern auch um globale Gerechtigkeit.

Wie wird die Politik miteinbezogen?
Es gibt verschiedene Modelle von Ernährungsräten, die alle Vor- und Nachteile haben. Manche entstanden von unten, manche wurden von oben eingesetzt. In Köln entstand eine Mischform, in Berlin ist es eine Graswurzelinitiative. Aber natürlich geht es auch uns um Gespräche mit den politisch Verantwortlichen in Berlin und Brandenburg und um die Veränderung politischer Rahmenbedingungen. Dazu gehört zum Beispiel auch bezahlbares Land für Biojungbauern oder Veränderungen der Stadt- und Regionalplanung.

Was sind Ihre Handlungsprioritäten?
Wir haben gemeinsam eine Vision mit acht Unterpunkten formuliert: regionale Landwirtschaft und Verarbeitung, Umweltschutz, Vielfalt auf allen Ebenen des Ernährungssystems, faire Marktstrukturen, alternative Stadt- und Regionalplanung, Aus- und Weiterbildung für zukunftsfähige Ernährungssysteme, soziale und globale Gerechtigkeit sowie Demokratie. Nun machen wir uns an die Erarbeitung von konkreten Strategien und Handlungsaufforderungen in diesen Bereichen.

Sie sind ein Netzwerk ohne feste Mitgliedschaft, alle können bei Vollversammlungen mitreden. Kann der Ernährungsrat von den Falschen gekapert werden?
Ein Verein sind wir nicht, aber wir haben uns dennoch eine Satzung gegeben, in der klar steht, dass rechtes oder menschenverachtendes Gedankengut keinen Platz bei uns hat. Zur Not übt der »SprecherInnenrat« sein Hausrecht aus. Große Wirtschaftsakteure haben wir bewusst nicht ausgeschlossen, auch die können bei uns teilnehmen. • • •

Essbare Städte

Goliath kann auch ein Stück entmachtet werden, indem man Natur und Lebensmittelproduktion in die Städte zurückholt. 2005 gründete der britische Permakulturdesigner Rob Hopkins die Bewegung der Transition Towns, die inzwischen mehr als 1.200 Initiativen in über 40 Ländern umfasst; allein in Deutschland sind es über 100. Die Grundidee: Lasst uns den Übergang in postfossile Zeiten gemeinsam und so lustvoll wie möglich gestalten. Das postfossile Leben könne »so fantastisch« sein, schwärmt der Visionär mit dem lustigen Lausbubengesicht. Das sei wie eine »grüne Brille«, meint er: »Plötzlich sieht man keine Probleme mehr, sondern nur noch Lösungen.« Und erzählt von Bäckereien, die ihre Kredite in Brot abbezahlen, oder Brauereien, die mit Solarenergie

Urbane Landwirtschaft nutzt Flachdächer in den Städten zur Gemüseproduktion.
Foto: Cyrus Dowlatshahi

arbeiten. Im britischen Totnes, der ersten Transition Town, wurden Parkplätze zu Obstbaumgärten umgewandelt, lokale Energie- und Verkehrswendepläne entwickelt, und das Regionalgeld Totnes Pound fördert lokale Wirtschaftskreisläufe.[11]

Ähnlich arbeitet Incredible Edible, eine Bewegung für essbare Städte, die Mary Clear und Pam Warhurst mit Freunden in der Kleinstadt Todmorden 2008 gründeten.[12] Wer isst, ist dabei – einzige Voraussetzung für eine Mitgliedschaft. Die Initiative bepflanzte die Bahnhofsumgebung, gärtnert vor dem Gesundheitszentrum und der Polizei, entlang der Gehwege und in Schulhöfen. Die Gemeinde wurde berühmt, »Gemüse-Touristen« reisen aus aller Welt an, Städte in England, USA, Japan und Neuseeland griffen die Idee auf. Die anfangs skeptischen Lokalbehörden unterstützen die Initiative bis hinein in den Schulunterricht. Auch regionale Bauern profitieren, weil Einwohnerinnen stärker lokale Produkte nachfragen. Sogar auf dem örtlichen Friedhof wird gegärtnert: »Die Erde dort ist extrem gut geeignet für Gemüseanbau«, erzählt Warhurst. In Todmorden wird die Oma zu Gemüse – typisch britischer Humor.

Das Rheinstädtchen Andernach wirbt ebenfalls erfolgreich damit, »Essbare Stadt« zu sein: »Pflücken erlaubt« statt »Betreten verboten«. Auf Initiative von Lutz Kosack und Heike Boomgarden wachsen seit 2010 auf städtischen Grünflächen Gemüse, Kräuter und sogar Getreide; im Stadtteil Eich werden in dem 14 Hektar großen öffentlichen Permakulturgarten »Lebenswelten« Langzeiterwerbslose zu Stadtgärtnern umgeschult. Boomgarden sprüht vor »grüner Energie«. Sie hat auch »die erste essbare Schule« in Gillenfeld mitgegründet, legt Minzbeete vor Flüchtlingsheimen an, fördert mobile Schulgärten und vieles mehr. Die Gartenbauingenieurin ist davon überzeugt: Gemeinschafts- und interkulturelle Gärten sind ein guter Ort, um Selbstversorgung zu lernen und Sozial- und Naturbeziehungen zu heilen. *www.anstiftung.de* vernetzt solche Initiativen bundesweit.

Hierzulande gibt es kaum mehr Subsistenzwirtschaft, in südlichen Ländern aber versorgen sich bis zu 80 Prozent der Armen über Stadtgärten. Weltweit züchten rund 800 Millionen Menschen Essbares in der Stadt – Urban Gardening umfasst global eine Fläche, die so groß ist wie die ganze EU.[13] Der Fantasie sind dabei keine Grenzen gesetzt: In Brasilien etwa legten Bewohner einer Favela in Rio auf eigene Faust einen Park an, in dem sie Gemüse anbauen. In Recife bepflanzte eine Kinderhilfsorganisation mehr als tausend Plastikflaschen und schuf so »Hängende Gärten«.[14] In Havanna produzieren 40 Prozent der Haushalte selbst Lebensmittel. Und in ganz Kuba umfasst die agrarökologische Bewegung rund 100.000 Farmen. Allerdings nicht ganz freiwillig: Nach dem

Zusammenbruch des Lieferanten Sowjetunion gab es keine Kunstdünger und Pestizide mehr, die Landwirtschaft musste sich völlig umstellen und arbeitet jetzt vorwiegend »bio« und regenerativ.[15]

In Afrika startete Slow Food das Projekt Tausend Gemüsegärten. Der Italiener Carlo Petrini hatte Slow Food 1986 als Kontrast zu Fast Food gegründet, es steht für genussvolles, bewusstes und regionales Essen. Inzwischen hat das internationale Netzwerk rund 80.000 Mitglieder in etwa 150 Ländern und förderte tausend Gärten binnen zwei Jahren, sodass nun 10.000 Gärten in Schulen und Dörfern angestrebt werden. Damit soll Ernährung wieder an die lokale Gesellschaft und ihre Traditionen angebunden werden.

Oft braucht man dafür nicht mal Gärten. Auf kulinarische Genüsse in freier Natur macht eine 2009 in Berlin gegründete Initiative aufmerksam. Auf *mundraub.org* markieren Ehrenamtliche die Standorte von öffentlich zugänglichen Obst- und Nussbäumen oder Nutzpflanzen in ganz Europa. »Mundraub macht aus unentdeckten Landschaften essbare Erlebnisräume«, sagt ihr Gründer und Geschäftsführer Kai Gildhorn. Das fünfköpfige Team demonstriert gern mit Führungen durch städtisches Grün die vergessene Fülle einheimischer essbarer Nutzpflanzen: Auch aus Lindenblättern, Knoblauchrauken, Wildem Hopfen, Taubnesseln, Gänseblümchen oder Sauerampfer kann man leckere Salate machen. Und Sanddorn, Holunder oder Hagebutte stehen »Superfood« aus exotischen Ländern in nichts nach. Wenn man sich auskennt, kann man sich schlaraffenlandmäßig durch die Lande fressen – alles umsonst und draußen.

Gartenbauringe

Eine städtebaulich durchdachte Variante der Transition Towns bietet die Organisation »Neustart Schweiz«, indem sie eng vernetzte Nachbarschaften fördert. Neustart-Initiator Hans Widmer empfiehlt den Zusammenschluss von 400 bis 500 Personen zu einem Nachbarschaftsquartier, weil die gemeinsame Nutzung viele Dienstleistungen auch für Ärmere erschwinglich macht. Eine idealtypische Neustart-Nachbarschaft hat eine Eigenversorgung aus der Umgebung, ein großes Depot mit Lebensmitteln zum Entstehungspreis oder fast gratis, wenn das Land der Nachbarschaft selbst gehört, eine Großküche, Restaurants, Bars, Bibliothek, Secondhand-Depots, Reparaturservice, Wäscherei, Gästehaus, Bad, Geräteverleih und mehr. Das ist machbar, wenn Nachbarn etwa drei Stunden pro Monat Freiwilligendienst leisten – und dafür besser, bunter, krisenfester und günstiger leben. Die Vision von Neustart Schweiz: In Zürich, wo solche

Mobile Hochbeete mit Komposttee-Ablauf

Beton als Untergrund, Boden, in dem nichts Essbares gepflanzt werden kann, oder hässliche Bereiche können mit mobilen Hochbeeten verschönert werden. Sie sind keine dauerhafte Installation und können per Lader, Traktor oder Hubwagen jederzeit wieder versetzt werden.

Benötigte Materialien

* eine Euro-Palette
* Kantholz für die Ecken
* Holz für die Verschalung
* Folie zum Schutz des Holzes
* Material zum Befüllen (s. u.)
* Hahn oder Rohr für einen Überlauf.

Ein Hochbeet basteln

Man schneide das Holz für die Verschalung auf die erforderlichen Breiten zurecht. Falls die Rückseite des Hochbeetes nicht sichtbar ist, kann man dafür einfaches Holz verwenden. Sodann verbinde man die Verschalung mit den Kanthölzern der Palette per Schrauben, sodass diese stabil steht. Den Innenbereich schütze man mit einer angetackerten Folie – Teichfolie, Bändchengewebe aus dem Gärtnereibedarf, Reste von Wand-Isolierungen, Styropor oder anderes.

Das Innere gestalten

* Die untersten 20 Zentimeter gestalte man sinnvollerweise so, dass Wasser in diesem Bereich stehen kann, jedoch keine Erde darin liegt; das reduziert die Bewässerungsintensität.
* Diesen Bereich fülle man nun mit Kieseln oder Tonziegeln, worauf eine wasserdurchlässige Folie, etwa Bändchengewebe kommt.
* Ein Überlauf in 20 Zentimeter Höhe mit einem Rohr, das durch die Verschalung hindurch nach außen reicht, verhindert ein zu hohes Ansteigen des Wasserspiegels.
* Den Innenraum darüber fülle man nun mit dicken, nach oben hin dünner werdenden Holzresten. Das Ganze gut zusammendrücken, Lücken mit Hackschnitzeln oder organischem Abfall füllen.
* Nun Erde hineinrieseln lassen und eine Schicht groben Kompost oder Mist daraufgeben, die bei der Kompostierung des Holzes hilft. Darüber folgt eine weitere Erdschicht, abschließend feiner Kompost bis zum Rand. Nun kann gepflanzt werden.

Zusatzvariante: Wurmkompost + Komposttee

* Für die Herstellung und Verteilung von Wurmkompost ein Rohr von etwa 20 Zentimeter Durchmesser und 1 Meter Länge vertikal mittig in das Beet einbringen und zwar so, dass es etwas aus der Erde herausschaut.
* In das Rohr vorher ein paar Dutzend Löcher einbohren – groß genug, damit Kompostwürmer hindurch passen.
* Das Rohr nun mit ein wenig Kompost und einigen Kompostwürmern »beimpfen« und regelmäßig mit Küchenabfällen befüllen. Die Würmer verwandeln das Material in guten Kompost und verteilen ihn im ganzen Beet.
* Wer durch das Rohr ab und zu eine Kanne Gieswasser laufen lässt, kann über den Überlauf Komposttee aufsammeln und im Beet oder anderswo gut verteilen.

Fotos: Ute Scheub

Quartiere schon existieren, hätte es Platz für 700, in der Schweiz für 14.000, auf der Welt für 14 Millionen Nachbarschaften. »Für weitere Dienstleistungen gruppieren sich diese Nachbarschaften zu lebendigen Quartieren oder Landstädten (20.000 bis 50.000 Menschen), zu Regionen (7 in der Schweiz), zu Territorien (wie dem der Schweiz), zu subkontinentalen industriellen Netzwerken«, heißt es auf der Website.[16]

Nach ähnlichem Muster entsteht in Almere nahe Amsterdam ein »regeneratives Dorf«, das auch so heißt: »ReGen-Village«. Wenn hundert Häuser Ende 2017 bezogen sind, werden die Einwohner im Hinblick auf Ernährung, Wasser und Energie komplett autark leben können. Eine kalifornische Firma und ein dänisches Architektenbüro planen dort neben erneuerbarer Energie und Gewächshäusern auch einen Aquaponik-Kreislauf: Auf Bioabfall gezüchtete Soldatenfliegen nähren Fische, deren Kot Pflanzen düngt. Bereits jetzt stehen über 6.500 einzugsbereite Menschen auf der Warteliste. Weitere Dörfer sollen in Deutschland, Belgien, Schweden, Norwegen und Dänemark folgen.[17]

Auch dem Hamburger Wasserbauprofessor Ralf Otterpohl schweben Städte und Dörfer vor, die von einem Gartenbauring umgeben sind. Ein dicht bebauter Siedlungskern könnte von Marktgärten und Mikrofarmen umgeben werden. Aus einem heutigen Hof mit hundert Hektar, bewirtschaftet von »einer überlasteten Familie mit ständigen Sorgen um die Wirtschaftlichkeit«, könnten so »hundert relativ frei handelnde Kleinunternehmen entstehen, die besonders im Teilerwerb in Verbindung mit anderen Tätigkeiten Wohlstand ermöglichen können«.[18]

Urbanisierung ergrünen lassen

Wenn sich der weltweite Trend zur Urbanisierung fortsetzt, werden 2050 zwei Drittel der Menschheit in Städten leben – in Zeiten der Klimakrise und knapper Ressourcen.[19] Was liegt hier näher, als Stadtplanung und städtische Versorgung völlig anders zu denken als bisher? Citys brauchen Kühlung durch kleine Wasserkreisläufe, also wesentlich mehr Grün statt Betonwüsten und aufgeheizten schwarzen Asphalt. Ausgleichsflächen in ihrer Umgebung sind nur eine Scheinlösung. Unter breiter Beteiligung der Bevölkerung sollte restlos alles begrünt und zu Beeten umgewandelt werden, was möglich ist – Dachgärten, Gründächer, Seitenstreifen, Innenhöfe, Brachflächen. Aus öffentlichen Parks könnten mit Obst- und Nussbäumen oder Beerensträuchern pflegeleichte essbare Landschaften gemacht werden. Widerstand ist wohl nur von Ewiggestrigen wie der Autolobby oder Immobilienspekulanten zu erwarten.

Die Fotos zeigen denselben Stadtgarten, oben vor und unten nach der Umstellung auf Permakultur. *Fotos: Eric Toensmeier*

Für Neubauten sollte die Nutzung von Altflächen gesetzlich vorgeschrieben werden, statt wertvollen Boden zu versiegeln. Derzeit beteiligen sich rund hundert Kommunen an einem bis Ende 2016 laufenden Pilotprojekt des Umweltbundesamtes, das die Bodenversiegelung mit »Flächenzertifikaten« zu begrenzen versucht. Kluges Flächenmanagement kann hier im wahrsten Sinne des Wortes Boden gut machen und anregen, Städte dezentraler, menschen- und naturfreundlicher zu gestalten.

Viele weitere Maßnahmen sind denkbar, etwa die sukzessive Umstellung sämtlicher öffentlicher Kantinen in Kitas, Schulen, Kliniken und Behörden auf 100 Prozent »bio«. Das würde einen enormen Nachfrageschub für regenerative Agrikultur schaffen – und zugleich jenen helfen, die gesunde Lebensmittel am dringendsten brauchen: Kinder, Jugendlichen und Kranken.

Welches Potenzial eine vereinigte »Stadt-Land-Food«-Bewegung hat, ist auch auf dem gleichnamigen Kongress zu erspüren, den das Bündnis »Wir haben es satt« alljährlich in Berlin organisiert. Das Bündnis wird von über 100 Organisationen getragen, darunter die Arbeitsgemeinschaft bäuerliche Landwirtschaft, BUND, Brot für die Welt, Demeter und Oxfam. Tausende lassen sich an Bauernständen verkösitgen und diskutieren politische Strategien. Das Festival bestätige ihm, dass »Veränderungen von der Stadt ausgehen, nicht vom Land«, befand Rupert Ebner von Slow Food München im Herbst 2016 im Speaker's Corner des Ernährungsrates Berlin. »Der Trend zu regional, bio und fair ist unübersehbar. Immer mehr Menschen möchten wissen, woher ihr Essen kommt. Verbraucher beginnen sich selbst zu organisieren«, ergänzte Wilfried Bommert vom Institut für Welternährung.

Der US-Autor Jonathan Latham hält die globale »Ernährungsbewegung« für »nicht mehr aufzuhalten«.[20] Und tatsächlich: Sie ist wie ein selbstorganisierter Schwarm, ohne Geld, ohne Führung, ohne Zentrale und von bislang ungekannter sozialer Breite – von indonesischen Kleinbauern bis zu Prince Charles, von veganen Hipstern in New York bis zu indischen Saatgutverteidigerinnen oder der Ökobauernbewegung in El Salvador. Ihr Vertreter Miguel Ramirez sieht sie gar als Befreiungsbewegung: »Jeder Quadratmeter Land, der agrarökologisch bewirtschaftet wird, ist ein befreiter Quadratmeter.«

In der weltweiten Bewegung für die Regeneration der Ökosysteme zählt jeder Garten, jeder Grünstreifen, jeder Acker, jede Landschaft, jede Pilz-, Pflanzen- und Tierart, jeder Fluss, jedes Grundwasser, jeder Wald. Nicht die teuren gefährlichen Großtechnologien werden uns retten, nicht die Ideen von gnädigen Superreichen, sondern nur das kollektive Handeln von Milliarden Erdlingen, die ihren Planeten lieben.

KAPITEL 7

Wie es im Jahr 2050 aussieht – wenn David den Kampf gewonnen hat

»Die Menschheit wird das biologische Zeitalter gewinnen, oder sie wird nicht mehr sein.«
Hans Peter Rusch

Der folgende Text entstand nach einem Visions-Workshop in Schloss Tempelhof zusammen mit Thomas Dönnebrink, Maya Lukoff, Urs Mauk und Sebastian Heilmann. Wir danken dem »Landwirtschaftsteam« herzlich für seine Ideen und Impulse.

Im Frühling 2050 sitzen Sascha und Susanna in ihrem Wintergarten beim Frühstück. Sascha hat wie jeden Morgen leckere und nahrhafte Produkte aus Nüssen, Beeren und Früchten auf den Tisch gestellt. Getreide kommt bei ihnen längst nicht mehr so oft auf die Speisekarte – mehrjährige Pflanzen machen weniger Arbeit und können Ökosysteme heilen, und Muße ist ihnen wichtiger als Plackerei. Sascha trinkt dazu Kaffee, den ihre Stadtteilgemeinschaft aus einer befreundeten Waldgarten-Genossenschaft in Mexiko bezieht. Susanna bevorzugt Tee aus Wildkräutern, die sie selbst sammelt – gerade im Frühjahr sind sie voller Saft und Kraft.

Zusammen mit einer Familie und zwei Seniorinnen wohnen sie in einem Häuschen aus Recyclingmaterial, Baustoffen aus der Natur und intelligenten Solarglaszellen. Es liegt am Rande einer Gartenstadt, umgeben von einem Grünring aus Bauerngenossenschaften, Gemeinschaftsgärten und Gewächshäusern. Das Paar sieht direkt auf die essbare Landschaft, aus denen sich ihre Stadt zu fast 80 Prozent selbst versorgt – vor etwa 30 Jahren war nur ein Bruchteil der Lebensmittel lokal produziert worden. Jetzt im Frühling sind die unzähligen Obstbäume überstäubt von Blüten, in Hecken rund um Wiesen und Gemüseäcker kichern verliebte Vögel, dahinter erstrecken sich artenreiche Waldgärten mit Nuss- und Obstbäumen, Beeren und einer großen Zahl mehrjähriger Gemüsesorten. Schmetterlinge und ausgestorben geglaubte Insektenarten flattern liebestrunken durchs Sonnenlicht.

Am Waldrand ist vor etwa zehn Jahren eine neue Quelle entsprungen, ein Bach, den sie so durch die Landschaft leiteten, dass er Teiche und Tümpelchen bildete. Auf Inseln, die Sonnenwärme einfangen, bauen sie Gemüse an. Schweine und Hühner, Kühe und Gänse passen auf Streuobstwiesen gegenseitig auf sich auf. Die Mischkulturen in Gewächshäusern und -beeten erbringen nach Vorbild der Pariser Marktgärten bis zu neun Ernten im Jahr – die milder gewordene kalte Jahreszeit tut ihr Übriges dazu. Das erfordert viel Handarbeit, aber zahlreiche Menschen ackern inzwischen lieber unter der Weite des Himmels als vor Bildschirmen. Das Panorama dieser klein strukturierten essbaren Landschaft ist auch Susannas Werk als kommunal bezahlte Landschaftsgestalterin.

»Bei diesem Sonnenschein habe ich gar keine Lust, meinen Vortrag vorzubereiten, aber ich muss wohl«, seufzt sie und lässt die Teetasse sinken. »Was denn für ein Vortrag?«, erkundigt sich Sascha bei seiner Lebensfreundin. »Ich soll der Jugendorganisation unserer Allmendekammer berichten, wie wir es geschafft haben, die Klimakrise weitgehend zur Geschichte zu machen, die Ökosysteme zu stabilisieren und ein gutes Leben für alle zu schaffen.« Sascha schlürft Kaffee. »Für fast alle«, korrigiert er. »Für die früheren Agromagnaten, die vom Internationalen Strafgerichtshof wegen Umweltverbrechen verurteilt wurden, wohl nicht.«

Die Allmendekammer, andernorts auch Gemeingutrat oder Assembly of Commons genannt, ist inzwischen eine gängige Selbstverwaltungsinstitution in den meisten Siedlungen, Städten und Kommunen im neu entstandenen Europa der Regionen. Sie ist dafür zuständig, Gemeingüter wie Boden, Wasser, Saatgut, Landschaften, Artenvielfalt, Energie, Bibliotheken und öffentliche Räume zu verwalten. Alle Mitnutzenden legen Regeln und Sanktionen gemeinschaftlich fest, meist in genossenschaftsähnlichen Rechtsformen. Die einstmals CO_2-überlastete, jetzt regenerierte Erdatmosphäre ist ebenfalls ein Gemeingut, das die gesamte Menschheit indirekt gemeinsam »pflegnutzte«, indem sie ihr über Humus- und Vegetationsaufbau Kohlenstoff entzog. Jedes Erdenkind bekommt mit seiner Geburt als Willkommensgeste das Anrecht auf ein Stück Boden, das es selbst bewirtschaften oder anderen zur Nutzung übertragen kann. Um der Gleichheit und Gerechtigkeit willen ist Vererbung von Landbesitz verboten.

Die Landschaftsgestalterin Susanna wird genauso von der Allmendekammer bezahlt wie der kommunale Wasserbeauftragte Sascha. Zuständig für die Regeneration der kleinen Wasserkreisläufe, hat er dafür zu sorgen, dass Niederschläge überall einsickern und jeder Regentropfen eine Heimat hat. Seit eine Vereinigung engagierter Bürgermeisterinnen fast die gesamte Mittelmeerküste wieder begrünt und in weiten Teilen Mitteleuropas große Flächen entsiegelt hat, sodass ganze Seenlandschaften entstanden, gibt es kaum mehr Dürren und Fluten in Gesamteuropa. Auch die Temperaturen sind ausgeglichener. Das Geld dafür stammt hauptsächlich aus Ressourcensteuern. Wer knappe natürliche Ressourcen verbrauchen will, muss hohe Steuern bezahlen – was umweltverschmutzende Industrien stark schrumpfen ließ.

»Hilf mir doch mal beim Brainstorming«, bittet Susanna. »Was war denn der wichtigste Grund für die Wende?« Sascha gießt sich neuen Kaffee ein. »Schwer zu sagen«, findet er. »Es gab ja nicht nur eine Ursache, sondern viele.« Er nippt an seinem Urwaldgesöffchen. »Denk mal an die Wetterextreme, etwa den Hurrikan überm Mittelmeer, der 2020 die Iberische Halbinsel verwüstete. Oder die Sandstürme und Dürren in Nordostdeutschland, die die ganze Ernte vernichtet haben. Plötzlich wie ein Drittweltland von Lebensmittelhilfe abhängig zu sein, das hat in Europa einen Schock ausgelöst. Und dann folgte noch die Finanzkrise von 2022. Das zog einen moralischen und rechtlichen Schlussstrich unter Monokulturen, Bodenerosion, Land- und Lebensmittelspekulation. Und in dieser Situation zeigte die regenerative Agrikultur, dass sie nicht nur Ökosysteme heilen, sondern auch Millionen sinnerfüllter Jobs in vernachlässigten Gebieten schaffen konnte.«

»Ich erinnere mich gut«, antwortet Susanna. 2002 geboren, hat sie die Krise als 20-jähriges Mädchen erlebt; nun ist sie fast 50 Jahre. Sascha war damals noch Schüler, er wurde sieben Jahre später geboren. »Die Krisen haben den Bewusstseinswandel sicher beschleunigt«, sinniert er. »Aber vielleicht noch wichtiger war die internationale Graswurzelbewegung für gutes, gesundes, vielfältiges, regionales Essen aus ebensolchem Anbau. Uns gewaltfreien Öko-Davids hatten die Agrokonzerne auf Dauer nichts entgegenzusetzen. Ihre Macht wurde ausgetrocknet, weil immer weniger Menschen ihre Produkte kaufen wollten.« Er macht eine kleine Denkpause. »Irgendwann hatte das alte industrielle Paradigma der billigen Ernährung billiger Arbeitskräfte ausgedient. Dem Zeitalter der Atomisierung von Natur und Gesellschaft folgte das Zeitalter wiederhergestellter Beziehungen. Wir wollten wieder Verbindungen: untereinander, zur Natur, zu allen Lebewesen. Du weißt ja, seitdem möchte kaum jemand mehr Lebensmittel, deren Herkunft und Produktionsweise er oder sie nicht kennt.«

»Und dann 2025 der Sturm des Europäischen Patentamtes«, erinnert sich Susanna. »Von dem ging ein ähnliches Signal aus wie vom Sturm der Bastille. Nur dass es ein virtueller Sturm von Öko-Hackern gewesen war, die sämtliche

Aus agroindustrieller Landwirtschaft (links) ... entsteht eine regenerative Landschaft (rechts)
Zeichnung: Peter Hönigschmid

Patente der Agroindustrie auf Pflanzen, Tiere und gentechnisch veränderte Lebewesen einfach löschten. Am nächsten Morgen befand sich auf den Festplatten nichts mehr außer dem Bild eines Häufchens Maulwurfdreck. Ha, was haben wir uns gefreut.« Sie kichert.

»Der Saatgutmonopolist Bayer-Monsanto stand plötzlich in Unterhosen da«, ergänzt Sascha mampfend. »Natürlich hätte er die Patente neu einreichen können. Aber er ahnte, dass das sein endgültiger Untergang gewesen wäre, sein Zeug wollte kaum jemand mehr haben. Also entschloss er sich zu einem radikalen Schritt: zur Umwandlung in eine gemeinnützige Stiftung. Wer war noch mal der erste Stiftungsvorstand?«

»Eine frühere Greenpeace-Chefin. Sie hat Milliarden in die Erforschung regenerativer Systeme umgelenkt.« Susanna zeigt auf die Nussbrötchen im Frühstückskorb und ihre selbst gemachte Kräuter-Eichel-Bucheckern-Creme. »Und was haben sie, was haben wir für tolle Neuzüchtungen gemacht, bei Nüssen, Obst und Wildgemüse, bei so vielen alten Sorten, die die Agroindustrie als ineffizient aussortiert hatte.« Sascha allerdings rümpfte die Nase. »Du mit deiner Eichelcreme. Ich bin doch kein Eichhörnchen! Wildschweinsalami wäre mir lieber.«

»Hol sie dir doch aus der Küche«, gibt Susanna beleidigt zurück. Reh, Hirsch, Wildschwein werden wieder mehr gegessen, seit Wälder und Wildnisgebiete sich durch Aufforstungen rasant vergrößert hatten, und manche Männer meckern nicht länger über vegane Eintöpfe. Auch Sascha war scharf auf die Salami – Wildschweinsalami auf Nussbrot, lecker! Susanna ist allerdings immer noch eingeschnappt: »Kommunale Ernährungsparks stehen heute Armen und Lebensgestrandeten gratis und ganzjährig zur Verfügung. Wie ein bedingungsloses Grundeinkommen – nur in Naturform. Niemand muss mehr hungern. Ohne die neuen Nuss-, Buchecker- und Beerensorten wäre das nicht gegangen.«

»Die Geschmäcker sind hienieden oft abscheulich und verschieden. Ein Zitat von Wilhelm Busch.« Sascha grient Susanna freundlich an. »Ich meine es nicht böse. Ohne Geschmacksunterschiede gäbe es ja nur Einheitsbrei.« Susanna gibt sich wieder versöhnt. »Denk doch an die unglaubliche Vielfalt der regionalen Küchen, die sich daraus entwickelt hat«, erwidert sie. »Das stimmt, noch nie gab es eine solche Fülle«, meint Sascha. »Weil Supermärkte mit ihren anonymen Waren überflüssig geworden waren, wurde unglaublich viel Fläche frei – für Gärten, Parks und Wildnis.«

»Und jede Gemeinde hat ihre eigenen Esstraditionen wiederentdeckt«, fährt seine Partnerin fort. »Jeder Kindergarten, jede Schule, jede Behörde, jedes Unternehmen pflegt eigene Gärten und stellt daraus eigenes Essen aus selbst entwickelten Rezepten her. Auch Flüchtlinge steuerten ihre Küche bei. Die Kraft des gemeinsamen Tafelns wurde wiederentdeckt – genauso völkerverbindend wie Musik, oder? Am besten finde ich die Ko-Ko-Po, die kommunale Kochpolitik. Kommunalpolitik und Allmendesitzungen sind undenkbar geworden ohne gemeinsames Kochen, Essen und Feiern. Das fördert nicht nur kulinarische Genüsse, sondern entschärft auch Konflikte, weil wir uns auf anderer Ebene kennenlernen.«

»Ja«, nickt Sascha. »Vielfaltisierung war ein zentraler Punkt. Vielfalt der Gärten und Äcker, des Essens, der Sorten, der Beziehungen, der Demokratie und Mitbestimmung, der Wirtschaftsformen, sogar der Toilettensysteme zur Wiedergewinnung der Nährstoffe und nicht zuletzt des Geldes. Die Regionalwährungen sind aufgeblüht. Und bei so viel Fülle und Überfluss«, er strahlt plötzlich, »wird der Tag irgendwann kommen, wo wir ganz auf Geld verzichten und eine reine Schenkökonomie praktizieren können.«

Susanna schiebt sich einen Löffel Beeren-Hagebutten-Parfait in den Mund. »Inspirierend war aber auch die Verabschiedung der UN-Charta der Rechte aller Lebewesen auf Würde«, sagt sie. »Alle Tiere, Pflanzen und Pilze haben Würde und Wert in sich selbst. Meine Güte, was ist die Initiative vorher bekämpft worden. Esoterischer Kram, sagten viele, was für eine Würde habe denn ein Veilchen? Es war nur einem glücklichen Umstand zu verdanken, dass die UN-Vollversammlung diese Charta verabschiedete – Machthaber der alten Sorte hatten sie belächelt und nicht weiter beachtet.«

»Seitdem sind neue Formen der Verständigung zwischen allen Lebewesen aufgeblüht«, ergänzt Sascha. »Früher wurden Pferdeflüsterer und Blümchenversteherinnen lächerlich gemacht, viele zogen über die ersten Experimente mit musikalischen Gewächshäusern her«, erinnert sich Susanna. »Heute weiß jedes Kind, dass Pflanzen unter klassischer Musik besser wachsen. Dass Ameisen Regen vorhersagen, indem sie ihren Bau abdichten. Dass Erdkröten in Italien sich vor Erdbeben verkriechen. Dass indische Elefanten Tsunamis heranrollen spüren. Mithilfe der Tiere haben wir unsere menschlichen Wahrnehmungsfähigkeiten erheblich erweitern können – ganz ohne teure Technik.«

»Und was kocht die Hausgemeinschaft heute zum Abendessen?«, fragt Sascha. »Du denkst auch immer nur an das eine«, stöhnt Susanna.

SERVICE

Empfehlungen für den Erfolg von David gegen Goliath

Für alle

* Regenerative Energien und regenerative Agrikultur sind zwei Seiten einer Medaille.
* Beides darf keinesfalls als Ausrede und Kompensation für weitere CO_2-Freisetzungen missbraucht werden.
* Recht auf Ernährungssouveränität und Wasser als Menschenrecht für alle.
* Boden, Luft, Wälder und Wasser als Gemeingüter schützen.
* Wahre Preise für konventionelle Lebensmittel akzeptieren und bezahlen.
* »Klimaretter«- oder »Ökoretter«-Label einführen.
* Andersrum-Kultur: Wer Gift und Gentechnik anwenden will, muss komplizierte Genehmigungsverfahren durchlaufen.
* Wiederaufforstung betreiben, Agroforstsysteme aufbauen und diese pflegen und schützen.
* Wiederbepflanzung ausgeräumter Landschaften durch kommunale Aktive und öffentliche Hand fördern, etwa mithilfe von Flüchtlingen.
* Keinen Quadratmeter Boden mehr nackt liegen lassen.
* Nutztiere grasen lassen, Schluss mit kolonialistischem »Kraft«- und Genfutter aus Übersee.
* Regenwasser sammeln und im Boden versickern lassen.
* Dem Aufruf von Regeneration International folgen, weltweit jeden zweiten Donnerstag im Monat selbstorganisierte Treffen in Restaurants und Betrieben zum Thema Regeneration abzuhalten.

Für Individuen, Gruppen und NGOs

* Kochen Sie bio und nicht den Planeten.
* Sich saisonal, regional und fleischarm ernähren, Produkte aus kurzen Lieferketten kaufen.
* Solidarische Formen der Landwirtschaft unterstützen.

* Direktvermarktung unterstützen.
* Gemeinschaftsgärten anlegen.
* Küchen- und Gartenabfälle kompostieren oder per Terra-Preta-Technik fermentieren.
* Selbsterzeuger werden: In der Summe aller Parzellchen in Stadt und Land liegt ein gewaltiges Potenzial.
* Bäume pflanzen und Grün anlegen, wo immer es geht.
* Sammeln von Wildpflanzen lernen.
* Wiederbegrünung von Brachflächen.
* Zu ökofairer Bank wechseln.
* Gelder abziehen aus Fossilenergie, Chemiekonzernen und Agrarfonds der Banken.
* Ernährungsräte bilden nach dem Vorbild von Berlin und Köln.
* Land für Bioanbau sichern über Initiativen wie *www.bioboden.de*, *www.kulturland.de* oder *www.oekonauten.de*.
* Regenwasser sammeln und in den Boden bringen.
* Kampagne für »wahre Kosten« initiieren und unterstützen.
* Essen teilen, Lebensmittelüberschüsse weitergeben, etwa über Food-Sharing.
* Nicht auf Regierungen warten, sondern nationale und internationale Netzwerke und Aktionsplattformen bilden.

Für Gärtnerinnen und Landwirte
* Minimale Bodenbearbeitung.
* Mischkulturen und Fruchtfolgen ausprobieren.
* Leguminosen statt Stickstoff-Kunstdünger.
* Niemals Boden nackt liegen lassen, stattdessen Mulchen und Gründüngung.
* Pflanzenkohle nutzen, auch zur Tierfütterung und Gülle-Neutralisierung.
* Bäume in Gärten und auf Äckern pflanzen.
* Hecken gegen Erosion und zur Förderung der Artenvielfalt.
* Nutztiere auf die Weide, Zäune oft versetzen.
* Wiesen und Weiden mit Futterpflanzen und Leguminosen verbessern.
* Genossenschaften bilden für Direktvermarktung oder Saatgut.
* Regenwasser sammeln und in den Boden bringen.
* Sich mit Gleichgesinnten vernetzen (Adressen s. Seiten 223 ff.).
* Keyline-Wasserrückhaltesysteme.

Für Tierhaltende

* Tiere artgerecht aufwachsen lassen.
* Nutztiere auf die Weide.
* Jeder Hof sollte nur so viele Tiere halten, wie er selbst Futter erzeugen kann, ggf. auch in Kooperation mit anderen Ökohöfen.
* »Fünf Freiheiten« für Nutztiere beachten: Freiheit von Hunger und Durst, von Unbequemlichkeit, von Schmerz, Verletzungen und Krankheiten, von Angst und Stress sowie die Freiheit, ihr natürliches Verhalten ausleben zu können *(www.fawc.org.uk/freedoms.htm)*.

Für die Wissenschaft

* Agrarökologie muss endlich angemessen gefördert werden, wie es auch diverse Organisationen in ihrem Memorandum »Für eine Forschungswende zur Sicherung der Welternährung« fordern.
* Modellprojekte regenerativer Agrikultur in Kooperation mit Bauern und Gärtnerinnen fördern und wissenschaftlich begleiten.
* Divest: Universitäten sollten Gelder aus Fonds abziehen, die in Fossilenergien und Agroindustrie investieren.
* Fixierung auf CO_2 und Kohlenstoff als »globale Währung« vermeiden.
* Ökosysteme ganzheitlich betrachten.

Für Unternehmen

* Kantinenessen 100 Prozent bio, regional und saisonal.
* Mit Bauern der Umgebung Lieferverträge machen.
* Garten statt Rasen: Nutzung von Grünflächen für Vielfalt und Nahrung.
* Anbau von eigenem Gemüse fördern, im Garten oder auf dem Dach.
* Wenn kein Dachgarten möglich ist, dann Solaranlagen installieren.
* Regenwasser nutzen statt Grundwasser für Toilettenspülungen.
* Pflanzenkläranlagen zur Biomasseproduktion nutzen.

Für die Kommunalpolitik

* Stadt-Land-Vernetzungen fördern.
* Ernährungsräte bilden.
* Labeling bzw. Zertifizierung regionaler regenerativer Produkte.
* Kommunale Modellprojekte zu regenerativer Agrikultur fördern (Humusaufbau, Verwertung von öffentlichem Grünschnitt zu Pflanzenkohle etc.).
* Essbare Städte, Landschaften und Parks fördern.
* Umstellung der Abfall- auf Kreislaufwirtschaft, z. B. mit Terra-Preta-Technik.

* Schutz und Ausbau des Stadtgrüns.
* Wiederbegrünung der Städte, Revision der Stadt- und Verkehrsplanung.
* Geschützte Wildflächen für Biodiversität ausweisen.
* Schulgärten und Ernährungskunde für Heranwachsende, Patenbauernhöfe für Schulen.
* Programme für Gründächer auflegen.
* Gemeinschaftsgärten fördern.
* Gärten in Kliniken, Kitas und kommunalen Einrichtungen fördern.
* Beschaffungspolitik für Kantinen öffentlicher Betriebe sukzessive auf 100 Prozent bio umstellen. Vorrang für Kitas, Schulen, Universitäten und Kliniken.
* Flächenfraß stoppen, kein Ackerland mehr versiegeln, humusreiche Erde schützen.
* Keine Chemie mehr in Gärten, Parks und Schulhöfen erlauben.
* Pestizidfreie Gemeinden ausrufen nach dem Vorbild von Mals (Südtirol).
* Direktvermarktung fördern und erlauben, Beispiel Rohmilch.
* Originelle Zertifizierungen fördern, Beispiel »Erzeugerfair-Milch« der Upländer Bauernmolkerei.
* Agroforstsysteme und Wiederbepflanzung durch kommunale Aktive und öffentliche Hand, besonders dringlich in den ausgeräumten Landschaften Nord- und Ostdeutschlands.
* Förderung kleiner Wasserkreisläufe, Regenwasser sammeln und in den Boden bringen.
* Renaturierung von Mooren, Flüssen und Gewässern.
* Stadt- und Regionalplanung neu formulieren.
* Bildungskampagnen zu »wahren Kosten« von Billiglebensmitteln unterstützen.
* Besteuerung von Agrarflächen über 100 Hektar.
* Vorrang agrarisch weniger geeigneter Böden für Bauvorhaben.

Für die Bundesländer

* Ökofarming durch Ressourcen- oder CO_2-Steuern fördern.
* Biobauern stärker unterstützen.
* Umstellungshilfen für konventionelle Landwirte.
* Programme für die Förderung von Nachwuchs-Biobauern.
* Modellprojekte der regenerativen Agrikultur fördern.
* Anreize von Flächenverkäufen zugunsten kleiner Biobauernhöfe schaffen.
* Anreize für Umweltdienstleistungen schaffen.
* Ökoziele in Regionalplanung festsetzen.

* Ackergifte auf allen öffentlichen Flächen sowie Kleingärten verbieten.
* Demonstrationsbetriebe regenerativer Agrikultur in allen Bundesländern für die Aus- und Weiterbildung sowie deren wissenschaftliche Begleitung.
* Bildungsprojekte in diesem Bereich fördern.
* Ernährungsbildung und Schulgärten in Schulen.
* Jeder Schule einen Paten-Bauernhof zuweisen.

Für die deutsche Bundespolitik

* Agrarwende einleiten: »Small is fruitful«.
* Nationale Strategie zur Steigerung der Bodenfruchtbarkeit und Biodiversität erarbeiten.
* Massive Unterstützung der 4p1000-Initiative zum Humusaufbau.
* Subventionierung von Fossilenergie beenden (steuerfreies Kerosin, Dienstwagen etc.).
* Förderung von Kreislaufwirtschaft.
* Ernährungssouveränität: sukzessive immer weniger Lebensmittel im- und exportieren.
* Importe von Futtermitteln beenden.
* Aktionsprogramm zur Halbierung des Konsums tierischer Produkte.
* Prinzip »Food First« einführen: Biomasse darf nur aus Reststoffen und Abfällen erzeugt werden. Flächenkonkurrenz mit Nahrungsmittelerzeugung reduzieren.
* Stopp des Exports subventionierter agroindustrieller Überschüsse, die in Afrika und anderswo lokale Märkte zerstören.
* Zukunfts- und Übergangspläne aufstellen: Agrikultur bis 2050 auf 100 Prozent bio umstellen.
* EEG-Veränderung: Vorrang von Abfällen und Reststoffen vor Mais, viergliedrige Fruchtfolge statt Maismonokultur.
* Bundesprogramm Ökologischer Landbau ausbauen.
* Stickstoffstrategie zur Reduzierung von Lachgasemissionen und Stickstoffbelastung ausarbeiten.
* Landwirtschaftliche Verordnung zur verbindlichen Fruchtfolge mit mindestens drei Hauptkulturen und ausgeglichener Humusbilanz.
* Steuer auf Pestizide und Kunstdünger nach dem Vorschlag des Helmholtz-Zentrums f. Umweltforschung und des Sachverständigenrats f. Umweltfragen.
* Programm zur Förderung der Biodiversität auflegen.
* Strenges Tierschutzrecht und strenge Brandschutzmaßnahmen für Massenställe, um Letztere einzudämmen.

* Haltungskennzeichnung für Fleisch ähnlich wie bei Eiern.
* Haltungsbilder auf den Fleischverpackungen analog Zigarettenschachteln.
* Verbot von Tierleid wie Schnabelkürzen bei Hühnern und Schwanzkupieren bei Schweinen.
* »Gewaltfreie Milch« fördern: Kälber sollen saugen dürfen, nur ein Teil der Milch wird verkauft.
* Selbstversorgergrad bei tierischen Produkten von 100 Prozent bis 2020.
* Verbot flächenloser Tierhaltungen. Steuergelder nur für Ställe mit ausreichend Platz, Auslauf, Weidegang.
* Förderung kleiner Wasserkreisläufe, gesetzliche Vorschriften zum Sammeln von Regenwasser.
* Forschungswende: »Small is beautiful«, Umstellung der Agrarforschung auf bio, Gründung eines Max-Planck-Instituts für ökosystemare Agrarforschung.
* Zukunftsräte als Begleitung und Steuerung der Forschung.
* Innen- und außenpolitische Landreformen zugunsten von Kleinbauern und vor allem der Kleinbäuerinnen.
* Gesetz zur Vermeidung der Lebensmittelverschwendung nach französischem und italienischem Vorbild.
* Konsequenter Schutz von Dauergrünland, Auen und Mooren, Grünflächen ausweiten.
* Förderung von biointensiven Betrieben, die Flächen »befreien«, Ausweitung der Waldfläche.
* Kaskadennutzung von Holzprodukten fördern.

Für die EU

* Aktionsplan zur Erreichung von Agrar- und Energiewende aufstellen.
* UN-Klima- und Nachhaltigkeitsziele mit Aktionsplan verbinden.
* EU-Strategie zum Erhalt der natürlichen Gemeingüter wie Bodenfruchtbarkeit, Gewässer, Biodiversität erarbeiten.
* Boden nach dem Vorschlag von people4soil als nichterneuerbare Ressource streng schützen.
* Ernährungssouveränität als politisches Ziel festlegen.
* CO_2- und Ressourcensteuer einführen.
* Steuer auf Pestizide und Kunstdünger einführen.
* Alle direkten und indirekten Subventionierungen von Fossilenergien streichen.
* Die Humusaufbauinitiative 4p1000 mit eigenem Aktionsplan unterstützen.

* Totalumbau der Gemeinsamen Agrarpolitik (GAP) nach dem Prinzip »öffentliches Geld für öffentliche Güter«, Auflösung der Ersten Säule (Subventionierung nach Flächengröße etc.) zugunsten der Zweiten Säule, Belohnung ökologischer Dienstleistungen, Anteil der Öko-Vorrangflächen bei der GAP massiv erhöhen.
* Chemiefreie Refugien, Pufferzonen und Blühstreifen sukzessive ausweiten.
* Zukunftspläne aufstellen: bis 2050 auf 100 Prozent bio umstellen, Prämien für Öko-Umstellung.
* Höchstgrenzen für Flächenbewirtschaftung einführen.
* Höchstgrenzen für Tierhaltung einführen, Massenställe sukzessive abschaffen.
* Stickstoffsteuer einführen: nicht pro Kilo, sondern als Differenz zwischen betrieblich eingeführtem Stickstoff und dem in Ernteprodukten bzw. im Humus.
* Förderung des Leguminosenanbaus.
* Selbstversorgerprämie für Betriebe, die Tiere mit selbst erzeugtem Eiweißfutter ernähren. Alternativ: Eiweiß-Importsteuer auf Soja.
* Erosionsschutzförderung durch Hecken, Raine, Agroforstsysteme.
* Förderung besonders tiergerechter Haltung.
* Verbot der Dumpingexporte von Agrarüberschüssen, keine Exporterstattungen mehr.
* Statt TTIP & Co. Ausarbeitung eines ökosozialen Grundwertekatalogs der EU.
* Erforschung und Förderung nachhaltiger Bodenpraktiken, wie in der Amsterdamer Erklärung von Save Our Soils vorgeschlagen.
* Richtlinie zur Einführung und Förderung konsequenter Kreislaufwirtschaft.
* Initiativen wie Natura 2000 ausweiten, ein Netzwerk aus Fauna-Flora-Habitaten und Vogelschutzgebieten.
* Gelder für Agrarforschung auf bio umschichten.
* Förderung von Agroforstsystemen.
* EU-weites Verbot von Gentechnik und gentechnisch veränderten Futtermitteln.
* Keine Patente auf Pflanzen und Tiere.
* Wasserrichtlinie erlassen, Europas Wasser sammeln und erhalten, keine Privatisierung von Wasser, sondern Schutz als Gemeingut.
* Öffentliche Saatbanken fördern.

Für die internationale Politik
* UN-Nachhaltigkeitsziele, UN-Klima- und -Umweltziele kohärent aufeinander abstimmen
* Internationale »Koalition der Willigen« bilden, die die Rettung der Ökosysteme betreiben
* CO_2- und Ressourcensteuern einführen
* Schutz der Gemeingüter wie Boden, Luft, Wasser, Biodiversität durch internationales Recht voranbringen
* Schutz indigener Gemeinschaften, die Gemeingüter bewirtschaften
* Kleinbauern und vor allem Kleinbäuerinnen fördern, für sichere Rechts- und Landtitel sorgen
* Die »Freiwilligen Leitlinien für die verantwortungsvolle Verwaltung von Boden- und Landnutzungsrechten, Fischgründen und Wäldern« der FAO für verbindlich erklären
* Schaffung eines internationalen Strafgerichtshofs für Umweltverbrechen
* Menschenrechts-, Umwelt- und Sozialstandards für Großkonzerne über Völkerrecht verbindlich machen
* Wälder, Wildnisse, Moore und Mangrovenwälder konsequent schützen
* Förderung von Agroforstsystemen unter klarer Ressortzuständigkeit
* Über internationale Fonds Wiederbegrünung von Wüsten und degradierten Flächen fördern
* Gelder abziehen aus Fossilenergie, Chemiekonzernen und Agrarfonds der Banken
* Über WTO und andere Handelsgremien Spekulation mit Lebensmitteln verbieten
* Landgrabbing verbieten, mindestens erschweren und Moratorium erlassen
* Konsequente Förderung des produktiven kleinbäuerlichen Anbaus
* Gelder für Agrarforschung auf bio umstellen
* Internationale Organisationen wie FAO, IPCC und CGIAR sollten Forschungs- und Modellprojekte zur regenerativen Agrikultur fördern
* Mainstreaming von Ökoanbau in der FAO
* Öffentliche Saatbanken fördern
* Reform der WTO: Streichung der Subventionen für agroindustrielle Produktion, Schutz von Ökoproduzierenden gegen Dumping und Export subventionierter Lebensmittelüberschüsse aus dem Norden nach Art. 20 GATT (»nichttarifäre Handelshindernisse«)
* Überprüfung aller Handelsabkommen auf diesen Punkt

Mögliche Kooperationspartner für die Agrarwende

Agrarbündnis Niedersachsen (»vielfältig, fair, bäuerlich«):
www.agrarwende.de
Agrarkoordination: www.agrarkoordination.de
Agrarkoordination (Schwerpunkt: Ernährungssouveränität in südlichen Ländern): www.agrarkoordination.de
Agroforstkampagne: www.agroforstkampagne.net
Agroforestry Research Trust: www.agroforestry.co.uk
Aktionsbündnis Agrarwende Berlin-Brandenburg: www.agrarwen.de
Arbeitskreis Bäuerliche Landwirtschaft: www.abl-ev.de
Bingenheimer Saatgut (Biozüchtung samenfester Sorten):
www.bingenheimersaatgut.de
Biobodengenossenschaft: www.bioboden.de
Bioland (Ökoerzeugerverband): www.bioland.de
Biovision (Stiftung von Hans Herren): www.biovision.ch
Brot für die Welt (Unterstützung von Kleinbauern):
www.brot-fuer-die-Welt.de
Bund für Umwelt und Naturschutz (BUND): www.bund.net
Bund ökologische Lebensmittelwirtschaft (Zusammenschluss mehrerer Ökoverbände): www.boelw.de
Demeter (anthroposophischer Ökoerzeugerverband): www.demeter.de
Dreschflegel (Biohof-Zusammenschluss zur Züchtung samenfester Sorten):
www.dreschflegel-saatgut.de
Ernährungsrat Berlin: www.ernaehrungsratschlag.de
Ernährungsrat Köln: www.ernaehrungsrat-koeln.de
Essensretter: www.foodsharing.de
Europäisches Bodenbündnis: www.bodenbuendnis.de
Forschungsinstitut BioLandwirtschaft FiBL in der Schweiz und Deutschland:
www.fibl.ch, www.fibl.de
Humusaufbauinitiative 4pour1000: www.4p1000.org
Kulturland-Genossenschaft (Genossenschaft zur Sicherung von Ackerland für Biobauern): www.kulturland.de
Landwende (Schwerpunkt: Kampagne gegen Ackergifte): www.landwende.de
Nature & More (Biovertrieb in den Niederlanden und anderswo):
www.natureandmore.com
Naturland (Ökoerzeugerverband): www.naturland.de

Oxfam (Unterstützung von Kleinbäuerinnen im globalen Süden):
www.oxfam.de
Österreichische Bergbauernvereinigung (österreichischer Zweig von Via
Campesina): *www.viacampesina.at*
People4Soil (Europäisches Bündnis zur Bodenrettung): *www.people4soil.eu*
Permakultur-Blog: *www.lebensraum-permakultur.de*
Permakultur-Institut: *www.permakultur-institut.de*
Permakultur International: *www.permaculturenews.org*
Regeneration International: *www.regenerationinternational.org*
Save Our Seeds (Rettung samenfester Sorten, Anti-Gentechnik):
www.saveourseeds.org
Save Our Soils (EU-weite Bodenkampagne): *www.saveoursoils.com/de*
Solidarische Landwirtschaft: *www.solidarische-landwirtschaft.org*
Terra Preta und Pflanzenkohle: *www.ithaka-journal.net*
Uniterre (Schweizer Zweig von Via Campesina): *www.uniterre.ch*
Via Campesina (globales Bündnis kleinbäuerlicher Betriebe):
www.viacampesina.org
Weltagrarbericht, deutsche Fassung: *www.weltagrarbericht.de*
Weltacker (Schauprojekt auf der Internationalen Gartenausstellung):
www.2000m2.eu/de
Wir haben es satt (Agrarbündnis und jährliche Großdemo anlässlich der
Grünen Woche Berlin): *www.wir-haben-es-satt.de*
Zukunftsstiftung Landwirtschaft: *www.zukunftsstiftung-landwirtschaft.de*

ANMERKUNGEN

EINLEITUNG

1 Anita Idel: Die Kuh ist kein Klima-Killer! Marburg 2010, S. 29
2 Christine Jones: Liquid carbon pathway unrecognised, Australian Farm Journal, Edition 338, 3/7/2008, http://amazing carbon.com/PDF/JONES-LiquidCarbon Pathway(AFJ-July08).pdf
3 Ute Scheub, Haiko Pieplow, Hans-Peter Schmidt: Terra Preta – die schwarze Revolution aus dem Regenwald. München 2013
4 Heinrich Böll Stiftung, WWF (Hrsg): Bodenlos. Negative Auswirkungen von Mineraldüngern in der tropischen Landwirtschaft. Berlin 2015, S. 12
5 Heinrich Böll Stiftung, IASS, BUND (Hrsg): Bodenatlas. Berlin 2015
6 Felix zu Löwenstein: Food Crash. München 2011, S. 90; Bund Ökologische Lebensmittelwirtschaft (Hrsg): Zahlen, Daten, Fakten, Die Bio-Branche 2015, S. 2
7 Felix zu Löwenstein: Es ist genug da. Für alle. München 2015, S. 138 ff.
8 Hans-Peter Dürr: Das Lebende lebendiger werden lassen. München 2011
9 Bundesamt für Naturschutz (BfN): Naturbewusstsein 2015, www.bmub.bund.de/fileadmin/Daten_BMU/Pools/Broschueren/naturbewusstseinsstudie_2015_bf.pdf
10 BMUB (Hrsg): Den ökologischen Wandel gestalten – Integriertes Umweltprogramm 2030. Berlin 2016, S. 117 ff.
11 Hans Peter Rusch: Bodenfruchtbarkeit. Eine Studie biologischen Denkens. Kevelaer 2014, S. 11

KAPITEL 1

1 Richard Lee: What Hunters do for a Living, in: J. M. Gowdy: Limited wants, unlimited means. Washington DC 1998, S. 47
2 Vgl. Fabian Scheidler: Das Ende der Megamaschine. Wien 2015; David Graeber: Schulden – die ersten 5000 Jahre. München 2013
3 C. Cassidy: Nutrition and Health in Agriculturalists and Hunter-Gatherers, in: Nutritional Anthropology, Redgrave 1980, S. 117 ff.; Lawrence Angel: Health as a crucial factor, in: Mark N. Cohen et al. (Hrsg.): Paleopathology at the Origins of Agriculture. Orlando, S. 57 ff.
4 Peter Farb: Humankind. Boston 1978
5 Zitiert in: www.livinganthropologically.com/anthropology/agriculture-as-worst-mistake-in-the-history-of-the-humanrace/
6 Richard Manning: Against the Grain. New York 2005
7 Zitiert nach: Christina von Braun, Bettina Mathes: Verschleierte Wirklichkeit. Berlin 2007, S. 272 f.
8 Hans Peter Rusch: Bodenfruchtbarkeit. Kevelaer 2014, S. 14, 17
9 Vgl. Ute Scheub: Ackergifte? Nein danke! Klein Jasedow 2015
10 Robert Haaris, Jeremy Paxmann: Eine höhere Form des Tötens – Die unbekannte Geschichte der B- und C-Waffen. München 1983
11 Hermann Fischer: Stoffwechsel. München 2012, S. 58
12 www.bauernverband.de/12-jahrhundert-vergleich
13 Peter Clausing: Bill Gates in Afrika, www.welternaehrung.de, 20.8.13

14 I-SIS (Hrsg): Paradigm Shift urgently needed in Agriculture, www.i-sis.org.uk, 17.9.13, S. 3

15 Marie-Monique Robin: Mit Gift und Genen. München 2010

16 Peter Crosskey: Monsanto moves into microbials, www.arc2020.eu, 13.1.14; Christiane Grefe: Global Gardening. München 2015, S. 56

17 Elenita C. Dano: Getting Farmers off the Treadmill, in: UNCTAD (Hrg): Wake Up Before It is Too Late. Trad And Environment Review, Genf 2013 S. 285 ff.

18 Carla Neuhaus: Wie Agrarkonzerne Entwicklungshilfe machen, Tagesspiegel, 6.8.16

19 Martha Rosenberg, Ronnie Cummins: Monsanto's Evil Twin, www.truth-out.org, 11.4.16

20 Andreas Rummel: Tote Tiere – kranke Menschen, Arte-Doku, 1.4.15

21 www.diariojunio.com.ar/noticia.php?noticia=70211; ww.youtube.com/watch?v=MLwtKRWLOho

22 www.rosario3.com/noticias/Mapa-del-cancer-en-Santa-Fe-factor-ambiental-y-agroquimicos-en-debate-20150929-0045.html

23 Andreas Rummel: a. a. O.

24 www.monsanto-tribunal.org

25 www.youtube.com/watch?v=CYKE9xk7bWs

26 zitiert in: Oliver Moore: Soil, Cities & Microbiota – Teaming with Life, www.arc2020.eu, 12.5.16

27 http:// plattform-footprint.de/verstehen/overshoot/

28 Anthony Barnosky, Elizabeth Hadly: Approaching a state shift in Earth's biosphere. Nature, Stanford 2012

29 Johan Rockström et al.: Planetary boundaries. Guiding human development on a changing planet, Science, 13.2.15

30 Julia Merlot: Das sechste Massensterben hat begonnen, Spiegel Online, 22.6.15

31 Monika Seynsche: Mit jedem Grad mehr sterben weitere Arten, Deutschlandfunk, 4.5.16

32 Carsten A. Brühl et al.: Terrestrial pesticide exposure of amphibians, Scientific Reports (Nature), 1/13

33 Löwenstein: Es ist genug da. a. a. O., S. 71

34 Christine Westerhaus: Viele nützliche Bakterien sind verschwunden, Deutschlandfunk, 17.4.15

35 IPBES: Pollinators Vital To Our Food Supply Under Threat, www.ipbes.net, 26.2.16

36 Felix zu Löwenstein: Food Crash. München 2011, S. 118

37 Stephan Maaß, Gesche Wupper: Bienensterben vernichtet bis zu 300 Milliarden Euro, Die Welt, 15.7.13

38 Vgl. Markus Imhoff: More than Honey, Dokumentarfilm

39 Sachverständigenrat für Umweltfragen: Umweltgutachten, Berlin 2016, S. 21

40 Löwenstein: Es ist genug da. a. a. O., S. 123

41 Mark A. Sutton et al: European Nitrogen Assessment, Technical Summary, Cambridge 2011

42 Fritz Zimmermann: Elender Haufen, SZ-Magazin, 29.7.16

43 Karl Ludwig Schweisfurth: Der Metzger, der kein Fleisch mehr isst. München 2014, S. 117

44 Pressemitteilung des Europäischen Rechnungshofes, 12.4.16

45 Christopher Schrader: Tote Zonen in den Ozeanen weiten sich aus, Süddeutsche Zeitung, 8.6.12

46 Martha Rosenberg, Ronnie Cummins: Monsanto's Evil Twin, www.truth-out.org, 11.4.16

47 Anita Idel, Tobias Reichert: Livestock Production and Food Security, in: UNCTAD, a. a. O., S. 138 ff.

48 Heinrich-Böll-Stiftung, IASS, BUND (Hrsg): Bodenatlas, a. a. O., S. 35; Heinrich-Böll-Stiftung, WWF (Hrsg): Bodenlos: a. a. O., S. 33 ff.

49 Bodenlos: a. a. O., S. 26

50 Dana Cordell et al.: The story of phosphorus, in: Elsevier (Hrsg.): Global Environmental Change, 5/09, S. 292 ff.

51 Christiane Schwarz, Marcel Weingärtner: Die Phosphorkrise – das Ende der Menschheit?, Arte-Doku, 6.9.16

52 Scheub et al.: Terra Preta, a. a. O., S. 173 ff.
53 SA Khan et al.: The myth of nitrogen fertilization for soil carbon sequestration, in: Journal of Environmental Quality, 2007, S. 1821 ff.
54 Maris Hubschmid: Ganz globaler Wahnsinn, Tagesspiegel, 4.9.11
55 Idel: a. a. O., S. 83
56 Idel: a. a. O., S. 57 f.
57 Idel: a. a. O., S. 56
58 Rattan Lal: Managing soils and ecosystems for mitigating anthropogenic carbon emissions and advancing global food security, in: BioScience, 2010, S. 708
59 Grain: Food, Climate Change and Healthy Soils, in: UNTACD, a. a. O., S. 19 ff.
60 Joeri Rogel et al.: Paris Agreement climate proposals need a boost to keep warming well below 2 °C, in: Nature, 30.6.16, S. 631 ff.
61 Volker Mrasek: 0,5 Grad – kleine Differenz, große Wirkung, Deutschlandfunk, 22.4.16
62 Eric Toensmeier: The Carbon Farming Solution. Vermont 2016, S. 11
63 Ulrich Hoffmann: Agriculture at the Crossroads, in: UNCTAD, S. 5
64 Kleine Brötchen durch Klimawandel?, Schrot & Korn, 05/16
65 Zitiert nach Toensmeier: a. a. O., S. 14 f.
66 Ulrich Hoffmann: a. a. O., S. 5
67 William D. Dar, C. L. Laxmipathi Gowda: Declining agricultural productivity and global food security, Journal of Crop Improvement, 2013, S. 242 ff.
68 Mark Lynas: Six Degrees. London 2008, S. 186
69 Hans-Joachim Schellnhuber: Selbstverbrennung. München 2015, S. 411
70 IPCC: Climate Change 2014, S. 166
71 Lester Brown: The Great Food Crisis of 2011, Foreign Policy, 10.01.11
72 Rattan Lal: Abating climate change, in: David Dent (Hrsg): Soil as World Heritage. Dordrecht 2013, S. 450
73 Bodenerosion, Naturland Nachrichten International 32, 8/15

74 Ephraim Nkonya, Alisher Mirzabaev, Joachim von Braun: Economics of Land Degradation and Improvement, 2016, link.springer.com/book/10.1007/978-3-319-19168-3
75 Amsterdamer Erklärung von Save Our Soils, 26.6.15, S. 4
76 Bodenerosion, Naturland Nachrichten International 32, 8/15.
77 Toensmeier: a. a. O., S. 26 f.
78 Friends of the Earth: The True Cost of Consumption, www.foeeurope.org, 07/16
79 Bodenatlas: a. a. O., S. 24
80 Vgl. Bernd Ludermann: Verletzte Haut der Erde, Weltsichten 1/15
81 www.bodenbuendnis.org
82 SRU: Umweltgutachten. Berlin 2016, S. 19
83 Umweltgutachten, a. a. O., S. 12
84 UNESCO: Weltwasserbericht 2014: Zusammenfassung, www.unesco.de, 03/14
85 Claus Kleber: Spielball Erde. Machtkämpfe im Klimawandel, 2013, Dokumentarfilm
86 Michal Kravcík et al.: Water for the Recovery of the Climate – A New Water Paradigm. Zilina 2007, www.waterparadigm.org
87 Maude Barlow: Die Wasser-Allmende. Klein Jasedow 2008, S. 44
88 zitiert in: Hans-Joachim Schellnhuber: Selbstverbrennung. a. a. O., S. 680
89 Katrin Gänsler et al.: Gutes Klima für Boko Haram, taz, 21.5.16
90 Oxfam Briefing Paper: Suffering the Science. London 2009, i-ii; Toensmeier: a. a. O., S. 17
91 Naomi Klein: Die Entscheidung – Kapitalismus versus Klima. Frankfurt a. M. 2015, S. 143
92 Vgl. Matthias Krupa, Caterina Lobenstein: Ein Mann pflückt gegen Europa, Zeit, 17.12.15
93 Zukunftsstiftung Landwirtschaft (Hrsg): Wege aus der Hungerkrise. Berlin 2008, S. 10; ETC Group: Who will feed us, Communication Nr. 102, 11/09
94 Bodenatlas: a. a. O., S. 26
95 www.youtube.com/watch?v=MjcL-VcRU0I, 24.6.16

96 GIZ (Hrsg): Boden. Grund zum Leben, Boden und Globalisierung, 06/15

97 Papst Franziskus: Laudato Si. Leipzig 2015, S. 48

98 Zhiwa Woodbury: The talking cure for the Climate Crisis, www.truth-out.org, 14.4.16

99 Angaben laut EU-Wirtschafts- und Sozialausschuss: Jagd nach Agrarland, 23.7.15

100 Andreas Lohse: Land in Sicht, taz, 23.4.16

101 Jost Maurin: 1:0 für die Kleinen, taz, 9.7.16

102 Oxfam Briefing Note: Averting tomorrow's global food crisis, 1.6.11, www.welthungerhilfe.de/whi2011-marktstand-aktion.html

103 Bodenatlas: a. a. O., S. 28

104 Tanja Busse: Die Wegwerfkuh. München 2015, S. 11

105 Joyce d'Silva: Why industrial livestock farming is unsustainable, in: UNCTAD, a. a. O., S. 158

106 Heinrich-Böll-Stiftung, BUND (Hrsg): Fleischatlas. Berlin 2013, S. 18 ff.

107 Schweisfurth: a. a. O., S. 70

108 Löwenstein: Food Crash, a. a. O., S. 80, 156

109 Spiegel Online: Äcker könnten vier Milliarden Menschen mehr ernähren, 2.8.13

110 Thomas Griese et al.: Bioenergie neu bewerten, EuroNatur Special 3/2013, S. 6

111 Bodenatlas, a. a. O., S. 33; WWF: Auf der Ölspur. Berlin 2016

112 GIZ (Hrsg): Boden. Grund zum Leben, Boden & Klima, 08/15

113 Löwenstein: Food Crash a. a. O., S. 59, 63

114 Nadia El-Hage et al.: Food Wastage Footprint, Full-cost accounting. Rom 2014

KAPITEL 2

1 GRAIN, in: UNCTAD, a. a. O., S. 19 ff.

2 Rodale Institute: Regenerative Organic Agriculture and Climate Change. Kutztown 2014

3 Alvarez de Toledo: Regeneration von Böden und Ökosystemen, ideaa 2015, www.boelw.de

4 Andre Leu: Mitigating Climate Change with Soil Organic Matter, in: UNCTAD, a. a. O., S. 22 ff.

5 Leu: a. a. O., S. 22 ff.

6 Toensmeier: a. a. O., S. 23

7 Alvarez de Toledo: a. a. O., S. 14

8 Hans-Peter Schmidt: Humusaufbau statt Hungersnot, www.ithaka-journal.net, 28.5.11

9 Scheub et al.: Terra Preta, a. a. O.; Dawit Solomon et al.: Indigenous African soil enrichment as a climatesmart sustainable agriculture alternative. University of Sussex 2016

10 Nancy Averett: Healthy Ground, Healthy Atmosphere. Recarbonizing the Earth's Soils. Environmental Health Perspectives, 2/16

11 Alvarez de Toledo: a. a. O., S. 16

12 Hans-Peter Schmidt: a. a. O.

13 Nancy Averett: a. a. O.

14 Ercilia Sahores: Stephane Le Foll. The Obelix of Agriculture?, regenerationinternational.org, 4.5.16

15 Corinne le Quere: Past, current and projected changes of global GHG emissions and concentrations. University of East Anglia

16 IPCC Mitigation Report 2014

17 Rattan Lal: Soil carbon sequestration. FAO, Rom.

18 FAO: Organic Agriculture and Climate Change Mitigation. Rom 2011

19 Rattan Lal: Abating climate change and feeding the world through soil carbon sequestration, in: Soil as world heritage, S. 453; ders.: Enhacing crop yields through restoration of the soil organic cabon pool in agricultural lands. 2006, S. 197 ff.; ders.: Enhancing ecoefficiency in agro-ecosystems through soil carbon sequestration. 2010, S. 120 ff.

20 Dawit Solomon, Johannes Lehmann et al.: Indigenous African soil enrichment as a climate-smart sustainable agriculture alternative. Sussex 2016

21 Savory Institute: Restoring the Climate through Capture and Storage of Soil Carbon through Holistic planned Grazing. 2013

22 Rodale Institute: a. a. O.

23 Seth Itzkan: Upside (Drawdown). The Potential of Restorative Grazing to Mitigate

Global Warming, PlanetTech Associates, Massachusetts 2014

24 Jack Kittredge: Soil Carbon Restoration: Can Biology Do The Job? Massachussetts 2015, S. 7

25 Leu: a. a. O., S. 22 ff.

26 Toensmeier: a. a. O., S. 29 ff.

27 Leu: a. a. O., S. 22 ff.

28 Raj Patel et al.: Das Ende von Afrikas Hunger, The Nation, 9/09

29 AGRA: Progress Report 2007–2014. Nairobi 2015

30 Rucha Chitnis: How Women-Led Movements Are Redefining Power, truth-out, 26.3.16

31 Toensmeier: a. a. O., S. 57

32 Persönliches Telefonat mit Ulrich Hoffmann; ders.: Agriculture at the Crossroads, in: UNCTAD, a. a. O., S. 2 ff.; Marlies Uken: Mit Bio gegen die Krise, Zeit-Online, 8.2.10

33 Mail von Ulrich Hoffmann an die Autoren

34 Sylvester Enoghase: States must integrate Organic Agriculture. 2007

35 Naomi Nemes: Comparative Analysis of Organic and Non-Organic Farming Systems, in: UNCTAD, a. a. O., S. 50 ff.

36 Biologische Landwirtschaft gleichauf mit konventionellen Anbaumethoden in den Tropen, www.fibl.ch, Juli 2016

37 Karl von Koerber et al.: Globale Nahrungssicherung für eine wachsende Weltbevölkerung, Journal für Verbraucherschutz und Lebensmittelsicherheit 4(2), S. 174 ff.

38 Jörg Neufeld: Wissenschaftliches Fehlverhalten, Institut für Forschungsinformation und Qualitätssicherung, Berlin, Juni 2014

39 Naomi Klein: Kapitalismus vs. Klima. Frankfurt a. M. 2015, S. 268; Christiane Grefe: Urban Gardening. München 2015, S. 186

40 Papst Franziskus: a. a. O., S. 106 ff., 171

41 Toensmeier: a. a. O., S. 327 ff.

42 LK: Kohle für Kohlendioxid lässt Wasser fließen, taz, 23.4.16

43 Naomi Klein: a. a. O., S. 144

44 Heinrich Böll Stiftung (Hrsg): CO_2 als Maß aller Dinge. Berlin 2016

KAPITEL 3

1 Jean-Martin Fortier: The Market Gardener. Gabriola Island 2014, S. 3

2 Markus Busby: Diversified Organic Market Gardening and Arboriculture, Permaculturenews.org, 15.10.15

3 Eliot Coleman: Handbuch Wintergärtnerei. Innsbruck 2014, S. 26 ff.; Perrine & Charles Hervé-Gruyer: Miraculous Abundance. Vermot 2016, S. 86

4 Fortier: a. a. O., S. 9

5 AgroParisTech: Case Study, Permacultural Organic Market Gardening and Economic Performance, 11/15

6 Hervé-Gruyer: a. a. O., S. 195 ff.

7 Hervé-Gruyer: a. a. O., S. 179 ff.

8 Andreas Behn: Pflügen ist von gestern, Welt-Sichten 1/15

9 Toensmeier: a. a. O., S. 69 f.

10 Jost Maurin: Mehr Ertrag mit weniger Pflug, taz, 4.1.09

11 Friedrich Wenz: Schlüsselfaktoren für optimalen Humusaufbau, www.eco-dyn.de

12 Unsere Hochleistungssorten. Welche Vielfalt nutzen wir?, www.pflanzenforschung.de

13 Verlorene Vielfalt, auf: www.alnatura.de

14 www.genres.de; Beate Jessel et al.: Produktivkraft Natur. Hamburg 2009, S. 83

15 Charles Siebert: Food Ark, National Geographic 7/11

16 Jessel: a. a. O., S. 83

17 Nicolai Fuchs: Agro-Gentechnik, in: Manfred Christ (Hrsg.): Bedrohte Saat. Dornach 2010, S. 90 f.

18 Hans-Peter Schmidt, Paul Taylor: Kon-Tiki: Die Demokratisierung der Pflanzenkohleproduktion, www.ithakajournal.net, 25.11.14

19 www.chantico-terrassenofen.de; www.pyreg.de; www.biomacon.de

20 Hans-Peter Schmidt: 55 Anwendungen von Pflanzenkohle, www.ithaka-journal.net, 29.12.12

21 Hans-Peter Schmidt: Wurzelapplikation von Pflanzenkohle – hohe Ertragssteigerung mit wenig Pflanzenkohle, www.ithaka-journal.net, 19.6.16

ANMERKUNGEN

22 Text erschien zuerst auf www.futurzwei u. im »Zukunftsalmanach«, hrsg. v. Harald Welzer

23 Toensmeier: a. a. O., S. 321

24 Toensmeier: a. a. O., S. 113

25 IPCC: Mitigation Of Climate Change 2014: S. 830 ff.

26 Leu: a. a. O., S. 24

27 Bodenatlas: a. a. O., S. 34

28 Toensmeier: a. a. O., S. 53

29 Dina Dennerlein: Biologischer Anbau führt zu Rekordernte, 11.3.14; John Vidal: India's rice revolution, The Guardian, 16.2.13; Toensmeier: a. a. O., S. 70 f.; Brot für die Welt et al (Hrsg): Mit Agrarökologie die Ernährungswende gestalten. Berlin 2016

30 Mark Feineigle: Before Permaculture: Keyline Planning and Cultivation. Permaculturenews.org, 22.2.13

31 Leila Dregger: Das neue Wasserparadigma, Terra Nova, 16.7.16; Adolf Beltran: La urbanizión intensive del litoral modifica el régimen de lluvias, El Pais, 5.10.09

32 Dregger: a. a. O.

KAPITEL 4

1 GIZ (Hrsg): Boden. Grund zum Leben, Boden und Klima, 08/15; Margareth Sekera: Gesunder und kranker Boden. Kevelaer 2012, S. 11; Charles Darwin: Die Bildung der Ackererde durch die Thätigkeit der Würmer, Erstausgabe 1881; Alexander Stahr: Leben im Boden, www.ahabc.de, Magazin für Boden und Garten, 2014; Fräulein Brehms Tierleben, http://brehms-tierleben.com/

2 Hans Peter Rusch: Bodenfruchtbarkeit. Kevelaer 2014, S. 92 f.

3 Rusch: a. a. O., S. 243 ff.

4 A.W. Dänzer: Die unsichtbare Kraft in Lebensmitteln. Schlieren-Zürich 2014

5 Susanne Donner: Biophotonen: Mehr Licht – mehr Qualität, UGB, 6/04

6 Margareth Sekera: a. a. O., S. 56, 48, 19, 70

7 Erhard Hennig: Geheimnisse der fruchtbaren Böden. Kevelaer 2011, S. 37 ff.

8 Rodale Institute: Regenerative Organic Agriculture and Climate Change. Kutztown 2014; vgl. Jack Kittredge: Soil Carbon Restoration: Can Biology Do The Job? Massachussetts 2015

9 Stefano Mancuso, Allessandra Viola: Die Intelligenz der Pflanzen. München 2015

10 Florianne Koechlin: Zellgeflüster. Basel 2007; Peter Wohlleben: Das geheime Leben der Bäume. München 2015

11 Sabine Goldhahn: Bäume tauschen große Mengen Zucker untereinander aus, Deutschlandfunk, 15.4.16

12 Rusch: a. a. O., S. 183

13 Erhard Hennig: a. a. O., S. 26

14 Andreas Weber: Lebendigkeit. Eine erotische Ökologie. München 2014, S. 83

15 Joachim Schüring: Wie viele Zellen hat der Mensch?, www.spektrum.de, 27.7.03

16 Tor Norretranders: Der Fluss des Lebens, Tagesspiegel, 16.1.08

17 Weber: Lebendigkeit, a. a. O., S. 80

18 BÖLW (Hrsg): Zahlen, Daten, Fakten. Die Biobranche 2015, S. 10

19 Marie-Luise Kreuter: Der Biogarten. München 2012; Natalie Faßmann: Auf gute Nachbarschaft, Darmstadt 2015

20 Vgl. Scheub et al.: Terra Preta, a. a. O.

KAPITEL 5

1 Fachtagung zum ökologischen Landbau 2008, Tagungsband, www.oekolandbau.rlp.de

2 Uwe Westphal: Hecken – Lebensräume in Garten und Landschaft. Darmstadt 2011

3 Toensmeier: a. a. O., S. 40, 67, 322 ff.

4 Mark Shephard: Restoration Agriculture. Austin 2013

5 Olivier Asselin: The Permaculture Orchard. Beyond Organic, DVD. St-Jean-du-Castillonnais 2014

6 www.youtube.com/watch?v=Z5YPnA6OqvU

7 Toensmeier: a. a. O., S. 100

8 Toensmeier: a. a. O., S. 67

9 Bodenerosion, Naturland Nachrichten International 32/Aug 2015

10 Seth Itzkan: Upside (Drawdown). The Potential of Restorative Grazing to Mitigate Global Warming, PlanetTech Associates. Massachusetts 2014

11 Allan Savory: How to green the world's deserts and reverse climate change?, TED-Talk, 2/13

12 James E. McWilliams: All Sizzle and No Steak, Slate, 22.4.2013; John Carter et al: Holistic Management. Misinformation on the Science of Grazed Ecosystems, International Journal of Biodiversity, 2014.

13 http://savory.global/institute/#evidence; Why the alate article about Allan Savory is dead wrong, www.regenerateland.com, 14.12.15

14 Im »Mob« weidende Mutterkühe, www.topagrar.com, 6/14

15 Bodenatlas, a. a. O., S. 36 f.

16 www.polyfacefarms.com

17 https://vimeo.com/80518559

18 Sally Neas: What's a Carbon Farmer?, Yes-Magazine, 21.5.16

19 André Leu, in: UNCTAD, a. a. O., S. 31, http://holisticmanagement.org, www.winona.net.au/farming.html

20 Schweisfurth: a. a. O.

21 Schmu mit Schweinen, taz, 28.1.16; Wir haben den Tierarzt gewechselt, taz, 2.2.16

22 Amanda Lenhardt: Die Wüste wird grün, Weltsichten 1/15; Horand Knaup: Mister Rinaudo will die Wüste stoppen, Spiegel Online, 18.6.12; www.youtube.com/watch?v=a129zpGPbRM

23 Christ Reij, in: UNCTAD, a. a. O., S. 199 ff.

24 Katja-Barbara Heine: Land gewinnen, taz, 8.10.16

25 Helmy Abouleish, Matthias Keitel: The Sekem Initiative, in: Unctad, a. a. O., S. 305 ff.

26 Filme auf www.whatifwechange.org/magazine/

KAPITEL 6

1 Studie auf www.agronauten.net

2 Nicolai Kwasniewski: Fleisch, Obst, Gemüse, Spiegel Online, 12.12.16

3 Text erschien zuerst auf www.futurzwei.org und im Zukunftsalmanach 2017, hrsg. von Harald Welzer

4 Hans von der Hagen: Die Melkerin, Süddeutsche Zeitung, 27.7.16

5 Toensmeier: a. a. O., S. 114

6 http://gprc.org/research/buffalo-commons/

7 Vgl. Silke Helfrich und Heinrich-Böll-Stiftung (Hrsg): Commons. Bielefeld 2012

8 Carey L. Biron: Waldrechte für lokale Gemeinschaften wirksam gegen Erderwärmung, Inter Press Service 24.7.14; Stephen Leahy: Dorfgemeinschaften schützen Fische und Korallenriffe besser als der Staat; IPS 18.7.12; Stephen Leahy: Das gute Leben auf indigene Art, IPS 8.5.15. Alle Berichte auf www.visionews.net

9 Silke Helfrich (Hrsg): Was mehr wird, wenn wir teilen. München 2011

10 http://commons-sommerschule.webcoach.at/w16/commons/index.php/Kategorie:Dokumentation_2016

11 Rob Hopkins: Green Lecture in der Heinrich-Böll-Stiftung Berlin am 10.5.13

12 http://incredibleediblenetwork.org.uk/

13 Bodenatlas, a. a. O., S. 46; Hopkins: a. a. O., S. 52; Valentin Thurn: 10 Milliarden – wie werden wir alle satt?, Dokumentarfilm

14 GIZ: Boden, Grund zum Leben 02/15

15 Vgl. Nils Aguilar: Voices of Transition, Film-DVD

16 http://neustartschweiz.ch

17 Philipp Bittner: Das Dorf der Zukunft, www.enorm-magazin.de www.regenvillages.com

18 Ralf Otterpohl: Das neue Dorf im Gartenring, in: Michael Herbst et al. (Hrsg): Daseinsvorsorge und Gemeinwesen im ländlichen Raum. Wiesbaden 2016, S. 163 ff.

19 UN-ESA: World Urbanization Prospects, 2014

20 Jonathan Latham: Food Liberation. Why the Food Movement Is Unstoppable, Truthout, 19.9.16

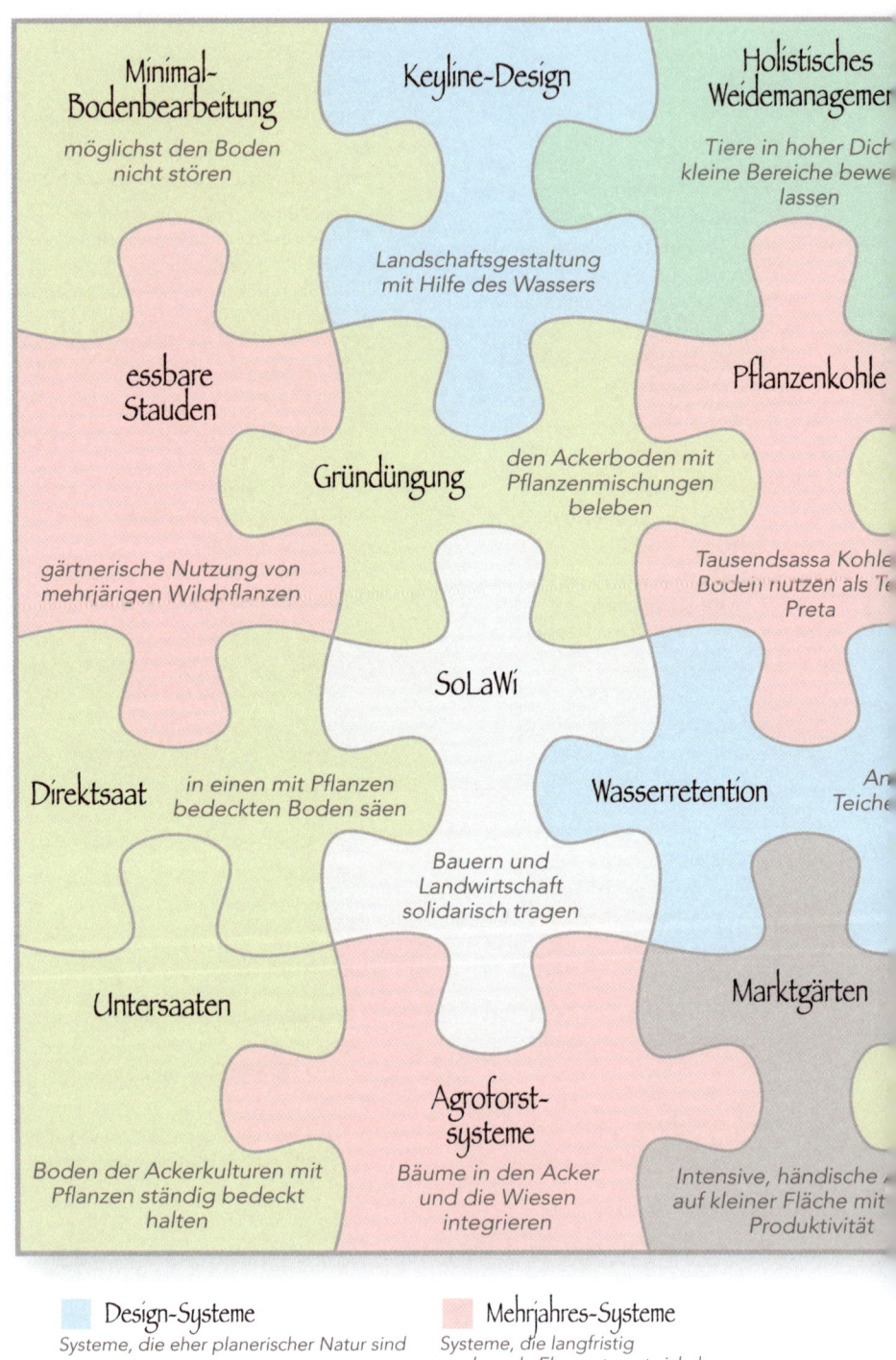

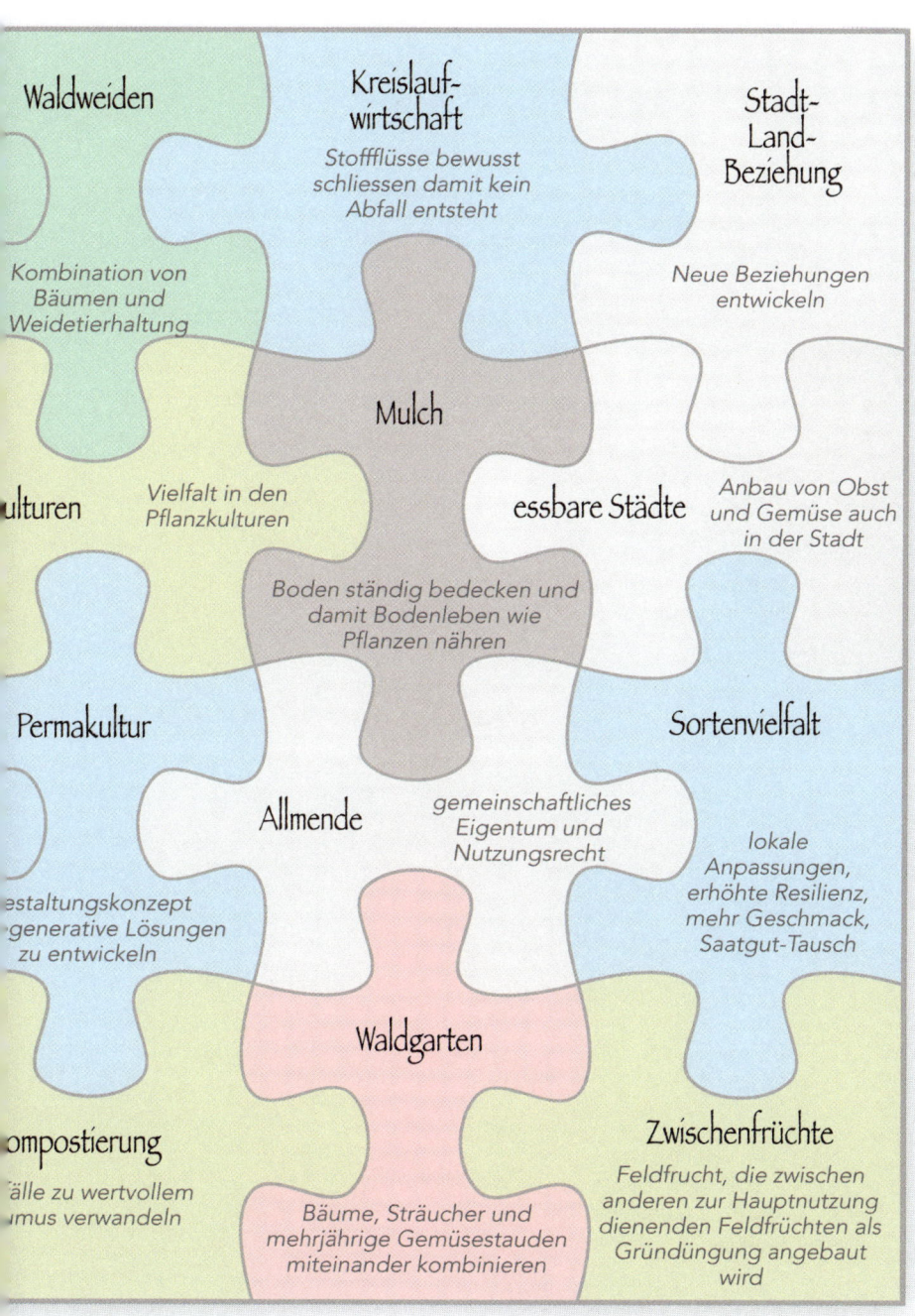

Der Werkzeugkasten einer regenerativen Landwirtschaft ist gut gefüllt. Einige Methoden sind hier aufgelistet und einer besseren Verständlichkeit wegen in verschiedene Systeme eingeteilt. Damit gilt es zu bedenken, dass viele dieser Aspekte in verschiedenen Systemen vorkommen können. *Grafik: Stefan Schwarzer*

ÜBER DIE AUTOREN UND DANK

Ute Scheub

ist promovierte Politikwissenschaftlerin und Publizistin, sie lebt mit ihrer Familie in Berlin. Die mehrfach mit Preisen ausgezeichnete taz-Mitbegründerin hat bisher 17 Bücher vor allem zu friedens-, frauen- und umweltpolitischen Themen veröffentlicht, darunter »Terra Preta – die schwarze Revolution aus dem Regenwald« und »Glücksökonomie – wer teilt, hat mehr vom Leben« (beide bei oekom).

Stefan Schwarzer

ist Physischer Geograf und Permakultur-Designer. Er arbeitet seit 2000 für das Umweltprogramm der Vereinten Nationen (UNEP) in Genf, wo er sich mit globalen Umweltthemen beschäftigt. Die Verbindung globaler Ziele mit lokalen Handlungen, vor allem in Form von einer aufbauenden Landwirtschaft in Anlehnung an die Permakultur, ist eines seiner Hauptanliegen. Er lebt seit Ende 2012 in der Lebensgemeinschaft Schloss Tempelhof.

Unser Dank

Geht in alphabetischer Reihung an: Thomas Dönnebrink, Max Gaedtke, Benny Härlin, Sebastian Heilmann, Christoph Hirsch, Ulrich Hoffmann, Anita Idel, Annette Jensen, Felix zu Löwenstein, Maya Luckoff, Urs Mauk, Andrea Preissler, Rainer Sagawe, Paul Pascal Scheub, Familie Schwarzer.

Hommage an den Eigensinn der Natur

Eva Rosenkranz
Überall ist Garten
Zufluchtsort zwischen Lebenskunst und Überleben

oekom verlag, München
352 Seiten, Hardcover mit Leinenrücken, komplett vierfarbig mit Illustrationen, 28 Euro
ISBN: 978-3-96238-107-3
Erscheinungstermin: 07.10.2019
Auch als E-Book erhältlich

»*Ein guter Garten ist mehr als ein wohlfeiles Zurück zur Natur.*«
Eva Rosenkranz

Für Eva Rosenkranz sind es die Widersprüche, die den Garten so faszinierend machen. Ihr Buch flaniert zwischen Sinnlichkeit und Gummistiefeln, Magie und Regenwurm, Zuversicht und Tragödien. Ein unterhaltsamer und lehrreicher Rundgang durch das Gartenjahr.

oekom.de   DIE GUTEN SEITEN DER ZUKUNFT

Buddeln für eine bessere Welt

Ute Scheub, Haiko Pieplow, Hans-Peter Schmidt
Terra Preta. Die schwarze Revolution aus dem Regenwald
Mit Klimagärtnern die Welt retten und gesunde Lebensmittel produzieren

oekom verlag, München
224 Seiten, Klappenbroschur, vierfarbig, erw. Neuauflage,
22 Euro ISBN: 978-3-96238-026-7
Erscheinungstermin: 02.11.2017
Auch als E-Book erhältlich

»Ein (...) Mutmacher-Buch.«
Johannes Kaiser, Deutschlandradio Kultur

Terra Preta gilt nicht nur als der fruchtbarste Boden der Welt – sie kann obendrein den Klimawandel lindern. Das Autorentrio erläutert die Grundprinzipien von Klimafarming und Kreislaufwirtschaft und leitet zur Herstellung der »Schwarzerde aus dem Regenwald« an.

oekom.de   DIE GUTEN SEITEN DER ZUKUNFT   oekom

Der Klassiker zur Mischkultur

Gertrud Franck, Brunhilde Bross-Burkhardt
Gesunder Garten durch Mischkultur
Gemüse, Blumen, Kräuter, Obst: Altes Gartenwissen neu entdeckt

oekom verlag, München
176 Seiten, Hardcover, komplett vierfarbig,
24 Euro
ISBN: 978-3-96238-101-1
Erscheinungstermin: 04.02.2019
Auch als E-Book erhältlich

»Die Mischkultur hat als Vorbild die Natur selbst.«
Gertrud Franck

Gesunde, kräftige Pflanzen und hohe Ernteerträge auch auf kleiner Fläche – Mischkultur macht es möglich! Mit dem unerreichten Standardwerk gelingt die Umsetzung problemlos. Für Gemüse-, Kräuter- und Ziergärten anwendbar, mit Planungsvorlagen für Zwischen-, Vor- und Nachkultur.

oekom.de DIE GUTEN SEITEN DER ZUKUNFT   //// oekom

Safari im eigenen Garten

Hannes Petrischak
Gartensafari
**Der heimischen Natur auf der Spur.
Entdeckertipps rund ums Jahr**

208 Seiten, Klappenbroschur,
vierfarbig mit Abbildungen,
20 Euro
ISBN 978-3-96238-247-6
Erscheinungstermin: 08.02.2022
Auch als E-Book erhältlich

»Das Buch ist ein echter Augenöffner!«
Jan Haft, Dokumentarfilmer

Dieses Buch lädt ein, die tierische Wildnis im eigenen Garten zu entdecken: Von Käfern über Vögel bis hin zu Eichhörnchen gibt es zu jeder Jahreszeit viel zu sehen, wenn man weiß, wo man suchen muss. Ein wunderschön gestalteter Naturführer für die ganze Familie.

oekom.de DIE GUTEN SEITEN DER ZUKUNFT   oekom